Martin Permantier
Hrsg.
ICH WIR ALLE

Widmung

Für alle, die sich mit dem positiven Potenzial von uns Menschen verbunden fühlen.

Martin Permantier
Hrsg.

24
Transformationsgestalter:innen
geben wegweisende Impulse
für die Zukunft

Verlag Franz Vahlen München

www.vahlen.de

ISBN Print: 978-3-8006-6676-8
ISBN E-Book: 978-3-8006-6677-5

1. Auflage 2022
© 2022, Verlag Franz Vahlen GmbH, Wilhelmstr. 9, 80801 München

Redaktionsanschrift: SHORT CUTS GmbH, Mehringdamm 55, 10961 Berlin
Telefon: (030) 253 912-10
Telefax: (030) 253 912-20
E-Mail: mail@short-cuts.de
short-cuts.de

Lektorat: Karin Schnappauf, SHORT CUTS GmbH
Satz und Gestaltung: Britta Korpas, SHORT CUTS GmbH
Reinzeichnung: Natascha Kornilowa, SHORT CUTS GmbH
Illustration: Britta Korpas, SHORT CUTS GmbH
Bildquellen: rawpixel.com, istockphoto.com, shutterstock.com, mockups-design.com, unsplash.com (Natascha Maksimovic, Drew Farwell, Louis Hansel, Margot Pandone, Sara Cervera, David Clode, Erik van Anholt, Jeremy Zero, Stephanie Leblanc, Bankim Desai, Alfred Schrock, Walter del Aguila)
Druck und Bindung: Beltz Grafische Betriebe GmbH
Am Fliegerhorst 8, 99947 Bad Langensalza

Alle Angaben/Daten sind nach bestem Wissen, jedoch ohne Gewähr für Vollständigkeit und Richtigkeit. Alle Rechte, auch die des auszugsweisen Nachdrucks, der fotomechanischen Wiedergabe (einschließlich Mikrokopie) sowie der Auswertung durch Datenbanken oder ähnlicher Einrichtungen vorbehalten.

Gedruckt auf säurefreiem, alterungsbeständigem Papier
(hergestellt aus chlorfrei gebleichtem Zellstoff).

Inhalt

Danksagung		7
ICH-WIR-ALLE — Wege der Transformation		8
Zukunftsimpulse		10
Die eigene Entwicklungsreise		14
Einladung zur Reise in das eigene Potenzial		18

Selbst-Entwicklung   21

Essay 1 — Von der Macht zur Ohnmacht — und zurück   26
           Dr. Sylvia Löhken

Essay 2 — Die Entwicklung des Selbst-Entwicklers   36
           Jens Corssen

Essay 3 — Lernen, Arbeiten und Wirken in der VUCA-Welt   48
           Rona van der Zander

Essay 4 — Wahrer Egoismus liegt in wahrem Altruismus   58
           Dr. Daniel Burchardt

Essay 5 — Machst du, was du willst? Und wenn nein, warum nicht?   70
           Dr. Josephine Worseck

Essay 6 — Der Wille zur Balance — Entwicklung bricht mit Mustern   80
           Remo Rusca

Essay 7 — Persönlichkeitsentwicklung als Wert   92
           Germán Barona

Essay 8 — Eine neue Haltung zum Leben   104
           Anne-Dorthe „Ann Dora" Nielsen

Team-Entwicklung   114

Essay 9 — Postagilität   120
           Svenja Hofert

Essay 10 — In (allen) Wirkungen denken können   130
           Prof. Dr. Georg Müller-Christ

Essay 11 — Die Kunst des Geschichten-Hörens   142
           Dr. Michael Müller

Essay 12 — Mächtige Verbindungen aus der Mitte   152
           Sabine & Alexander Kluge

Essay 13 —	Tribe Leadership — psychologische Sicherheit vom Tribe zur Organisation Axel Neo Palzer	164
Essay 14 —	Wir brauchen mehr Angst in Organisationen! Tanja Gerold	178
Essay 15 —	Unternehmenskultur ist (auch) Handwerk Uwe Rotermund	190
Essay 16 —	Harmonie wird überbewertet Veronika Hucke	202

Kontext-Entwicklung — 212

Essay 17 —	Die Führungsformel der Zukunft lautet 1+1=3 Constanze Buchheim	218
Essay 18 —	Wie Fische im Wasser Dr. Andreas Zeuch	228
Essay 19 —	Fliegen lernen Jan Stassen	238
Essay 20 —	Mit jedem Klick im Hier & Netz Sophia Rödiger & Lukas Fütterer	250
Essay 21 —	Interbeing. Jenseits von Ego- und Ethnozentrik liegt die Zukunft Jens Hollmann	260
Essay 22 —	Erdbewusstsein — ein Transformationsnarrativ Alexandra Schwarz-Schilling	270
Essay 23 —	Wieder zu (unseren) Sinnen kommen Klemens Jakob	282
Essay 24 —	Kollaboration macht Mut zur Transformation Karin Schnappauf	292

Ausblick	302
Das Kreativteam	304
Weitere Lektüre von SHORT CUTS	306

Danksagung

Ich freue mich bei diesem Projekt besonders, dass sich fast 30 unserer Gäste des Podcasts ICH-WIR-ALLE beteiligt haben. Jeder als Individuum mit eigenen Stärken und mit einer eigenen Sicht auf die Zukunft.

Das positive Feedback vieler Hörer:innen hat uns ermutigt, einige der Themen, mit denen wir uns in einer Podcast-Folge beschäftigt haben, in dieser Essaysammlung aufzugreifen. Mein besonderer Dank gilt Maike Schäbitz, die den Podcast als Redakteurin und Produzentin maßgeblich mitgestaltet hat, Karin Schnappauf, die alle Essays lektoriert und einen großen Teil dieses Projekts gemanagt hat, und Britta Korpas, die als Kreativdirektorin Layout und Illustrationen in diesem Buch gestaltet hat. Mein Dank geht auch an das gesamte Team unserer Agentur SHORT CUTS in Berlin für die starke Unterstützung dieses Projekts. Vielen Dank auch an den Vahlen Verlag, mit dem wir nach „Haltung entscheidet" und „Werte wirken" bereits das dritte Buch realisieren durften.

Außerdem danke ich den vielen Gesprächspartner:innen, die wir seit Oktober 2019 in unserem Podcast zu Gast hatten. Einige Podcast-Gäste kennen wir schon seit Jahren und mit anderen war es das erste längere Gespräch. Jedes Gespräch ist eine kleine Abenteuerreise, die uns zeigt, was zwischen uns entstehen und gesagt werden will. Das gibt mir manchmal das Gefühl, dass wir in einem gemeinsamen Raum stattfinden und etwas Lebendiges zwischen uns kreieren. Das ist dann eine Qualität, die wir nicht allein erzeugen können, sondern nur im Miteinander entwickeln können. Für mich keimen in diesem Raum Inspiration und Verständnis. Ich hoffe, die Leser:innen entdecken etwas von diesem Raum in den Zukunftsimpulsen, die in diesem Essayband versammelt sind.

Martin Permantier, August 2021

ICH-WIR-ALLE — Wege der Transformation

„Es gibt kein falsches Denken —
nur Momente der Wahrheit."

Dieses Buch ist eine Sammlung von Essays und eröffnet 24 unterschiedliche Perspektiven auf eine mögliche Zukunft. Die Autor:innen greifen jeweils ein Thema auf, das für sie zukunftsrelevant ist, und erläutern, was auf dem Hintergrund ihrer Erfahrung darin für sie am Horizont liegt — sprich welches Potenzial sie darin sehen. Diese Perspektiven sind keine wissenschaftlichen Theorien, sondern freie Gedankenfiguren in Form von Essays. Ganz in der Tradition von Michel de Montaigne (1533–1592), der den Essai (Probe, Experiment oder auch Übung) als Gattung erfunden hat. Wir wollen anregen und keine ideologischen Meinungen verkünden, sondern eine Mischung aus individuellen Zukunftsimpulsen bieten, die ein ethischer Optimismus vereint.

Von der Projektarbeit zum Podcast zum Buch
Seit 1995 unterstützen wir als Agentur SHORT CUTS Unternehmen in den Bereichen Unternehmenskultur, Unternehmenskommunikation und Corporate Design. Während früher die kreative Aufbereitung der kommunikativen Inhalte im Mittelpunkt unserer Arbeit stand, wurden nach und nach die gelebten Werte und emotionalen Aspekte, das „Wie" und das „Warum", für die strategische Ausrichtung entscheidender. Dies führte zu einer Reihe von methodischen Ansätzen, die wir in unserem Buch „Werte wirken" vorgestellt haben. Wer in seiner Organisation ernsthaft mit Werten arbeitet, begibt sich auf eine gemeinsame Reise, die auch die Kultur und den Umgang miteinander beeinflusst. Es wurde deutlich, dass die Art und Weise, wie diese Reise mit gemeinsamen Werten gelebt wird, stark von der Haltung der Führungspersönlichkeiten beeinflusst wird. Für einige reichte es aus, Werte als moralische Normierung zu proklamieren, andere nutzten die Werte, um gemeinsames Erleben auszurichten und sich dem „Wozu" ihrer Organisation zu öffnen. Daraus haben wir entwicklungsorientierte Modelle und Methoden entwickelt, die wir in dem Buch „Haltung entscheidet" veröffentlicht haben.

Haltung ist abhängig von unserer persönlichen Entwicklung und reift individuell. Werte werden in unserem Umgang miteinander wirksam. Die Art und Weise, wie Kommunikation zwischen uns stattfindet, ergibt sich aus den informellen und formellen Strukturen und Kontexten, die wir schaffen. Diese Überlegungen führten zu den 3 Ebenen der Entwicklung einer Organisation:

ICH — Selbst-Entwicklung (unsere Haltung und Reife)
WIR — Team-Entwicklung (die Werte, die wir teilen und leben)
ALLE — Kontext-Entwicklung (die Kommunikationsstrukturen, insbesondere die informellen, die sich jenseits der formalen Strukturen bilden)

Wir glauben, dass Entwicklung auf allen 3 Ebenen gedacht werden kann. So entstand auch der Name unseres Podcast, den wir im Oktober 2019 starteten: ich-wir-alle.com

Die Gespräche mit unseren Gästen liefern vielfältige Impulse für die Entwicklung und Zukunftsgestaltung auf allen 3 Ebenen. Maike Schäbitz hat als Redakteurin, Produzentin und Moderatorin viel dazu beigetragen, dass der Podcast nach knapp 2 Jahren bereits über 30.000 Abonnent:innen hat. Aus einem kleinen Inspirationsprojekt sind über 100 Podcasts entstanden, und jede Woche kommt ein neuer Impuls dazu. Der Zuspruch und die vielen Kontakte, die sich daraus ergeben haben, sind so ermutigend, dass wir einige dieser Zukunftsimpulse mit diesem Buch einem noch breiteren Publikum vorstellen möchten.

Echte Transformation braucht den Blick über den Tellerrand hinaus, das ist unsere Erfahrung aus vielen Beratungs- und Umsetzungsprojekten in Organisationen. Oft wird zu schnell versucht, das vermeintlich Neue (Agilität, Employer Branding, New Work etc.) in alte Kategorien und Denkweisen zu stecken. Mehr Out-of-the-box-Denken und Beispiele sind gefragt. Den Raum dafür geben wir in unserem Podcast und in diesem Buch.

Wir hoffen, dass wir Menschen uns aus freien Stücken dafür entscheiden, die Welt auf eine Weise nachhaltig zu gestalten, die unser Potenzial als Menschen stärker anerkennt. Auf dieser Grundlage können wir naturfreundlichere Lebensumgebungen, bessere Organisationen, effektivere Bildungssysteme, nützlichere Wirtschaftssysteme, gerechtere Sozialsysteme usw. entwickeln. Das bedeutet auch, alte, erlernte Denkweisen zu erweitern, die noch nicht langfristig orientiert, sondern noch an der Selbstbehauptung interessiert sind. Dies ist ein spannender Prozess, der in uns selbst beginnt, unser Umfeld beeinflusst und sich in organisatorischen und gesellschaftlichen Strukturen weiter entfaltet.

Zukunftsimpulse

„Niemand weiß, wie die Zukunft aussehen wird, aber wir alle werden sie gemeinsam gestalten."

Die Erzählung der Zukunft wird multiperspektivisch sein. Die Zukunft entsteht aus dem Verhalten und Handeln einer unendlichen Zahl von Menschen. Sie folgt nicht einer Ideologie oder einem festen Plan. Die Überlegungen zu einer möglichen Zukunft gewinnen an Bedeutung, wenn das Alltägliche sein Momentum verliert. Corona hat uns wieder einmal gezeigt, dass die Zukunft nicht linear ist. Es ist offensichtlich geworden, dass viele Handlungslogiken nur vorübergehend sind und sich viele Kontexte verändern. Ein möglicher Reflex ist der Wunsch, dass alles wieder so sein soll wie früher, obwohl es nie eine Stabilität des linear Gleichen gegeben hat. Es geht um mehr als die Verwaltung des scheinbar Unvermeidlichen.

Krisen erweitern die Perspektiven

Jede Krise erweitert unseren Blick auf das Leben, und mit jeder Erweiterung kommen neue Wahrheiten ans Licht. Die Zukunft liegt nicht in der einen oder anderen Richtung. Sie ist ein Prozess, der jetzt beginnt. Nicht mehr, aber auch nicht weniger. Wir wollen oft in eine fertige, vermeintlich „bessere" Zukunft springen und haben Meinungen darüber, wie sie sein sollte. Wenn wir an Zukunft denken, landen wir oft in dystopischen Szenarien, eben weil wir in unserem Denken zu linearen Verläufen neigen. Wenn wir uns Utopien vom Anfang des 20. Jahrhunderts ansehen, sehen wir Wolkenkratzer mit lauten Flugzeugen darüber und Züge, die die Städte in luftiger Höhe durchkreuzen. Meistens lag der Schwerpunkt in den Zukunftsvorstellungen auf der Technologie als treibender Kraft. Soziale Innovationen oder unser Verhältnis zur Natur und ihren Ressourcen wurden ausgeklammert. Technologie kann uns befreien oder versklaven. Das Internet kann als pluralistischer Kommunikationsraum oder zur polizeilichen Überwachung genutzt werden. Es sind die Denkweisen, die wir fördern und entfalten, die darüber entscheiden. Die Tatsache, dass Umweltschutz nicht mehr primär als „schädlich für die Wirtschaft" angesehen wird, ist ein Ausdruck einer erweiterten Haltung. Die Erweiterbarkeit der Haltung erkennen wir meist noch nicht als realitätsschaffenden Faktor, obwohl sie die radikalsten Veränderungspotenziale hat. Wie in der Analogie des Apfelbaums, der sich als Apfelbaum ebenso im Samen wie im Keimling, im Ast, in der Blüte und in der Frucht zeigt, aber jeweils in einer anderen Zustandsform, verändert sich auch unser Geist mit jeder Haltungserweiterung. Jeder Zustand ist vorübergehend und braucht den vorhergehenden, um ins Dasein zu kommen. Diese ständige Verwandlung zu erkennen, hat auch etwas Versöhnliches. Jede Art von Fixierung, sei es auf die Vergangenheit oder die Zukunft, ist illusionär.

Zukunftsimpulse sind keine „Lösung"
Die Essays geben Impulse für die Zukunft. Es geht nicht darum, „Lösungen" aufzuzeigen, sondern sie zeigen subjektive Veränderungsbewegungen aus der Perspektive individueller Erfahrungen. Wenn wir akzeptieren, dass die Zukunft nicht linear verläuft, sondern als etwas Neues aus dem Alten hervorgeht, dann brauchen wir weder auf alten Denkweisen zu beharren noch sie zu verwerfen. Sie sind die Voraussetzungen und Bedingungen für das Neue. Zugleich liegt es in der Natur des Neuen, dass wir es noch nicht kennen, sonst wäre es nicht neu. So wie uns eine Welt mit Corona noch völlig verborgen war und wir sie uns in dieser Form nicht hätten vorstellen können. Corona zeigt auch die Bandbreite der Reaktionen auf eine unbekannte Zukunft. Polarisierungen und Radikalisierungen greifen zu kurz und verlaufen meist im Sande. Die Krise hat weder zum Untergang noch zur kollektiven Transformation geführt, und doch hat sie vieles verändert. Es geht also darum, Paradoxien und Dilemmata auszuhalten und sich schrittweise immer wieder neu zu orientieren.

Was also kann uns überhaupt helfen, wenn alles in Bewegung ist und nichts mehr kontrolliert werden kann? Die Idee, die Dinge vom Ende her zu denken, hilft. Was soll dabei herauskommen, und gibt es darüber eine Einigung? Vielleicht ist der kleinste gemeinsame Nenner in Bezug auf die Zukunft, dass es schön wäre, eine solche als Menschheit zu haben. Oder zumindest, dass wir uns wünschen, dass unsere Kinder und Enkelkinder eine solche haben. Auch wenn hier oft der Spruch „Mich betrifft das dann nicht mehr" zu hören ist, scheinen sich Teile der Gesellschaft auf eine grundlegende Richtung zu einigen. Wenn wir eine ethische Richtung haben, können wir auch mit der Komplexität besser umgehen. Eine Richtung ist keine Ideologie, die Menschen in kollektive Vorstellungen zwingt. Sie ist vielmehr ein ethischer Sinnrahmen, an dem wir uns individuell orientieren und damit eine Bewegung erzeugen.

Wir sehen das am Thema ökologische Nachhaltigkeit. Auch wenn die Umsetzung noch enorm viele Schritte erfordert, so orientieren sich viele Systeme in diese Richtung. Natürlich mit den Paradoxien und Dilemmata, die jede Transformation mit sich bringt. Aber es bewegt sich etwas, auch wenn wir meinen, es sei zu langsam, zu dies, zu das. Kein Wandel kam über Nacht und keiner kam ohne Widersprüche. Jan Stassen nutzt dafür im **Essay 19 „Fliegen lernen"** eine Analogie über Flugpioniere, die erst mit wildem, lebensgefährlichem Ausprobieren und dann auf der Grundlage von immer mehr Beispielen und über Simulationen die Fliegerei meistern konnten. Charles Eisensteins Buchtitel „Die schönere Welt, die unser Herz kennt, ist möglich", bringt es auf den Punkt. Er betont, wie wichtig es ist, mit uns selbst und unserer Umwelt versöhnlich zu sein, wenn die Dinge nicht so sind, wie es unserer Vorstellungen von Zukunft entspricht, und sagt: „Jeder Akt der Freundlichkeit zählt", denn jeder dieser Akte zahlt in eine Richtung ein. So sehen wir auch diese Zukunftsimpulse als kleine Beiträge zu einer möglichen Richtung, die unser Herz kennt. Daniel Burchardt schreibt dazu in **Essay 4 „Wahrer Egoismus liegt in wahrem Altruismus"**: „Was anderen wirklich nutzt, nutzt letztlich mir selbst."

Zeit für neue Erzählungen
In welchem Narrativ halten wir unser Selbst, unsere:n Partner:in und Kinder und wie schauen wir auf die Welt? Wir sind nicht so oder so, sondern gleichzeitig im Werden und Vergehen. Das Gestern war nur eine Durchgangsstation. Doch wir konstruieren unsere Identität aus unserem Gestern und beziehen uns damit auf ein Sein, das so nicht mehr existiert. Viel spannender ist es, in die Gegenwart und nach vorne in die Zukunft zu schauen. Paradoxerweise finden wir unseren Blick auf die Zukunft auch in unserer Vergangenheit. In Erfahrungen der Bewusstheit über unsere Gedanken und Gefühle, die Vorstellungen in uns ausgelöst haben. In Erlebnissen körperlicher Präsenz und Wachsamkeit, bei denen wir vielleicht gedacht haben: „Oh, so kann sich Leben, Zusammensein, Kommunikation, Arbeit usw. auch anfühlen?" Dieses Staunen zeigt uns unser Potenzial für eine Zukunft, die wir bereits sehen und auf die wir uns innerlich beziehen können. In diesem Sinne ist unser Herz in seiner Erkenntnis meist schon weiter als unsere Kognition. Diese emotionalen Referenzerlebnisse können uns Orientierung geben. Sie sind immer sehr individuell, persönlich und werden oft stärker, wenn sie in Kommunikation gebracht werden. Michael Müller widmet sich im **Essay 11 „Die Kunst des Geschichten-Hörens"** ausführlich diesen Aspekten von Storytelling und Storylistening.

Das Neue braucht einen selbstbestimmten Raum
In unseren Workshops geht es oft darum, diese emotionalen Referenzerfahrungen in den Austausch zu bringen. Darauf folgt eine Phase der Euphorie, die manchmal mit der ernüchternden Erkenntnis endet: „Ja, aber leider habe ich keine Zeit, keinen Raum, keinen Platz dafür."

Deshalb gehört zu jeder persönlichen Transformation auch eine eigene Not-to-do-Liste. Nicht im Sinne von Verboten, sondern als Möglichkeit, durch den Verzicht auf bestimmte Gewohnheiten Platz für das Neue zu schaffen. Das können wir tun, indem wir unsere Aufmerksamkeit auf das lenken, was wir persönlich für sinnvoll halten. Weniger als Fantasie oder Einbildung, sondern als Erinnerung an die Zustände innerer Freiheit und an eine Qualität der Gegenwärtigkeit, die wir erlebt haben. Dort haben wir unser Selbst erfahren. Indem wir uns auf diese Weise an uns selbst erinnern, haben wir einen inneren Kompass, der frei von Propaganda und Ideologien ist, sondern aus unserem eigenen Wesen kommt. Selbstführung gelingt, wenn das eigene Selbst uns führt. Und zwar nicht ein Selbst, das sich auf die scheinbar gegebenen äußeren Umstände optimiert, sondern ein Selbst, das auf der Basis eigener Erfahrungen gestalten und entscheiden kann. Wesentlich ist, dass diese Entscheidung immer in Freiheit geschieht, sonst wäre es nicht der eigene Kompass — das eigene Selbst. In diesem Sinne erzählen die Essays auch von der individuellen Reise der Autor:innen, ihre Aufmerksamkeit neu auszurichten und dem Neuen Raum zu geben. Remo Rusca beschreibt anschaulich relevante Etappen seines Weges in **Essay 6 „Der Wille zur Balance — Entwicklung bricht mit Mustern"**.

Der Mut zum Experiment
Wir wagen das, wozu unser Herz „Ja!" sagen kann. Dann kommen wir ins Handeln. Der Rest bleibt meist Meinung oder wir folgen anderen Autoritäten und sind nicht im Selbstkontakt. Transformation ist keine Utopie, die morgen beginnt. Sie findet permanent statt. Wir sind immer mittendrin. Karin Schnappauf teilt ihre Perspektive dazu im **Essay 24 „Kollaboration macht Mut zur Transformation"**. Es braucht Millionen von kleinen Schritten von Einzelnen und keinen „starken Mann". Vieles wird sichtbar, wenn wir uns an dem orientieren, was unsere Herzen erkannt haben, und es besprechbar machen. Was umweltpolitisch in den 80er-Jahren noch eine Utopie von Träumer:innen war, zeigt jetzt immer mehr Wirkung. Was lange Zeit rational und logisch erschien, entpuppt sich mehr und mehr als Augenwischerei und scheineffizient, vor allem, wenn wir den Blick von Quartalszahlen auf Generationen ausdehnen. Manches wird dadurch unerträglich, weil ein anderes, wahrhaftigeres Licht auf die vermeintlichen Fakten fällt. So wirft jeder der Essays sein eigenes Licht auf die Welt und will zu Experimenten mit eigenen Zukunftsimpulsen anregen. Josephine Worseck erzählt in **Essay 5 „Machst du, was du willst? Und wenn nein, warum nicht?"** von ihrer Art, sich auf Experimente im Leben einzulassen.

Die eigene Entwicklungsreise

Das Interessante an der eigenen Entwicklung ist, dass wir in einen neuen Bereich in uns selbst gehen, in dem wir unsere Ich-Wahrnehmung neu kennenlernen können. Jens Corssen reflektiert in **Essay 2 „Die Entwicklung des Selbst-Entwicklers"** darüber und stellt damit den wissenschaftlichen Kontext her. Es gibt den Teil von uns, über den wir uns bewusst sind und den wir als zu uns gehörig empfinden. Und es gibt das „Ich" als wahrnehmenden Prozess einer Sinnverleihung, zu dem wir nur einen teilweisen objektiven Zugang haben, weil wir uns mit diesem Teil identifizieren. Wir nennen dieses Konstrukt „innere Grundeinstellungen", die unser Denken und Handeln prägen und ein entsprechendes Verhalten auslösen. Unsere Haltung, unsere innere Verfassung und das, was wir über uns selbst erkennen, verändert sich im Laufe unserer Biografie und kann je nach Kontext sehr unterschiedlich sein. Die Übergänge sind fließend. Situativ lassen sie sich daran erkennen, dass wir unsere Sprachmuster und auch unsere Stimme verändern.

Biografisch können wir diesen Vorgang der Entwicklung unseres Selbst und der Erweiterung von dem, was wir über uns erkannt haben, meist bis ins frühe Erwachsenenalter gut nachvollziehen. Ausführlich haben wir diesen Aspekt der Selbst-Entwicklung in unserem Buch „Haltung entscheidet" beschrieben. Unser Empfinden von einem „Ich" startet für die meisten von uns mit den ersten Erinnerungen, die mit dem Beginn der eigenen Sprachfähigkeit einhergehen. Wir erleben uns selbst, ohne viel Abstraktion, ganz körperlich im Hier und Jetzt. Die Welt ist das, was wir sehen und fühlen können. Unsere Bedürfnisse sind unmittelbar und werden noch nicht infrage gestellt. Wir wollen, dass die Menschen um uns herum für uns da sind, und sehen uns als Mittelpunkt der Welt, auch weil wir noch kaum etwas außerhalb von uns kennen.

Diese impulsive Selbstorientierung wird uns von unserer Umwelt als zunehmend ungünstig reflektiert und wir lernen durch die verstärkte Wahrnehmung des Außen, dass wir uns anpassen müssen, wenn wir zu einem „Wir" gehören wollen. Zunächst unreflektiert übernehmen wir die kulturellen und erzieherischen Vorgaben der Außenwelt. Das Gefühl der Zugehörigkeit zu einer Gemeinschaft stärkt die Bereitschaft zum Konformismus, ohne dass dieses neue Ich-Gefühl bereits mit den eigenen Gedanken und Gefühlen in Einklang gebracht wird. Oft, weil es uns im Grundschulalter einfach an Lebenserfahrung fehlt und Zugehörigkeit ein überlebenswichtiges Bedürfnis ist. Wir übernehmen die Erklärungen, die uns andere über unser eigenes Ich geben. Unsere Wahrnehmung von uns selbst und von der Welt wird dementsprechend von der uns umgebenden Gemeinschaft bestimmt.

Mit der Reifung unserer Sprach- und Abstraktionsfähigkeit, meist in der Vorpubertät, kommen neue Perspektiven zu unserer Wahrnehmung hinzu, die sich oft nicht mit den zuvor übernommenen Konzepten decken. Der zunehmende innere Konflikt der eigenen rationalen Vernunft mit den unbewusst übernommenen Prägungen ist meist eine Krise, die wir im Rückblick sehr bewusst wahrnehmen. Sie stellt auch eine Abkehr von dem „Wir" und den damit verbundenen „falschen" Gefühlen dar, weil sie nicht die eigenen waren. Während wir früher die Meinungen anderer übernommen haben, geht es uns jetzt darum, selbst im Recht zu sein. Vernunft und rationalistische Überzeugungen dominieren den Prozess der Sinnverleihung und Ich-Konstruktion. Unser Weltbild wird funktionaler und es findet eine Abkehr von allem statt, was nach innen weist, weil wir viele unterdrückte Gefühle als Prägungen erkannt haben, aber noch nicht in der Lage waren, genügend eigene bewusste emotionale Wahrnehmungen zu machen, um auf ein individuelles inneres emotionales Erleben verweisen zu können. Unsere Identität bildet sich aus dem, was objektiv bewertbar zu sein scheint, was wir können und wie das von außen bewertet wird.

Mit dem stärkeren Bewusstsein dessen, was wir können, und einem wachsenden Selbstvertrauen im Umgang mit uns selbst erweitert sich der Blick auf die eigenen Stärken. Wir entwickeln unsere Werte und Ziele eigenbestimmter. Eine zunehmende Zielorientierung und der Wunsch nach Selbstoptimierung sind Teil unseres Identitätsempfinden. Auf dem Weg zu erhöhter Selbstermächtigung, die was in der Welt darstellen will, rückt unsere Individualität in den Mittelpunkt. Das Bewusstsein über unsere eigenen Stärken erlaubt uns, die Stärken anderer mehr anzuerkennen und unterschiedliche Lebensweisen zu akzeptieren. Unser Weltbild wird dadurch vielschichtiger und komplexer. Der Fokus liegt noch auf dem Erleben von positiven Gefühlen und deren Stimulation im Außen. Wir wollen gut gelaunt sein und das Leben in vollen Zügen genießen. Unseren eigenen Schatten und den der Welt wollen wir uns noch nicht wissen lassen. Diese Aspekte passen noch nicht in unsere Ich-Konstruktion und werden noch ausgeklammert. Gesellschaftlich wird unsere Selbst-Entwicklung nur selten weiter gefördert und endet in diesem Bereich in Verdrängung und Verleugnung.

Mit zunehmender Reife wird uns klarer, dass die Selbstoptimierung an ihre Grenzen stößt, wenn wir uns als Ganzheit erkennen wollen. Wir beginnen, uns in unserer psychologischen Vielfalt zuzulassen und eine größere Bandbreite unseres Innenlebens wahrzunehmen. Der Reichtum unseres Innenlebens mit seinen Widersprüchen scheint es uns wert, erforscht zu werden. Wir erkennen die eigene Subjektivität mehr und fangen an, unsere Sichtweisen zu hinterfragen und zu relativieren. Dies ermöglicht es uns, uns innerer und äußerer Konflikte und Paradoxien bewusster zu werden. Wir verstehen, wie die individuelle Wahrnehmung unsere Sicht auf die Welt prägt. Dinge, die früher eine große Belastung in unserem Leben waren, können an Bedeutung verlieren. Unsere eigene Identität wird zu einem Experimentierfeld und ist weniger festgelegt. Wir lernen, ganz unterschiedliche Perspektiven einzunehmen, was uns auch hilft, andere zu verstehen. Dies wird auch als postkonventionelle Phase der Selbst-Entwicklung bezeichnet. Manche erkennen sich in dieser Phase durch ein stärkeres Interesse an Psychologie, Selbsterkenntnis oder anderen entwicklungsbezogenen Fragestellungen wieder.

Wenn wir uns dieser biografischen Reifeentwicklung bewusster werden, erkennen wir uns neu und verändern die Perspektive auf uns als wahrnehmenden Prozess. Die mit der jeweiligen Haltung verbundene Ich-Konstruktion wird uns offensichtlicher. Unterstützt wird dies durch die zuvor erworbene Fähigkeit, die eigenen Standpunkte zu relativieren, was uns hilft, die Dinge multiperspektivisch zu betrachten. Wir begreifen Beziehungen systemischer, weil wir leichter unterschiedliche Sichtweisen einnehmen können. Gleichzeitig macht diese Erweiterung der Perspektive unser Verständnis prozesshafter. Wir sehen die Dinge in ihrer Veränderlichkeit und können Paradoxien und Mehrdeutigkeiten besser integrieren. Dies wiederum unterstützt die Versöhnung mit uns selbst und dem, was wirklich ist. Zunehmend erkennen wir, dass unsere Ich-Konstruktion ein zentraler Realitätsfilter ist. Dieses beginnende Konstruktbewusstsein wird zum Anstoß, uns selbst besser verstehen zu wollen. Konflikte werden zu einer Chance, etwas zu erkennen und zu entwickeln. Diese erhöhte innere Freiheit und Wahrhaftigkeit macht uns auch bewusst, dass dieser Vorgang der Veränderungen der Sinnverleihung in jedem Menschen autonom erfolgt und nur freiwillig geschehen kann. Auf sehr persönliche Weise beschreibt dies Anne-Dorthe „Ann Dora" Nielsen im Angesicht einer schweren Krebserkrankung im **Essay 8 „Eine neue Haltung zum Leben"**.

Die Erweiterung der Haltung ist eine mögliche Beschreibung von dem Potenzialraum, den die Selbst-Entwicklung für jede Person eröffnen kann. Die Wege sind individuell und der beste Mentor für jede:n von uns ist in uns selbst zu finden.

Als kleine Einführung in die folgenden Essays und auch als Experiment möchten wir die Leser:innen dazu inspirieren, sich auf eine kleine Reise zu ihrem eigenen Potenzial zu begeben. Zu diesem Zweck bieten wir eine kleine Gedankenreise an, die entweder als Text gelesen oder, was noch empfehlenswerter ist, als Audiodatei angehört werden kann.

Martin Permantier

In **Folge 86 von ICH-WIR-ALLE** sagt die Transformationsforscherin und Politökonomin Maja Göpel, dass es drei Aspekte braucht, um in Veränderung zu kommen: den emotionalen Schock, um zu erkennen, wie sehr etwas unserem Empfinden widerspricht, das intellektuelle Wissen, um die Fakten dahinter zu verstehen, und gute Beispiele, die zeigen, wie es anders sein kann, die uns Zuversicht zur Selbstermächtigung geben.

Einladung zur Reise in das eigene Potenzial

Erinnere Dich ein an einen Moment in den letzten ein oder zwei Monaten, an dem Du Dich ganz mit Dir und Deiner Gegenwärtigkeit verbunden gefühlt hast. In dem Du Dich ganz präsent und mit Dir verbunden gefühlt hast. Vielleicht ist es ein Moment gewesen, den Du mit einer Freundin oder einem Freund geteilt hast, mit Deiner Partnerin oder Deinem Partner. Vielleicht war es ein Moment mit Deinen Kindern oder anderen Menschen, die Dir am Herzen liegen, oder auch ein Moment in der Natur, in einer entspannten Stimmung. Oder es war ein Moment, wo Du Dich in einem sehr kreativen Flow erlebt hast, bei Deiner Arbeit oder einem Hobby. Schau einfach, welcher Moment auftaucht, an dem Du Du selbst warst. Verbunden mit einer guten Version von Deinem Ich-Sein.

Während Du diese Erinnerung in Dein Gedächtnis rufst, mache sie so lebendig, wie Du kannst. Lass Eindrücke in Dir auftauchen von dem, was Du gesehen hast — die Geräusche, die da waren — die sinnlichen Empfindungen in Deinem Körper. Erinnere Dich, was Dein Körper gemacht hat und wie es sich angefühlt hat, in Deinem Körper zu sein. Du kannst die Bewegungen oder Gesten von diesem Erlebnis wiederholen, um Deine Erinnerungen an diesen Moment noch intensiver in Dir aufsteigen zu lassen. So, als wärst Du noch einmal in diesem Moment und schautest durch Deine Augen auf die Welt.

Finde nun ein Wort für diese Erfahrung. Lass einfach zu, dass Deine Intuition Dir ein Wort liefert. Du brauchst nur innerlich zuhören und musst nicht nachdenken. Schau einfach, welches Wort für diese Erfahrung auftaucht, ohne es kontrollieren zu wollen. Manchmal sind es metaphorische Worte — frei, beschwingt oder zentriert. Es gibt viele Gefühlswörter. Das Wort muss keinen Sinn machen, sondern darf etwas sein, das etwas beschreibt, das Du in diesem besonderen Moment gefühlt hast.

Spüre jetzt in Deinen Körper hinein. Wo kannst Du die Erfahrung fühlen? Ist es im Bauch, im Herzen? Es können auch die Füße sein, die sich fest mit der Erde verankert fühlen. Spüre in Deine Körperempfindung und lass diese stärker werden. Manchmal ist da eine Farbe, eine Empfindung von Wärme oder ein Kribbeln. Egal, wie sich dieses Gefühl in Dir zeigt, lass es sich entfalten und stärker werden und sage das Wort, das Du gehört hast, zu Dir selbst. Du kannst es laut sagen oder Du kannst es innerlich wiederholen. Das ist also das Gefühl, das Du spürst, wenn Du in einem guten Zustand mit Dir selbst bist, und das ist das Wort, das sich mit diesem Gefühl verbindet.

Und dann, als letzten Teil der Verankerung, mache eine Geste. Es kann die Geste sein, die Du in dem besonderen Moment gemacht hast, es kann eine andere Geste sein, die für Dich das Gefühl, das Wort und Deine Verbindung zu dem Moment ausdrückt. Lass Deinen Körper einfach diese Geste machen. Du kannst jetzt das Wort noch einmal aussprechen, Dich an den Moment erinnern, wo Du in Deinem Potenzial an einem guten Ort mit Dir selbst warst, und dabei die Geste wiederholen.

Wenn Du diese Übung wiederholst, wirst Du Dich noch besser an diesen guten Moment und Dein Potenzial erinnern, und Du baust einen neuen neuronalen Pfad in Dir auf. In Zukunft werden sich Momente, in denen Du Dich ganz mit Dir und Deiner Gegenwärtigkeit verbunden fühlst, von alleine mehr und mehr wiederholen.

Die Übung ist noch wirksamer, wenn Du die Anleitung hörst und Dich voll und ganz auf Dich konzentrieren kannst. Dafür haben wir eine Audiodatei für Dich in unserem Podcast veröffentlicht. Wenn es Dir leichter fällt, Dich von Deiner eigenen Stimme führen zu lassen, kannst Du sie Dir selbst auf Dein Smartphone aufsprechen und sie entsprechend anpassen, damit es Dir leichter fällt, zu Momenten einer erweiterten Haltung in Dir zu finden.

Martin Permantier

Audiofile:
„Eine Reise in das eigene Potenzial"

Selbst-Entwicklung

„**Die Welt ist nicht größer als das Fenster, das Du ihr öffnest.**"

Selbst-Entwicklung ist wie ein neuer Blick auf uns und unser eigenes Leben. Was früher unser normaler Denkraum war, erscheint plötzlich kleinkariert und eingeengt. Dies ist ein typisches Zeichen für eine Erweiterung der eigenen Haltung. So wie wir uns manchmal an unsere kindlichen Sehnsüchte erinnern. Neulich gestand mir ein Freund, dass er sich früher eine Harley Davidson als Motorrad und einen Hummer als Auto gewünscht hat. Wir mussten beide darüber lachen, denn aus heutiger Sicht kamen uns diese Wünsche ziemlich absurd vor. Aber das war ein Zwischenstadium von uns, in dem wir noch nicht weiter schauen konnten. Da stand halt eine Harley für uns am Horizont und jetzt liegt sie lange hinter uns in der Vergangenheit. Was sehen wir jetzt am Horizont, sind da Gegenstände, Erlebnisse oder eine Bucket List? Was für eine Welt wollen wir in der Zukunft erleben? Der Blick wird dann um einiges angenehmer, wenn wir verstanden haben, dass die Zukunft von innen heraus gestaltet werden kann. Der Ansatz ist, die Aufmerksamkeit auf unser bereits erlebtes Potenzial zu lenken und uns an uns selbst zu erinnern, um uns von diesem Selbst führen lassen. Wenn wir nun dieses Selbst fragen würden, wohin es uns führen möchte, was steht dann für uns ganz persönlich am Horizont? Ohne Moral, Vorbehalte oder Beurteilung. Worauf bezieht sich unser Selbst, welche Haltung nehmen wir ein? Die Bewegung geht erst über das Überwinden der gelernten Konventionen zu einem eigenbestimmten „Ego", das sich später auch als illusionärer Versuch der Kontrolle herausstellt. Germán Barona beschreibt in **Essay 7**, warum **„Persönlichkeitsentwicklung als Wert"** von immer mehr Unternehmen erkannt wird und wie sie die Entwicklungsfähigkeit einer Organisation stärkt.

Wir können unser eigenes Gedankenkonstrukt verändern
So wie das Wort „Vater" für jede:n einen eigenen Resonanzraum einnimmt, je nachdem, welche Erfahrungen und Geschichten wir mit unserem Vater verbinden, sind alle möglichen Aspekte von uns durch unsere

biografischen Erfahrungen aufgeladen. Doch diese Interpretationen unserer „Realität" können sich verändern. Die Geschichte, wer unser Vater für uns ist, kann sich auf eine magische Weise radikal verändern, wenn er stirbt. Eine Perspektiverweiterung, die wir erst verstehen, wenn wir sie erlebt haben. Auch andere emotionale Referenzerlebnisse verändern unseren Blick, wie das folgende Beispiel zeigt. Oft weniger dramatisch und scheinbar unmerklich.

Der Hypnotherapeut Milton Erickson (1901–1980) sagte treffend: „Es ist nie zu spät für eine glückliche Kindheit." Mit 18 Jahren erkrankte Erickson an Kinderlähmung und war nach einem dreitägigen Koma vollständig gelähmt. In den folgenden Monaten begann er mit seiner Vorstellungskraft zu experimentieren. Mit Imaginationen arbeitete er daran, seine gelähmten Muskeln wieder funktionsfähig zu machen. Nach knapp einem Jahr war er in der Lage, auf Krücken zu gehen. Viele der heutigen Coaching-Techniken, wie NLP (Neurolinguistisches Programmieren) und Hypnotherapie, wurden von seinen Erkenntnissen inspiriert. Erickson zeigt uns, wie wir durch neue Sprachmuster und innere Bilder Denkweisen in uns selbst verändern können. Das Erste ist, eine neue Vorstellung von uns selbst zu entwickeln. Veränderung tritt ein, wenn wir genügend emotionale Referenzerlebnisse gesammelt haben. Was uns am Anfang noch groß und unüberwindlich erschien, wird dann normal. Eine Erfahrung, die manche Menschen machen, die sich nach langer Angestelltentätigkeit selbstständig gemacht haben und sich dann nicht mehr vorstellen können, wie sie jemals anders hätten leben können, während sie gleichzeitig anerkennen, dass es eine notwendige Entwicklungsphase war, die den nächsten Entwicklungsschritt erst ermöglicht hat.

„Selbst-Entwicklung und die Erweiterung der eigenen Haltung sind immer freiwillig. Sie sind kein normatives Konzept. Da eine unabdingbare Voraussetzung für Entwicklung die Eigenbestimmung ist, ist ein Entwicklungsprozess immer ein offener Prozess, der nicht nach Anleitung funktioniert."

Die eigenen Erfahrungen als Quelle für die Zukunft

Emotionale Referenzerlebnisse aus der Vergangenheit helfen uns, zukünftige mögliche potenzielle Selbsterfahrungen zu erahnen. Je mehr Referenzerfahrungen wir in erweiterten Haltungen haben, desto leichter fällt es uns, Narrative über uns selbst zu verändern. Das Vertrauen in die Selbst-Entwicklung wächst, wenn wir erkennen, dass wir unsere innere Welt tatsächlich beeinflussen können, indem wir unsere Aufmerksamkeit auf gewünschte Verhaltensweisen richten. Einige beginnen, sich vegetarisch zu ernähren oder fahren E-Auto, wir ändern unsere Sprache und unser kollektiver gesetzlicher Rahmen verändert sich. Plötzlich erkennen wir, dass Umweltgesetze hilfreich sein könnten, sehen, welche Ungleichheit zwischen Männern und Frauen besteht, sehen globale Verflechtungen und Abhängigkeiten etc. Dies sind Beispiele dafür, wie wir die Narrative über unsere Welt verändern. Wenn wir uns anschauen, wo wir noch vor 100 oder 200 Jahren standen, erkennen wir, dass all diese Perspektiverweiterungen von vielen individuellen Selbst-Entwicklungen kommen, die sich wiederum durch die Kommunikation miteinander kollektiv beeinflussen.

> „Jede:r hat die gleiche Würde, aber wir sind nicht alle gleich. Für manche Rollen ist eine erweiterte Denkweise hilfreicher."

Selbst-Entwicklung ist immer freiwillig und hat keinen normativen Anspruch
Grundlage für jeder Art der Selbst-Entwicklung ist, sich als ein entwickelndes Wesen in Veränderung zu begreifen. Rona van der Zander teilt mit uns in **Essay 3 „Lernen, Arbeiten und Wirken in der VUCA-Welt"** ihre Erfahrung mit unserem Entwicklungswillen. Wer immer wieder das Gleiche denken will, hat kein Interesse an Entwicklung. Je mehr wir uns mit unseren Gedanken und Gefühlen identifizieren und uns sagen, „das bin ich, ich bin deutsch, ich bin dies, ich bin das", und die Bestätigung dafür im Außen suchen, desto weniger erinnern wir uns an unser wahrnehmendes Selbst und wie wir uns direkt in der Gegenwart erleben. Wenn wir erkennen, wie wir diese Geschichten über uns selbst in ständigem Selbstgespräch und fortwährender Selbstinszenierung aufrechterhalten, wird offensichtlich: Je mehr wir aufhören, uns als jemand vorzustellen, desto mehr können wir einfach sein. Und dann sind wir alle, wer oder was wir sind. Was auch sonst? In Momenten, in denen wir das tief verstehen, erleben wir uns von einer großen Last befreit. Endlich einfach ich selbst zu sein, und das ist dann vollkommen in Ordnung. Aus dieser Perspektive ist es absurd, uns selbst zu bewerten, wenn wir das Bewusstsein selbst sind, das dieses Leben wahrnimmt. Wir sehen, wie die Dinge kommen und gehen, erkennen in diesem Prozess unser eigenes Werden — unsere Selbstentfaltung. Von hier aus können wir unsere Aufmerksamkeit freier ausrichten. In den folgenden acht Essays beleuchten die Autor:innen Aspekte der Selbst-Entwicklung aus individuellen Perspektiven. Sylvia Löhken startet mit **Essay 1 „Von der Macht zur Ohnmacht — und zurück"**.

Martin Permantier

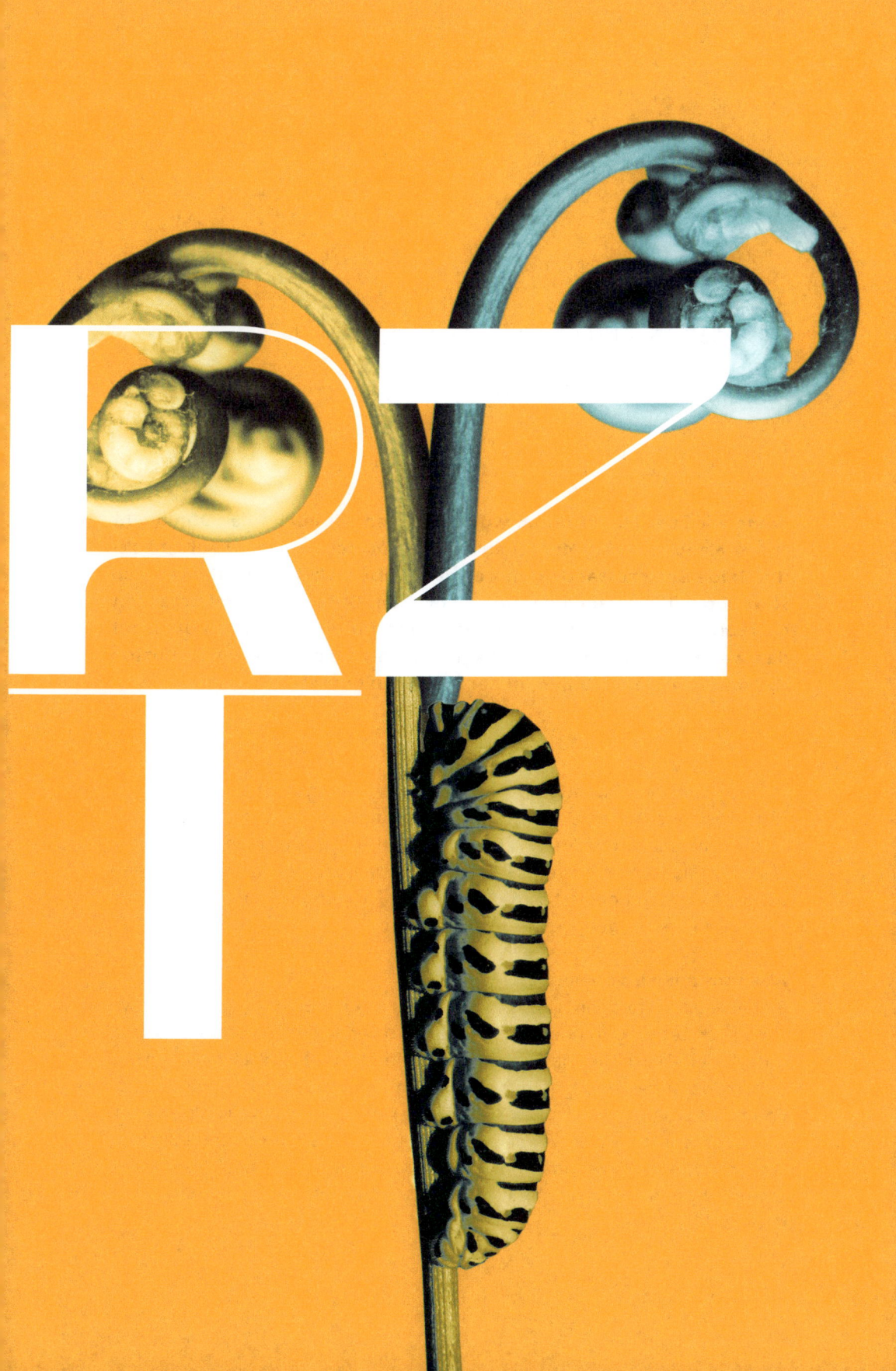

Sylvia Löhken

Von der Macht zur Ohnmacht — und zurück

Wenn wir über Macht reden wollen, sollten wir auch über Ohnmacht reden. Manchmal sind Menschen mächtig, manchmal sind sie ohnmächtig. Beide Seinszustände gehören zum Leben. Und beide können sich sowohl positiv als auch negativ auswirken, Gutes und Schlimmes mit sich bringen. Zeit für eine Klärung — und für einen frischen Blick auf das, was wir in die Welt bringen können (und auf das, was wir im besten Fall daran hindern können, in der Welt zu bleiben).

Mächtig und ohnmächtig zu sein gehört zum Menschsein dazu. Macht ist für viele Menschen attraktiv, für viele andere verdächtig: Und sie kann tatsächlich schlimme Auswirkungen haben — neben vielen sehr guten. Bei der Ohnmacht scheint das Bild klarer: Sie ist unbeliebt, fast niemand wünscht sie sich bewusst herbei. Doch der Umgang mit Ohnmacht kann das Leben besser gelingen lassen.

Aber fangen wir von vorn an
Ohne Macht, also ohnmächtig zu sein: Das ist eine Erfahrung, mit der wir alle unser Leben beginnen. Als Babys sind wir abhängig und bedürftig, unser Überleben hängt davon ab, dass hoffentlich liebevolle Menschen uns füttern, schützen und sich um uns kümmern. Sonst sterben wir. Mit zunehmendem Alter werden wir mächtiger: Wir können uns allein bewegen und allein essen, wir lernen zu sprechen und uns anderen zu vermitteln. Außerdem lernen wir, dass wir andere beeinflussen können. Macht und Ohnmacht gehören zu unseren frühesten Erfahrungen, mit all ihren hellen und dunklen Seiten.

Macht: Wer hat sie? Wie wirkt sie?
Wer Macht übernimmt, übernimmt auch Verantwortung und wirkt in die Welt hinein. Wie gern wir beides übernehmen, hängt sehr von unserem Persönlichkeitstyp ab. Das zeichnet sich oft schon früh ab. Viele Eltern stellen fest, dass die Neigung, „Bestimmer" oder „Bestimmerin" zu sein, unter Geschwistern sehr ungleich ausgeprägt ist, obwohl die Umgebung und die Bezugspersonen weitestgehend identisch sind.

Die Motivationspsychologie weiß: Die Verteilung von Machtzugewandten und Machtabgewandten ist gleichmäßig, unabhängig von Geografie und Gesellschaftsform. Auf einer kontinuierlichen Skala lässt sich das am besten mit einer Gauß'schen Normalverteilung darstellen: In der Mitte der Skala finden sich die Menschen, die mit einer alltagsüblichen Mischung gut zurechtkommen, also mit dem Wechsel von Wirken und Nichtwirken, Mächtig- und Nicht-mächtig-Sein. An den Enden der Skala sind die Persönlichkeiten verortet, die sehr gern bzw. sehr ungern Verantwortung übernehmen und machtvoll handeln wollen.

Es scheint dabei evolutionäre Vorteile zu haben, dass nicht alle Menschen gleichermaßen mächtig sein wollen. Wenn zu viele Menschen sich gleichzeitig um Gestaltungsmacht bewerben, gibt es Konkurrenz. In solchen Fällen wäre zu viel Energie für Rangeleien, Statuskämpfe und Konflikte notwendig, die über eine — wahrscheinlich nur kurzfristig wirksame — Machtverteilung entscheiden würden.

> *Damit Gemeinschaft gelingt, braucht sie Menschen, die Macht übernehmen, ebenso wie Menschen, die Macht übergeben können.*

An sich ist Macht dabei erst einmal neutral. Ganz einfach lässt sich diese Neutralität mit einem Tomatenmesser vergleichen: Es lässt sich nutzen, um eine Tomate zu schneiden. Oder als Mordinstrument. Mit der Macht ist es ebenso: Sie betrifft fast immer auch andere Menschen. Ich kann sie für mich und andere nutzen — oder ich kann sie missbrauchen und andere Menschen rücksichtslos unter Druck setzen, ihnen sogar schaden.

Wie jemand die eigene Macht nutzt (und mit der eigenen Ohnmacht umgeht), ist dabei auch eine Frage der persönlichen Reife. Eine gereifte Person wird ihre Macht zum Wohle der Gemeinschaft gestalten wollen. Eine wenig reife Person, etwa mit narzisstischer Ausprägung, kann in mächtigen Positionen viel Unheil anrichten und sich selbst in eine Machtbesessenheit hineinsteigern.

Auch das Übergeben von Macht an andere Menschen oder an die Umstände kann aus einer reifen oder weniger reifen Haltung heraus erfolgen. Wenn ich Macht abgebe, kann ich darauf vertrauen, dass andere mein Wohlergehen im Blick haben und dass sich die Dinge zum Guten fügen werden. Im reifen Dienen liegt eine Würde. Das alte Wort Demut bezeichnet in seiner ursprünglichen Bedeutung den Mut zum Dienen.

Und nun: Die Ohnmacht
Aktiv ausgeübte Macht ist positiv erlebte Selbstwirksamkeit. Die Ohnmacht dagegen ist eher eine Kränkung: Wir erleben Trennung, Krankheit, Terror, Ungerechtigkeit, Diskriminierung oder eine andere gegen uns gerichtete Macht anderer Menschen — und werden hart in die Kleinheit und Hilflosigkeit des Kindes zurückversetzt, das wir einmal waren. Entsprechend fühlen wir uns: ausgeliefert, gelähmt, isoliert, unterdrückt, abhängig, bedürftig.

Die Ohnmacht aus dem Außen
Und doch ist die Ohnmacht (ebenso wie die Macht) ein menschlicher Seinszustand. Wir sind dem Leben mit seinen überraschenden und oft gefährlichen Wendungen ausgeliefert. Die Covid-Pandemie, die noch wütet, als dieses Buch entsteht: Sie zeigt, wie ein kleines Virus zu einer globalen Bedrohung wird, Geplantes vernichtet und Handlungsspielräume einschnürt. Hier haben wir es mit existenzieller Ohnmacht zu tun. Etwas widerfährt uns — Bedrohung, Härte, Naturkatastrophen, Gnaden- und Rücksichtslosigkeit, Ungerechtigkeit, Fahrlässigkeit bis hin zu bösem Willen. Das Leben ist voller Ereignisse, die uns ohnmächtig machen.

> *Nur zu gern geben wir uns der Illusion hin, dass wir mit ein wenig gutem Willen alles hinbekommen, was wir wollen.*

Auch wenn wir es nicht gern hören: Uns allen können jederzeit schlimme Dinge geschehen. Der Begriff ohnmächtige Wut veranschaulicht die Folgen, wenn das nicht klappt: Frustration, gekoppelt mit hilflosem Ärger darüber, einer Situation ausgeliefert zu sein. Kommen dazu noch Ratlosigkeit und Angst vor weiteren Tiefschlägen, dann kann das in mutloses Verharren und depressive Zustände münden.

Was tun in einer solchen Situation? Die Spielräume, die uns bleiben, liegen in uns selbst. Erstens können wir akzeptieren, was ist: den Kontrollverlust und die Tatsache, dass wir einige Dinge im Leben nicht ändern können. Durchatmen und alle Gefühle in der jeweiligen Situation wahrnehmen. Das Leugnen, die Angst, wenn uns passiert, was sonst doch nur anderen passiert. Die Magenkrämpfe, der zugeschnürte Hals, heiße und kalte Schauer:

All dies wahrzunehmen und zu akzeptieren ist unangenehm, gibt uns aber die Möglichkeit, von den eigenen Gefühlen Abstand zu nehmen.

In der zweiten Phase dürfen wir Hilfe annehmen. In einer Situation existenzieller Ohnmacht sind viele Menschen sehr erschöpft oder handlungsunfähig. Es ist okay, sich von anderen auffangen und helfen zu lassen. Es ist zutiefst menschlich, dass wir füreinander einstehen — und dass wir manchmal auf der Empfängerseite sind. Der gute Freund, die Partnerin, die Kernfamilie oder auch professionelle Helfende zeigen uns etwas Wichtiges: Wir müssen das nicht allein durchstehen.

In der dritten Phase werden wir selbst langsam aktiv: dort, wo wir etwas ändern können und wollen. Auch wenn das kleine Dinge sind: Aus ihnen lassen sich Eigenmacht und Zuversicht entwickeln. Was lässt sich in einer Pandemie tun? Woran lässt sich arbeiten? Wie lässt sich die ungewohnte Freizeit nutzen? Und irgendwann merken wir: Es geht weiter, trotz allem.

Die Ohnmacht aus dem Innen
Während die erste Form höherer Gewalt entspringt, ist die zweite Form der Ohnmacht hausgemacht. Zumindest haben wir einen eigenen Anteil daran, dass wir uns ohnmächtig fühlen: durch Gedanken, an die wir uns gewöhnt haben, durch mentale Blockaden, die wir in unserem bisherigen Leben errichtet haben, und ungünstige Überzeugungen, die wir pflegen. Dazu gehören Mindsets der Machtlosigkeit. Ein gutes Beispiel ist die Rolle, die viele Frauen in der katholischen Kirche sich selbst zuweisen: In einer Zeit, in der es einen Konsens darüber gibt, dass Frauen und Männer gleichgestellt sind, leben offensichtlich viele gläubige Frauen mit dem Mindset, dass ihnen qua Tradition die Gleichstellung in ihrer eigenen Kirche nicht zusteht. Päpstin, Bischöfinnen, Kardinalinnen oder auch nur Priesterinnen oder Diakoninnen dürfen sie nicht werden. Stattdessen wird Demut verlangt: Mut zum Dienen. Das Patriarchat ist in der katholischen Kirche so mächtig (sic!), dass es auf dieser Situation beharren kann.

> *Die zweite Ohnmacht basiert auf einer Innenperspektive:*
> *Wir denken, dass wir hilflos sind.*

Die Ohnmacht resultiert also aus der inneren Haltung, die sich wie Kontaktlinsen auf die Augen legt und damit Wahrnehmung und Handeln tief prägt. Das wohl bekannteste Beispiel für die Macht des Mindsets ist der Placebo-Effekt: Allein der Glaube daran, gesund zu werden, kann zu einer Heilung führen — auch dann, wenn die Tablette wirkstofffrei ist oder die Operation nur ein Schnitt war.

Von der Ohnmacht in die Eigenmacht
Mindsets der Ohnmacht können verschiedene Ursachen haben — ein traumatisches Erlebnis in der Vergangenheit oder wiederkehrende schlechte Erfahrungen, die immer dieselbe Botschaft transportieren: Ich schaffe es nicht, ich verdiene es nicht, es geht nicht. Manchmal reicht sogar eine zu enge zeitliche Taktung und ein zu hohes Tempo für ein stressgeladenes Mindset des Ausgeliefertseins.

Auch in dieser Form der Ohnmacht sind wir nicht völlig hilflos. Gut ist es, wenn wir es schaffen, unsere Mindsets als „Kontaktlinsen" zu erkennen und sie genauer ansehen. Dazu sollten wir sie natürlich entfernen. Lisa Kötter, die Gründerin der Protestbewegung Maria 2.0, erkannte in der Auseinandersetzung mit den zahlreichen Fällen von Machtmissbrauch in der katholischen Kirche: Diejenigen, die das bestehende männliche Machtsystem dulden, ermöglichen diese Straftaten mit. Die den Frauen abgeforderten Tugenden der Duldsamkeit und Akzeptanz waren damit grundsätzlich infrage gestellt.

Im nächsten Schritt geht es an die Veränderung der Glaubenssätze. Wie Kontaktlinsen einfach entfernen lassen sie sich nur selten, selbst wenn wir das Schädliche an ihnen erkannt haben. Besser sind daher kleinere Veränderungen. „Ich folge den Traditionen der katholischen Kirche" ließe sich abändern in ein „Ich suche nach Möglichkeiten, ein christliches Miteinander auf Augenhöhe zu leben". Solche Änderungen, die wir rational und emotional vor uns und anderen vertreten können, sind oft Ansätze zu etwas Neuem, Gutem, zu neuen Handlungsspielräumen und Selbstwirksamkeit.

Die Frauen von Maria 2.0 zeigen, wie ein Miteinander auf Augenhöhe aussehen kann. Sie feiern draußen vor den Kirchen unter freiem Himmel Gottesdienste, in denen es keine Funktionen mehr gibt, die einem Geschlecht vorbehalten sind. Sie leben als Glaubensgemeinschaft ohne formale Hierarchien. Die Vertreter der institutionellen Kirche bleiben zurzeit bei ihren Traditionen. Doch die Kirchen werden sehr viel leerer werden, während Frauen mit veränderten Mindsets neue Wege finden, christliche Gemeinschaft zu leben.

Die Ohnmacht, die mächtig ist
Die dritte Ohnmacht ist komplexer als die Ohnmacht durch äußere Umstände oder durch schädliche Mindsets. Und sie ist heikel. Es geht um die Ohnmacht anderer Menschen, mit denen wir zu tun haben.

> **Scheinbare Hilflosigkeit kann zu einem Machthebel werden und andere unter Zugzwang setzen.**

Die Ohnmacht in dieser Geschichte liegt nicht bei der Person, die sich für ohnmächtig hält, sondern bei ihrer Umgebung: Die fühlt sich genötigt zu helfen.

Gerade wenn sie uns besonders hilfsbedürftig und machtlos erscheinen, können Menschen gewollt oder ungewollt eine erstaunliche Macht entfalten und uns damit veranlassen, in ihrem Sinne und an ihrer Stelle zu handeln. Natürlich ist nichts dagegen einzuwenden, andere zu unterstützen. Wenn diese Unterstützung zur Gewohnheit wird, kann sie in einer Ohnmachtsspirale münden, in der vermeintliche Retter zu Opfern werden, die zwischen Höflichkeit, Sachzwängen und Verantwortung festklemmen. Das Gefühl der eigenen Ohnmacht ist die Folge. Etwa in den Fragen einer Klientin: „Muss ich immer diejenige sein, die ihrem Bruder Geld leiht? Und mir Kritik abholen, wenn ich dazu nicht bereit bin?"

Auch bei dieser Variante der Ohnmacht besteht der erste Schritt in einer Variante des Hinsehens: Es gilt zu erkennen, nach welchen unausgesprochenen Spielregeln die Handlungen ablaufen: „Wann habe ich begonnen, meinem Bruder Geld zu leihen? Was habe ich davon, dass es so läuft, wie es läuft? Was trägt dazu bei, dass ich nie Geld zurückbekomme? Manchmal decken die gefundenen Spielregeln ungemütliche Wahrheiten auf: Fühle ich mich stärker, wenn ich dem Bruder Geld gebe? Habe ich ein schlechtes Gewissen, weil ich den besseren Job habe? Oder will ich Konflikte und Kritik vermeiden und gehe deshalb den bequemeren Weg — und zahle in bar dafür?"

Im nächsten Schritt entsteht ein neues Spiel: indem wir das alte Spiel nicht mehr weiterspielen. Es ist oft schwer, sich aus der Macht der Gewohnheit — und der scheinbar Ohnmächtigen — zu befreien. Das schlechte Gewissen, das Bild der eigenen Stärke, Angst vor Konflikten: Es gibt viele Gründe, weiter mitzuspielen. Hier hilft es, sich den Preis des Verharrens vor Augen zu halten: „Was kostet es, wenn es so weitergeht? Wo kostet es mich an eigener Lebensqualität, um die einer anderen Person zu verbessern? Und was könnte ich sonst Schönes mit dem Geld machen?" Die Klientin fragt den Bruder noch vor der nächsten Kreditanfrage: „Wann hast Du Zeit, um über einen Rückzahlplan zu sprechen?"

Ohnmacht als Reifungsangebot

Macht bemisst sich nicht daran, wie wir uns fühlen. Ihre Währung sind Möglichkeiten, Handlungsspielräume und faktische Effekte auf andere. Die Klientin befreit sich nicht nur aus einer momentanen Ohnmacht als cash cow, sie reift auch an der Situation: Sie lernt, dass sie ihren Bruder in die Eigenverantwortung entlassen darf. Und der Bruder lernt (nicht ganz freiwillig), dass er diese Verantwortung nicht länger auf die starken Schultern der Schwester laden kann.

Wir alle sind manchmal hilflos. Wir alle haben manchmal mit der Hilflosigkeit anderer Menschen zu tun. Doch auch unter widrigen Bedingungen können wir Möglichkeiten des Handelns und Wirkens entwickeln — und sie auch umsetzen.

Es lohnt sich, die eigene Ohnmacht anzusehen und dann zu entscheiden: Muss ich sie aushalten, oder kann ich kleine Schritte tun, um sie zu bewältigen? Manchmal besteht der erste Schritt darin, Hilfe anzunehmen, manchmal darin zu erkennen, dass wir darauf warten, dass andere kommen und übernehmen. Um in die eigene Macht zu kommen, selbstwirksam nach innen und außen zu werden, brauchen wir Mut und Beharrlichkeit. Beide zu entwickeln lohnt sich: Wir können sie gut brauchen.

Zur Überwindung von Ohnmacht brauchen wir die Fähigkeit, von uns abzurücken und auf Distanz zur eigenen Situation zu gehen. Außerdem brauchen wir die Hoffnung, dass sich etwas gestalten lässt — wenn es auch nur kleine Dinge sind. Last but not least brauchen wir außerdem Vertrauen — in uns selbst und in andere Menschen. Vertrauen, dass wir alles haben, was es braucht, um eine Situation zu ertragen und zu verbessern. Das ist Macht.

Die Autorin

Sylvia Löhken

Dr. Sylvia Löhken ist Expertin für persönlichkeitsgerechte Kommunikation. In ihren Veranstaltungen und im Coaching unterstützt sie Menschen bei der Verwirklichung ihrer beruflichen und privaten Ziele.

Mit ihrer Erfahrung als Bankerin, als Wissenschaftlerin und als Managerin in einer internationalen Organisation (DAAD) ist Sylvia mit vielen Bereichen vertraut: Politik und Verwaltung, Wirtschaft und Forschung. Drei Jahre verbrachte sie als entsandte Führungskraft in Tokio.

Sylvia schreibt regelmäßig über ihre Wissensgebiete und ist in den Medien als Expertin gefragt. Ihre Bücher gibt es in 30 Sprachen. Zuletzt erschien 2020 das Buch „Lebe Deine Macht!" im Kösel-Verlag (mit Tom Peters).

intros-extros.com

GE LING BEI WE

ENS
GUNG

Jens Corssen

Die Entwicklung des Selbst-Entwicklers

Transformation toppt Selbstoptimierung

Seit nunmehr 50 Jahren bin ich therapeutisch tätig. Anlass genug, meine psychologische Arbeit Revue passieren zu lassen. Wie war das damals, wie ist es heute, und wie wird es wohl weitergehen?

1971 waren mein Studienfreund Michael Kronberger und ich wohl die ersten in Deutschland, die als Diplom-Psychologen eine verhaltenstherapeutische Praxis eröffneten. Wir wollten die freiheitlichen Ideen der 68er-Bewegung umsetzen, die unser studentischer Slogan „Unter den Talaren Muff von 1000 Jahren" treffend beschrieb. Unseren Beitrag zu dem angestrebten gesellschaftlichen Umbruch sahen wir darin, die Kindererziehung von dem elterlichen „Ziehen" auf alte überkommene Werte zu befreien. Als Kinderpsychologen beschlossen wir, das „Problem" an der Wurzel zu packen, und konzentrierten uns auf eine Elternberatung, in deren Mittelpunkt die Förderung der besonderen Individualität des Kindes stand.

Ungünstiges Verhalten „verlernen"
Beeinflusst von den Behavioristen und deren wissenschaftlichen Vätern B.F. Skinner und I.P. Pawlow, hielten wir uns aus der psychologischen Diagnostik total heraus, da sie aus unserer Sicht Gefahr lief, als sich selbst erfüllende Prophezeiung zu wirken. Stattdessen fokussierten wir uns auf

die Verhaltensmodifikation. Die folgenden drei Postulate von Skinner sowie die pawlowsche Reflextheorie, die besagt, dass Konditionierungen geändert werden können, bestimmten hauptsächlich unsere Arbeit. Das machte uns gewissermaßen zum Feindbild der Psychoanalytiker, die uns unter anderem als mechanistische Symptomverschieber bezeichneten. Wir hielten dagegen, denn eine Therapieform, die manchmal bis zu sechs Jahre und länger dauerte und kaum messbar „geheilte Fälle" vorzuweisen hatte, war für uns nicht effektiv. Im Sinne von Skinner und Pawlow ließen wir die Vergangenheitsbewältigung und die „neurotische Persönlichkeit" außen vor.

Behaviorismus-Postulate nach Skinner:

Jedes Verhalten, was belohnt wird, wird wiederholt.
Jedes Verhalten, was nicht beachtet wird, wird gelöscht.
Jedes Verhalten, was etwas Unangenehmes hinauszögert, abschwächt oder beendet, wird wiederholt.

Mit den klassischen verhaltenstherapeutischen Methoden waren wir besonders in der Behandlung von Phobien und allgemeinen Erziehungsproblemen erfolgreich. Den Eltern gefiel es, dass sie bei uns keine Psycho-Suppe auslöffeln mussten, um ihr Verhalten in den Griff zu bekommen. Mithilfe von lerntheoretischen Methoden wie Videoaufzeichnung (damals noch mit einem riesigen Videogerät), Einwegscheibe zur Verhaltensbeobachtung, Hausbesuchen und den elterlichen schriftlichen Aufzeichnungen der S-R-K-Sequenzen (Stimulus-Reaktion-Konsequenz) erzielten wir schnell positive Ergebnisse. Die Mütter, meistens unsere Ansprechpartnerinnen, fühlten sich aufgewertet, die gegenwärtigen „Störungen" mit unserer Unterstützung wissenschaftlich fundiert und zugleich praktisch anzugehen. Durch das genaue Beobachten und Notieren ihres Verhaltens und desjenigen der Kinder bekamen sie eine größere Distanz zu ihren Erwartungen und Emotionen. Da sie mehr agierten und weniger re-agierten, gelang ihnen leichter ein respekt- und liebevoller Umgang, den sie ja letztlich alle wünschten.

Von der Verhaltensänderung zur Einstellungsänderung

Das Konzept der Verhaltensmodifikation hatte jedoch seine Grenzen, wenn die Eltern im Dauerclinch lagen und als Bezugspersonen der Kinder im Umgang mit ihnen nicht an einem Strang zogen. Sobald sich die Erziehungsberatung in eine Paartherapie wandelte, konnten wir die komplexen Beziehungsprobleme nicht mehr mit unserer herkömmlichen klassischen Methode der Verhaltenstherapie angehen. Aus diesem Engpass heraus bot sich logischerweise die sich entwickelnde kognitive Verhaltenstherapie an, die sich an den individuellen Wahrnehmungs-, Denk- und Gefühlsmustern des Klienten ausrichtet. Zum Beispiel: Wie ist sein Welt- und Menschenbild? Was ist für ihn von großer Bedeutung? Und welche meist schon in der Kindheit erworbenen Einstellungen prägen sein Denken und Handeln? Ich erinnere mich, wie befreiend es für die Eltern war, als ich ihnen vorschlug, in ihren Auseinandersetzungen Person und Verhalten zu entkoppeln. Das heißt konkret: Jeder Mensch ist seit Geburt „ok" und sein Verhalten aus meiner Sicht „ungünstig" für meine Erwartungen. In dieser Haltung erübrigen sich verletzende Vorwürfe wie zum Beispiel „Du bist doch gestört!", „Du hast nicht alle Tassen im Schrank", „Du gemeiner Kerl!" oder „Du blöde Kuh!". Heutzutage erkläre ich das noch genauer im wissenschaftlich-neurobiologischen Kontext: Verschieden programmierte Gehirne reagieren auch verschieden auf herausfordernde Situationen. Streng genommen streiten sich in Beziehungskonflikten also zwei auf Überleben konditionierte Gehirne, deren Ziel jeweils die Maximierung von Lust und Vermeidung von Unlust ist. So betrachtet geht es in Auseinandersetzungen mit anderen meistens ums Rechthaben und Gewinnen. In der Paartherapie erkannten die Partner nach vielen gegenseitigen Schuldzuweisungen: Ihre Beziehung kann gelingen, wenn jeder die Probleme nicht beim anderen sucht und bekämpft, sondern mit der Veränderung bei sich selbst anfängt.

> **Wer zuerst seine eigenen Schwierigkeiten überwindet, sich selbst erfolgreich führt, kann auch andere in ihrer Entwicklung wirkungsvoll begleiten und unterstützen.**

Ein Beispiel: Im Gespräch mit einer Mutter, die mir erst die Schwierigkeiten mit ihrem elfjährigen Sohn detailliert beschrieben hatte, offenbarte sich, dass sie selbst „große Probleme" hatte. Seit einigen Jahren schon litt sie an einer sich verschlimmernden Agoraphobie. Sie empfand Beklemmungen bis hin zu Todesängsten, sobald sie alleine das Haus verließ. Anfangs konnte sie noch mit dem Fahrrad kleine Strecken zurücklegen, mittlerweile schaffte sie es nur noch in Begleitung, um die Ecke zum Lebensmittelladen zu gehen. Sie erzählte, dass sie sich wie ein abhängiges Kind fühle. Kein Wunder, dass ihre Kinder sie nicht mehr ernst nahmen. Es war offensichtlich, dass auch ihr Mann diese Ängste als Belastung empfand, sich dadurch stark eingeschränkt fühlte und deshalb aggressiv reagierte. Ihr wurde klar, dass die begonnene Erziehungs- und die spätere Paartherapie scheitern mussten, solange sie nicht ihre Ängste überwunden und sich von der daraus resultierenden Abhängigkeit befreit hatte. Dazu muss man wissen, dass Angst erlernt ist und auch wieder verlernt werden kann, wenn man sich ihr immer wieder in kleinen Schritten aussetzt.

An diesem Punkt greift die klassische Verhaltenstherapie, in der es genau um das Umlernen geht. Man nennt dieses Vorgehen „Desensibilisierung in vivo". Am Anfang wagte sie sich nur 50 Meter alleine auf die Straße. Sobald sie das angstfrei erlebte, steigerten wir die Übung auf 100 Meter, 150 Meter, 200 Meter, 300 Meter usw. Die Maßgabe lautete: tägliche Übungen mit immer größeren Herausforderungen. Nach drei Monaten kam ihre Meisterprüfung: Mit verbundenen Augen saß sie neben mir im Auto und ich fuhr mit ihr in ein ihr unbekanntes Stadtviertel. Dort nahm ich ihr die Augenbinde ab und sie stieg aus. Ich gab ihr einen Zettel mit dem Namen der Straße, in der ich sie 45 Minuten später erwartete, und fuhr los. Vorher hatten wir oft geübt, wie man sich mit einem Stadtplan zurechtfindet. Sie hat es geschafft! Mit leuchtenden Augen berichtete sie mir genau, wie sie diese Aufgabe löste. Nach einiger Zeit wiederholten wir noch dreimal eine ähnliche Übung, bis die Angst vollständig verschwunden war. Was für ein neues Lebensgefühl von Unabhängigkeit! Erst nachdem sie, wie sie sagte, erwachsen geworden war und sich die Beziehung zu ihrem Mann bedeutend verbessert hatte, konnten wir die Erziehungsberatung zu einem erfolgreichen Ende führen.

Warum beschreibe ich diese Geschichte so ausführlich? Weil sie aufzeigt, dass eine kompetente psychologische Intervention nicht wirksam ist, wenn der Klient sie zwar versteht, sie aber aus verschiedensten Gründen nicht umsetzen kann.

Der „Werkzeugkasten" des Selbst-Entwicklers
Auf der Basis dieses Erfahrungsschatzes habe ich meine Philosophie des Selbst-Entwicklers konzipiert. Auf den Punkt gebracht: Bevor man andere verändern will, fängt man mit der Entwicklung bei sich selbst an. Wenn ich merke, dass es mich automatisch denkt oder spricht, und ich kenne meine spezielle Beurteilungsmechanik, nehme ich sofort eine aufrechte Haltung ein. So gelingt es mir immer häufiger, aus meiner gedanklichen Mechanik auszusteigen und selbst zu bestimmen, was ich denken will. Ein Selbst-Entwickler nimmt sich bewusst vor, eigenmächtig zu denken und zu handeln. Dieses pragmatische Konzept bewährt sich besonders bei Führungskräften, bei denen ich häufig beobachte, dass sie leidenschaftlich alle und alles verbessern wollen und ihre eigene Persönlichkeitsentwicklung vernachlässigen. Der Selbst-Entwickler hat sich entschieden, am Leben zu wachsen und nicht zu verzagen. Sein Ziel ist es, sich möglichst unabhängig von äußeren Situationen zu machen und mental stabil zu sein. Das gelingt mit den folgenden vier Werkzeugen, mit denen man die Ohnmachtsgefühle, die häufig auftreten, wenn das Leben nicht so läuft, wie man sich das vorgestellt hat, in Eigenmacht verwandelt.

Das erste Werkzeug: SELBST-BEWUSSTHEIT
Was ist, ist.

Wie du das, was ist, beurteilst, ist dein ganz persönlicher Beitrag zum Leben. Dein konditioniertes Gehirn mit seinem gelernten Programm — das sind deine Erfahrungen aus der Vergangenheit, die sich zu neuronalen Verbindungen verknüpft haben — bestimmt dein Erleben. Werde Dir bewusst darüber, was dich diese automatischen Gedanken und dein spezielles Welt- und Menschenbild auf Dauer an Schmerz, Wut und Leid kosten. Entscheide dich dann, dein Denken selbst zu bestimmen! Sich nicht über den Lauf der Dinge zu beklagen, sondern anzuerkennen, dass alles zum Leben dazugehört, macht dich stärker. Im Training des lernenden Selbst-Entwicklers ersetzt du automatische Klagen wie „Das gibt es doch nicht" oder „So eine Unverschämtheit!" durch „Danke für die Übungseinheit". So machst du dich zum Boss deiner Gedanken und kannst besser und vor allem kreativer mit wechselnden schwierigen Situationen umgehen. „Die Situation ist mein Coach", heißt ab jetzt dein Mantra, mit dem du sehr schnell aus der Opferhaltung in die Macher-Rolle kommst. Während die anderen ihre Energie durchs Jammern verlieren, bist du schon aktiv und suchst nach Lösungen. Aus dieser Position der Stärke ergeben sich für dich viele Vorteile:

» Du kannst leichter loslassen von deinen alten Wahrheiten und Lösungen.
» Du bist mutiger und innovativer.
» Du stehst nach Niederlagen schneller wieder auf.
» Du reagierst empathischer.
» Dein Immunsystem wird gestärkt. Du bist weniger krank.

Das zweite Werkzeug: SELBST-VERANTWORTUNG
Wo du bist, willst du sein.

Du bist zu 100 % verantwortlich für dein Tun. Es ist erstaunlich, dass die meisten von uns dies leugnen. Im ersten Schritt zu mehr Selbst-Verantwortung kannst du das vorwurfsvolle „ich muss …" durch „ich will das jetzt tun" ersetzen. Du musst nur sterben, alles andere willst du auch, weil es für dich unterm Strich noch das geringste Übel ist. In dieser Haltung kannst du erkennen, dass du nicht fremdbestimmt bist, sondern ein ausgeschlafener Preisvergleicher und Schnäppchenjäger. Du überwindest dich, weil es für das Erreichen deines Zieles gegenwärtig das Beste ist. Dann willst du zum Beispiel morgens aufstehen und zur Arbeit gehen. Oder du willst eine Abendveranstaltung besuchen, obwohl du keine Lust hast, weil beides auf deinen beruflichen Erfolg einzahlt. Wer sich das täglich klarmacht, verlässt die Opferrolle und kann bewusst und freudvoll leben. Übrigens: Wenn du weißt, dass du immer das tust, was du letztendlich willst, triffst du auch leichter die Entscheidung, damit aufzuhören.

Das dritte Werkzeug: SELBST-VERTRAUEN
Deine Vereinbarungen und Visionen festhalten.

Du kannst dein Selbst-Vertrauen stärken, wenn du mit dir abmachst, deine Vorhaben wirklich in die Tat umzusetzen. Beginne mit kleinen Aufgaben und steigere sie dann kontinuierlich nach Schwierigkeitsgrad. Wenn du das schaffst und dranbleibst, kannst du dir sozusagen über den Weg trauen. Dein auf diese Weise gestärktes Selbst-Vertrauen generalisiert sich nach und nach auf das Vertrauen ins Leben und in deine Mitmenschen. Den Anfang machst also du! Die Visionstechnik ist ebenso eine wirksame Methode, um das Vertrauen zu dir und in das, was du erreichen willst, zu verstärken. Im entspannten Zustand mit einem leichten Lächeln stellst du dir immer wieder konkret und bildhaft vor, wie es sich anfühlt, wenn du so bist, wie du sein möchtest. Oder du siehst dich abends vor dem Einschlafen schon am Ziel und genießt es mit allen Sinnen. Besonders Leistungssportler nutzen diese Methode, um trotz gelegentlicher Misserfolge den Glauben an sich nicht zu verlieren und leidenschaftlich weiterzumachen.

Das vierte Werkzeug: SELBST-ÜBERWINDUNG
Glück ist auch eine Überwindungsprämie!

Wenn du mehr von etwas haben möchtest, musst du meistens durch eine Phase der Unlust gehen. Eine Erkenntnis, die auch mir immer wieder geholfen hat, mich zu überwinden. Viele Scheidungen und Unternehmenspleiten sind oft die Folge von Schmerzvermeidung. Man hat die Unlust, etwas Unangenehmes möglichst schnell anzusprechen und zu beheben, zu lange vor sich hingeschoben. Oder man hat den Schmerz vermieden, Gewohntes aufzugeben und Neues zu wagen. Dieses für eine erfolgreiche Lebensgestaltung so notwendige Loslassen kannst du trainieren. Es geht erst einmal darum, kleine alltägliche Gewohnheiten zu durchbrechen, zum Beispiel immer wieder mal andere Wege zu gehen, fremde Orte aufzusuchen, Neues zu lernen oder sogar etwas zu machen, was du bisher mit dem Gedanken „Das passt nicht zu mir" vermieden hast. Du wirst merken, wie es dir guttut, Unbekanntes zu erleben. Die Hirnforschung weiß heute, dass Lernen mit einem Glücksempfinden einhergeht. Es bereichert dich und macht dich neugieriger auf das dir Fremde. Eine neue Lebendigkeit stellt sich ein. Besonders in meinen Businesscoachings nimmt dieses Ketten-Durchbrechen, das zu neuen Erfahrungen führt, einen immer größeren Raum ein. Es ist bekannt, dass unser

Gehirn nicht über Erkenntnisse, sondern über emotionalisierendes Erleben neuronale Verknüpfungen bildet. In unserer Zeit des sehr schnellen Wandels ist es wichtig, dass du dich vom „Change" nicht bedroht fühlst. Das schaffst du, wenn du Veränderungen durch dein tägliches Training Zutritt in deinen Alltag gewährst. Der lernbereite Selbst-Entwickler reagiert allmählich auf Unvorhergesehenes merkbar gelassener. Die innere Gewissheit, dass du über einen großen Erfahrungsschatz verfügst, nimmt dir den Schrecken vor dem Ungewissen. Die ängstliche Verstimmtheit, von der viele von uns befallen sind, löst sich so zusehends auf.

Die Macht der gehobenen Gestimmtheit
Da meine Klienten und ich diese Erfahrung über Jahrzehnte immer wieder gemacht haben, coache ich nicht mehr auf das Erreichen großer Ziele, sondern auf das Erlangen „gehobener Gestimmtheit". Ich fokussiere sie darauf, nicht nur das äußere, sondern vor allem das „innere Spiel" gewinnen zu wollen. Sich also nicht von den Situationen des Lebens entmutigen zu lassen, sondern in einer offenen Haltung zu einem neuen Denkrahmen und zu neuen Lösungen zu finden. Wem es gelingt, sich einzustimmen auf den Wandel, sich nicht bockig gegen die Gesetze des Lebens und den Lauf der Dinge zu stellen, der fühlt sich nicht als Opfer. Die Folge: mehr Gelassenheit, Souveränität und eine gehobene Stimmung, die nichts mit guter Laune zu tun hat. Zu dieser bejahenden Lebenshaltung gehören auch die natürlichen Gefühlszustände wie Ärger und Trauer. Sie werden in einer hohen Schwingung nur nicht gehalten und gepflegt, sondern lösen sich schneller wieder auf. Wesentlich gesünder und leichter lässt sich das Leben bewältigen, wenn man die gehobene Gestimmtheit zu seiner inneren Grundhaltung macht und auch lebt.

Dauerhaft ängstliche oder wütende Verstimmte, die vom Leben und ihren Mitmenschen tief enttäuscht sind, können nur wenig Disziplin und Energie aufbringen, sodass ihnen ein freudvolles und erfolgreiches Leben selten gelingt. Gute Absichten und großer Ehrgeiz werden durch eine Opferhaltung erstickt. Meine lerntheoretisch fundierten Strategien zur Verhaltensänderung und die psychologisch-philosophischen Impulse zur Selbst-Entwicklung greifen besser, wenn man nicht permanent klagend gegen das Leben ist.

> *Wenn du es schaffst, dich auf die Gesetze des Lebens einzustimmen, sozusagen mit dem Leben tanzt, dann läuft vieles von alleine.*

Mit einer verstimmten Gitarre gelingt dir trotz großen Bemühens keine gute Performance.

Sollte ich dich inspiriert haben, die volle Verantwortung für deine Stimmung zu übernehmen, möchte ich dir noch einige Übungen anbieten, wie du diese Haltung als deine lebensbejahende Philosophie verankern und dich in eine gehobene Gestimmtheit bringen kannst.

1. Das Anti-Klage-Set:
   Ab heute hörst du auf, zu klagen. Also keine Beschwerden mehr über andere, das Leben und über dich. Sobald du merkst, dass es dich klagt, gibst du dir einen kleinen Klaps auf den Handrücken. Stopp! Natürlich darfst du dich ärgern, das ist normal. Aber du durchbrichst dein typisches Klagemuster durch den Klaps und den Gedanken: „Das habe ich mir anders vorgestellt". Danach wirst du ganz bewusst aktiv im Rahmen deiner Trainingseinheit.

2. Die Gelassenheitsübung:
   Sofort nach dem morgendlichen Aufstehen stellst du dich aufrecht hin und sagst halblaut: „Willkommen Tag, ich erwähle dich mit allem, was du mir heute bringst." Immer, wenn irgendetwas anders ist, als du es dir vorgestellt hast, nimmst du Haltung an und denkst: „Das gehört zum Leben dazu und ich bin jetzt in einer Trainingseinheit." So wird die Situation zu deinem Coach.

3. Das Dankbarkeitsritual:
   Als Gegenmittel zum mangelorientierten Denken stellst du dir das vor, was du gut kannst und was du bisher alles schon geschafft hast. Das funktioniert am besten in entspanntem Zustand, sei es im Bett, in der Badewanne oder auf der Sonnenliege. Mit geschlossenen Augen und einem leichten Lächeln spürst du, wie gut sich das anfühlt. Zum Schluss denkst du „Danke". Wer daraus ein festes Ritual macht, färbt auf Dauer sein Unterbewusstsein mit schönen Bildern und bringt sich in ein Gefühl der Fülle.

Vom Ich zum Wir

Während meines langjährigen therapeutischen Wirkens habe ich meinen Klienten mit den verschiedensten psychologischen Bewältigungsstrategien und praktischen Übungen geholfen, ihr Leben wieder in den Griff zu bekommen. Was ihnen am wirksamsten und am nachhaltigsten auf dem Weg zu ihrem persönlichen Glück dienlich war, ist die hier vorgestellte „Stimmungstherapie", die ich seit ungefähr zehn Jahren anwende. In gehobener Gestimmtheit ist eine Verhaltensänderung leichter möglich. Wer sich aus der Ohnmacht des Kindes befreit, wie die Dame mit der Agoraphobie, die mithilfe der Straßenschilder wieder Orientierung fand und ans

Ziel gelangte, kommt vom Wollen zum Tun. Die Erfahrung der Eigenmacht wirkt sich positiv auf die Einstellung zum Leben und dessen Bewältigung aus. Das hebt die allgemeine Gestimmtheit, weil man sich im wörtlichen Sinn des Wortes nicht mehr beschwert.

In der Rückschau war unsere Vorstellung, die Kinder durch Erziehungsberatung über den von uns gelenkten elterlichen Einfluss zu besseren Menschen und mündigen Bürgern zu machen, zu idealistisch und so nicht durchführbar. Mit der verhaltenstherapeutischen Intervention gelang es uns zwar, aggressives, ängstliches, unkonzentriertes oder nicht soziales Verhalten zu regulieren, jedoch nicht, die Gesellschaft zu reformieren. Die Eltern konnten mit den lerntheoretischen Methoden das Verhalten ihrer Kinder wohl verändern, aber immer nur im Rahmen ihrer konditionierten Gehirne, ihrer gelernten Werte und Bedürfnisse. Um dieses begrenzende „neuronale Gitterbett" verlassen zu können, braucht es ein neues Bewusstsein und auch die Bereitschaft, neues Verhalten auszuprobieren. Das Selbst-Entwickler-Konzept nach dem bekannten Motto „Sei du die Veränderung, die du in der Welt wünschst" ist deshalb der zwingende erste Schritt zu einer funktionierenden Gesellschaft. Denn mit der so gewonnenen inneren Zuversicht, dass Veränderung gut und machbar ist, kann jeder Einzelne langsam, aber sicher die Gemeinschaft verändern.

Ein Wort zum Schluss: Eine neue Zuversicht

Meine Philosophie der Selbst-Entwicklung ist das Gegenteil von Selbst-Optimierung. Im Kontext „Optimierung" geht es darum, mehr desselben zu tun, um noch besser zu werden. Der Selbst-Entwickler hingegen strebt an, seinen gewohnten Denk- und Handlungsrahmen zu verlassen, um den Herausforderungen und den gewaltigen Neuerungen unserer Zeit wirksam zu begegnen. Nach Einstein können wir ein Problem nicht mit der Denkweise lösen, durch das es entstanden ist. Der Betriebswirtschaftsprofessor Fredmund Malik von der Universität St. Gallen warnte angesichts der Transformation vor zwanzig Jahren eindringlich, der Mensch müsse ein anderer werden. Jawohl, das will ich. Also fange ich damit bei mir selbst an. Sofort! — Du auch?

Der Autor

Jens Corssen

Nach seinem Abschluss als Diplom-Psychologe an der Ludwig-Maximilians-Universität München eröffnete er 1971 mit seinem Studienkollegen Michael Kronberger eine Praxis für Verhaltenstherapie — als eine der ersten in Deutschland. Jüngste Ergebnisse der Gehirnforschung und Neurobiologie belegen die Verhaltenstherapie in frappierender Weise. Nur wenn Erkenntnis und Wissen zu emotionalisierenden Erfahrungen führen, bilden sich im Gehirn neue neuronale Verknüpfungen, die Verhaltensänderungen bewirken.

Jens Corssen ist der Überzeugung, dass die bewusste Selbst-Entwicklung hin zur eigenen Einstellungs- und Verhaltensänderung zu respektvollen und nährenden Beziehungen führt.

Seit 2002 liegt der Schwerpunkt seiner Arbeit im beruflichen Bereich. Auch im Beruf „menschelt" es und auch hier macht die Persönlichkeit den Unterschied.

Mit seiner Philosophie und Praxis des Selbst-Entwicklers© ist er zu einer bekannten und erfolgreichen Marke in der deutschen Wirtschaft geworden. Der Coach für Deutschlands Top-Führungskräfte, Bestseller-Autor und Keynote-Speaker vermittelt die Essenz seiner nunmehr 50-jährigen Tätigkeit als psychologischer Konfliktberater und Begleiter bei Veränderungen auch über die Medien und in Workshops.

jenscorssen.com

VERMÖGENS ERKENNTNIS

Rona van der Zander

Lernen, Arbeiten und Wirken in der VUCA-Welt

Wie können wir zu aktiven Mitgestalter:innen der Zukunft werden?

Gedanken zu kleinen, konkreten Schritten, die uns das Leben und Lernen in der VUCA-Welt erleichtern, sodass wir zu aktiven Mitgestalter:innen der Zukunft werden. Denn in der Zukunft müssen wir uns viel mehr selbst befähigen.

Mein Großvater war Schreiner in einem kleinen Dorf im Norden Deutschlands. Für seinen Beruf hatte er eine große Leidenschaft, aber er war nicht wirklich gewählt, sondern wurde ihm vererbt. Sein Vater und Großvater waren ebenfalls Handwerker gewesen. So übernahm er die Werkzeuge und den Beruf und verbrachte sein Leben in diesem kleinen Dorf. Die weiteste Reise, die er jemals antrat, war nach Österreich, gut 800 km entfernt von seinem Heimatort.

Für meinen Vater war die Welt schon etwas größer geworden. Er war der Erste in der Familie, der studierte. Er bereiste nicht nur den Harz, sondern Europa und später auch Nordafrika und die USA.

Die Welt meines Großvaters war für mich kaum noch vorstellbar. Als ich die Schule beendete, präsentierte sich eine unfassbare Anzahl an Möglichkeiten: Ausbildung, Studium oder Fachhochschule, in Deutschland oder anderswo in der Welt. Alleine in Deutschland konnte ich aus 19.000 verschiedenen Studiengängen wählen. 19.000. Das war vor gut 10 Jahren, inzwischen stehen schon 21.000 zur Wahl.

Ich zog damals aus in die Welt, studierte und arbeitete in acht verschiedenen Ländern und auf drei Kontinenten, um meinen Platz zu finden. Dieser Platz war nicht mehr vorgegeben und schon gar nicht mehr „vererbt", wie bei meinem Großvater. Die Arbeit meines Großvaters war, im wahrsten Sinne des Wortes, noch sehr greifbar — Tische, Fenster, Türen. Mein Vater wurde bereits zum „Wissensarbeiter", und was ich als „Digital Native" tue, ist nun noch abstrakter.

Wir leben in der sogenannten VUCA-Welt (Volatility, Uncertainty, Complexity, Ambiguity). Unsere Welt ist also voller Volatilität, Unsicherheit, Komplexität und Mehrdeutigkeit. Es gibt keine einfachen Antworten mehr und gleichzeitig verändert sich alles um uns herum immer schneller. Neue Technologien drängen in immer kürzeren Abständen auf den Markt und verändern unser aller Leben und Arbeiten. Die Innovationszyklen werden immer kürzer. Im 19. Jhd. lagen zwischen den Innovationswellen noch 60 Jahre, nun sind es nur noch um die 30 Jahre.

> **Was bedeutet das für uns — für unser Wirken in dieser (Arbeits-)Welt? Was können wir tun, um uns in dieser schnellen Welt zurechtzufinden?**

Schulen und Hochschulen bereiten uns nicht (ausreichend) vor
Unsere Schulen, Hochschulen, Universitäten und die „formale Bildung" bereiten uns leider überwiegend immer noch auf die alte Welt meines Großvaters vor. Sie sind nicht dafür konzipiert, uns zu befähigen, in einer Welt radikalen und konstanten Wandels zu leben, sondern bilden uns für einen vorgegebenen Karriereweg aus, für den sie uns die verfügbaren Informationen vermitteln. Jedoch leben wir bereits in einer Welt von Informationsüberfluss, in der es viel mehr darum geht, sich in Komplexität zurechtzufinden, kreativ zu denken und Freude an lebenslanger Weiterentwicklung zu haben. Zudem wird die Halbwertszeit von Wissen immer kürzer. Was wir heute an Fähigkeiten und Wissen besitzen, veraltet immer schneller. Wir denken immer noch in Fächern, Altersgruppen, bewerten richtig und falsch — während die Welt immer vernetzter, komplexer und digitaler wird.

In der Zukunft gibt es keinen Abschluss mehr. Es gibt keinen Schluss mehr, kein Ende des Lernens. Jeder Berufszweig wird von neuen Technologien beeinflusst und verändert werden. Wir steuern zu auf eine Welt, in der jede:r im Laufe seines/ihres Lebens mehrmals den Job und sogar den kompletten Berufszweig wechseln wird.

Lebenslanges Lernen ist der Schlüssel
Daher ist die Eigenmotivation und Begeisterung für konstantes Lernen von größter Bedeutung. „Lebenslanges Lernen" ist kein Modewort mehr. Es ist hier. Es ist bereits unsere Realität und ganz sicher unsere Zukunft.

Zukunftsfähigkeiten
Was für Fähigkeiten werden denn dann in der Zukunft folglich wichtig? In verschiedenen Studien lesen wir immer wieder: Kritisches Denken wird gebraucht, aber auch „neue Fähigkeiten" im „Selbstmanagement" wie aktives Lernen, Belastbarkeit, Stresstoleranz und Flexibilität. Brauchte man das früher nicht? Doch, aber nicht in diesem Ausmaße.

Die Fähigkeit, mit neuen Technologien, die sich immer schneller entwickeln, umzugehen, spielt natürlich auch eine immer größere Rolle. Fähigkeiten, die für viele Jahre gesetzt waren, wie z. B. Lesen und Schreiben, verlieren an Bedeutung. Hört sich verrückt an? Ich hatte vor ein paar Jahren ein Gespräch mit einer Siebenjährigen, die mir erklärte, wie unnütz sie es fand, Lesen und Schreiben zu lernen. Warum? Über Sprachassistenten konnte sie inzwischen praktisch alles regeln, Fragen stellen und sich Erklärvideos zeigen lassen. Außerdem konnte sie Sprachnachrichten versenden und Texte diktieren. Die Technologie schreitet in manchen Bereichen schnell voran und die Lebensrealität ist für die nächste Generation schon eine andere. In Zukunft ist Kreativität gefragt und unser Mut, neu zu denken, auch mal loszulassen und Erfolg oder Scheitern zu riskieren. Es ist offensichtlich, dass sich an unseren Schulen, Universitäten und Arbeitsplätzen eine Menge ändern muss, um die Menschen besser auf diese Zukunft der Unsicherheit vorzubereiten. Aber diese Systeme verändern sich in einem viel langsameren Tempo als die Welt, in der wir leben. Was können wir also heute selber tun?

Uns selbst einbringen — stark im Außen und im Innen
In der Zukunft sollten wir uns im „Außen" einbringen und unser eigenes „Inneres" stärken. Denn es liegt viel in unserer eigenen Macht und Kraft — wir müssen uns eigenständig fortbilden und weitermachen. In einer Welt, die sich immer schneller verändert und weiterentwickelt, müssen wir auch immer mehr selbst in die Hand nehmen. Das ist oft eine Herausforderung, gerade, weil wir es in unseren Systemen nicht lernen. Unsere „innere Stärke" gewinnt aber auch immer mehr an Bedeutung. Das wird oft noch übersehen.

> Wir sollten uns selbst zuständig fühlen und zuständig machen — sonst verändert sich nichts.

Stark im Außen — was können wir tun? Lernen im digitalen Raum
Ich denke, wir alle können neue Technologien noch besser und effizienter nutzen und den unglaublichen Zugang zu Informationen, den sie bieten. Von Massive Open Online Courses (MOOCs), Kursen mit Online-Universitäten, YouTube-Videos, Podcasts und tollen Online-Communities, mit denen man sich austauschen kann. Wir alle können jetzt anfangen, unsere „Lernmuskeln" zu trainieren, neue Offenheit zu entwickeln und auf dem Laufenden zu bleiben. Jeden Monat können wir uns ein Thema vornehmen, zu dem wir mehr erfahren wollen, uns in einer kleinen Gruppe zusammentun, daran arbeiten und uns austauschen. Alles ist da, alles ist zugänglich. Man kann online alles lernen. Wir müssen auf niemanden warten. Niemand muss uns das „GO" dazu geben.

Neue Ideen realisieren
Selbstständig sein. Etwas, das in Deutschland oft noch bemitleidet oder belächelt wird. Ich finde, hier fehlt uns oft Unternehmergeist. In China habe ich kaum eine Person kennengelernt, die nicht selbstständig war, oft auch neben ihrer Festanstellung noch etwas „Eigenes" machte. Frei, flexibel und nicht durchgenormt. Dabei versuchte sie sich so aufzustellen, dass es immer weitergeht: erfolgreicher zu werden, Neues zu probieren und sich konstant anzupassen. In den USA habe ich oft mitbekommen, wie schnell Menschen ihre Ideen ausprobierten, in die Tat umsetzten und dabei viel Unterstützung erfuhren. Hier sind wir oft mit bürokratischen Hürden konfrontiert und mit vielen Bedenken. Dabei hatten noch nie mehr Menschen Zugang zu so leistungsstarken und preiswerten Computern, damit Zugang zu so viel Wissen und Netzwerken und zu so günstigen Krediten, um neue Produkte und Dienstleistungen zu erfinden. Und das alles, während viele große gesundheitliche, soziale, ökologische und wirtschaftliche Herausforderungen gelöst werden müssen. Aber natürlich muss sich nicht jede:r gleich selbständig machen. Es gibt so viele tolle Projekte und Ideen, bei denen wir uns einbringen können. Ob ein digitaler Hackathon, bei dem neue Ideen entstehen, Projekte auf lokaler Ebene in unserem Ort oder die Unterstützung eines Start Ups mit unserem Wissen. Lernen wir Herausforderungen um uns herum kennen und vernetzen wir uns.

Vernetzung & Austausch außerhalb der „sozialen Blase"
Überhaupt — Vernetzung. Noch nie war es einfacher. Im digitalen Raum sind wir von spannenden Menschen und einem interessanten Austausch oft nur einen Klick entfernt. Das sollten wir nutzen, unsere digitalen Netzwerke ausbauen, spannenden Menschen folgen und in den Austausch gehen. Gleichzeitig werden die „social bubbles", die sozialen Blasen, eine immer größere Gefahr. Das Internet hat uns vernetzt, aber auch in unseren „sozialen Blasen" isoliert. Deshalb sollten wir viel mehr mit Menschen in

Kontakt gehen, die nicht aus unserer „Blase" kommen. Es ist essenziell, dass wir uns mehr austauschen — und zwar auch mit Menschen anderer Meinungen, Erfahrungen, Generationen und Hintergründe.

Regelmäßig reflektiere ich, wem ich folge. Was für Inhalte ich sehe. Wenn wir das aktiv und reflektiert tun, ergibt sich auch hier die „recht einfache" Möglichkeit, Einblicke in unterschiedliche Lebensrealitäten zu bekommen — was sind die Herausforderungen, die Themen dieser Menschen? Das Internet bietet hier viele Möglichkeiten. Doch wir sollten diesen Austausch natürlich auch (offline) vertiefen. Eine Möglichkeit, die ich sehe und die in Deutschland noch recht wenig Anwendung findet, ist die „Mentorschaft". Gerade in Australien und den USA lernte ich kennen, dass praktisch jede:r eine:n Mentor:in hat. Der Mehrwert der Mentorschaft ist riesig — sie kann Orientierung und Ermutigung bieten und Mentor:in und Mentee lernen unglaublich viel voneinander.

Ich bin überzeugt, dass wir „Mentorship" an unseren Arbeitsplätzen und Lernorten noch viel mehr praktizieren sollten und dazu Mentor:innen oder Mentees finden, die anders sind als wir selbst, ob bezüglich Geschlecht, Alter, Hintergrund oder Herkunft.

Wenn wir uns in der VUCA-Welt, im „Außen" einbringen, aktiv die neuen Technologien nutzen und mit ihnen lernen, uns in Projekten und mit neuen Ideen einbringen und Mentor:in oder Mentee sind und gemeinsam lernen und Wissen teilen, ist es aber auch wichtig, dass wir uns gleichzeitig im „Innen" stärken.

Stark im Innen — was können wir tun?
Wir sollten uns Zeit nehmen, uns im „Innen" stärken, um die Komplexität und Widersprüche in der VUCA-Welt zu erkennen und auszuhalten. Wir müssen uns konstant innerlich weiterentwickeln, wenn extern alles immer komplexer wird. Uns immer wieder fragen: Was kann ich, was will ich? In einer schnellen Welt brauchen wir auch mal Distanz zum eigenen Erleben, um so bewusst wahrnehmen und verstehen zu können.

Ruhe & Pausen
In Zeiten der Veränderung brauchen wir viel Stärke in uns selbst, und um das aufzubauen, sollten wir aktiv Platz und Raum schaffen. Wir müssen diese ruhigen Momente für uns selbst schaffen — sei es durch Mediation, Yoga, aktive Pausen oder eine Morgenroutine, in der wir uns auf uns besinnen und Kraft für den Tag schöpfen. In einer sich ständig verändernden Welt ist es wichtig, durch Momente der Ruhe einen Ausgleich zum Alltagstempo zu schaffen. Viele Menschen glauben, dafür in ihrem hektischen Alltag keine

Zeit mehr zu finden, und natürlich ist es oft eine Herausforderung. Aber kleine Dinge können oft schon einen Unterschied machen. Zum Beispiel morgens 30 Minuten später die sozialen Kanäle und E-Mails einzuschalten, sich erst mal für den Tag zu sortieren und bewusst selbst zu entscheiden, wann man bereit ist für die Informationsflut aus dem „Außen". Oder auch sich mittags 30 Minuten Zeit zu nehmen für einen Spaziergang.

Natur & Luft
Ich bin überzeugt, dass viele von uns mehr raus müssen — raus an die Luft, rein in die Natur, ab in den Wald, ab an den See. Und atmen! Gerade in der Zeit der Pandemie haben viele von uns zum Glück wieder den Zugang zur Natur gefunden und erkannt, wie wichtig diese Verbindung ist. Die Natur ist ein wichtiges Gegenstück zu dieser hyperschnellen, oft anstrengenden Welt. In der Natur können wir wieder Verbindung zu uns selbst finden.

Zeit zum Reflektieren
Zeit zum Nachdenken und Reflektieren wird in schnellen, digitalen Zeiten immer wichtiger. Ob durch Schreiben, Malen oder Denken — wir müssen aktiv verarbeiten, was um uns herum passiert, auch um die Veränderungen kritisch zu reflektieren. Denn natürlich ist nicht jede Veränderung immer positiv — daher ermöglicht uns die Reflexion, zu verstehen, wie sich unser eigenes Verhalten auf die Veränderungen auswirkt und wie wir sie gestalten wollen.

Zeit zum Nachdenken klingt banal. Aber in dieser digitalen Zeit, in der sich eben alles so schnell verändert, müssen wir viel öfter innehalten und uns fragen: Passt das alles so?

Ein gutes Beispiel dafür ist unsere aktuelle Kommunikation in der Arbeitswelt. Wir schreiben am Tag im Schnitt über 100 geschäftliche E-Mails und Nachrichten und konzentrieren uns im Schnitt maximal 6 Minuten auf eine Aufgabe. Wenn wir nicht gerade frenetisch dabei sind, Nachrichten hin- und herzuschreiben, hängen wir in Videocalls. „Zoom fatigue" ist in den letzten Monaten ein stehender Begriff geworden.

Die Hintergründe, wie wir in dieser Situation gelandet sind, und die Wege, wie wir da wieder herauskommen, sind natürlich komplex. Aber dennoch: Vieles ist auch darauf zurückzuführen, dass wir alle in dieser hektischen Zeit feststecken und uns selten mal einen Moment nehmen, zurückzutreten und zu sagen: Passt das alles so? Was könnten wir anders machen? Als Team Lead die Meetingkultur überdenken — brauchen wir wirklich so viele Videocalls oder könnten wir viele Dinge auch asynchron bearbeiten? Was können wir in unserem Team umstellen, um die „Kommunikationslast" zu minimieren? Wann können wir einfach selbst mal ein Telefonat vorschlagen, bei dem wir uns draußen bewegen können, anstatt einen weiteren Videocall abzuhalten? Wir sollten in unserem (digitalen) Alltag achtsamer werden und dafür brauchen wir Zeit für Reflexion.

Neben dem aktiven Lernen und Einbringen ist es also wichtig, dass wir uns ruhige Momente verschaffen, uns mit der Natur verbinden und uns Zeit nehmen, unsere Arbeit zu reflektieren. Dafür müssen wir Zeit einplanen — und diese Treffen „mit uns selbst" einhalten.

Wir brauchen diesen sicheren Hafen zum Auftanken, wo wir uns um uns selbst kümmern und uns stärken, um dann wieder hinauszugehen, Neues zu lernen, Veränderungen voranzutreiben und Chancen zu nutzen.

Die Zukunft wird schnell, anstrengend und aufregend. Wir können sie aktiv mitgestalten. Im Großen scheint vieles oft überfordernd, aber im Kleinen können wir jeden Tag an uns selbst arbeiten und einen Beitrag leisten.

Wir befinden uns aktuell in einem großen Umbruch. Unsere Arbeitswelt digitalisiert sich zunehmend. Und auch, wenn wir alle täglich die digitalen Tools nutzen, scheint es oft so, als wüssten wir noch nicht so richtig, wie wir mit ihnen umgehen sollen und uns in dieser VUCA-Welt positionieren. Wie mit der Erfindung des Feuers: Am Anfang haben sich bestimmt viele verbrannt.

> **In der Zukunft müssen wir mehr Verantwortung übernehmen — für uns selbst und für uns alle.
> In Zeiten des rasanten Wandels ist es wichtiger denn je, dass wir unsere Lust am Lernen nicht verlieren.**

Wir haben noch viele Herausforderungen zu meistern. Mit einer lernenden Haltung können wir zu Gestalter:innen der Zukunft werden.

Ich wünsche mir eine Gesellschaft, in der wir uns aktiv einbringen und gemeinsam Themen gestalten. Schon heute können wir damit beginnen — indem wir z.B. ein Start Up mit unserem Wissen unterstützen, eine:n Mentee in einem Projekt voranbringen oder auf lokaler Ebene neue Ideen initiieren. Dabei dürfen wir nicht vergessen, auf uns selbst achtzugeben und uns die nötigen Pausen für Reflexion und Innehalten zu gönnen.

Die Autorin

Rona van der Zander

Rona van der Zander ist Unternehmerin, Gründerin, TEDx Speakerin und Dozentin. Sie hat in acht verschiedenen Ländern mit großen Firmen, NGOs und internationalen Organisationen (u. a. den Vereinten Nationen) zu den Themen Innovation, neues Arbeiten & Lernen und Kommunikation gearbeitet. Rona ist Dozentin an verschiedenen Universitäten in Deutschland, Frankreich, England und USA im Bereich „Zukunft der Arbeit". Sie ist Gründerin von GrowbeYOUnd, einer Agentur, die Universitäten und Unternehmen dabei unterstützt, Zukunftsfähigkeiten aufzubauen. Zudem ist Rona die Mitgründerin der si:cross GmbH, die Lösungen für die asynchrone Unternehmenskommunikation anbietet — durch Audio Messages für die Zusammenarbeit im Team und Podcasts für die interne Kommunikation. Sie hat einen TEDx Talk zu „Future of Work" gehalten und hostet einen Podcast zur „Zukunft von Kommunikation". Ihr Anliegen ist es, Menschen in einer sich immer schneller verändernden Welt Zukunftsfähigkeiten näherzubringen und für das lebenslange Lernen & neue Kommunikation zu begeistern.

ronavdzander.com
growbeyound.com
sicross.com

Dr. Daniel Burchardt

Wahrer Egoismus liegt in wahrem Altruismus

Die Menschheit steht an einem Wendepunkt. Eine große Krise lässt sich nur durch ein fundamentales Umdenken vermeiden. Warum dafür jede und jeder Einzelne entscheidend ist und wie das Umdenken möglich wird, liest Du hier.

Der Analyse des israelischen Historikers und Gesellschaftsanalytikers Yuval Noah Harari ist wohl zuzustimmen. An drei wesentlichen Gefahren kann sich die Zukunft der Menschheit nach seiner Meinung brechen: Atomkrieg, Klimawandel und die Disruptionen, die sich durch künstliche Intelligenz ergeben könnten. Auch Pandemien sind bekanntlich nicht ohne, nehmen sich aber im Vergleich zu den drei genannten apokalyptischen Reitern wohl noch sehr beherrschbar aus.

Die drei Hauptgefährdungen resultieren allesamt aus der Kombination zweier entwicklungstreibender Faktoren: dem menschlichen Anspruch, sich alles gefügig zu machen, und dem damit verbundenen Fortschrittsdrang. Hinter beiden Kräften stecken Vorstellungen von der Zukunft. Vorstellungen davon, dass es den Menschen gutgeht, die diese Vorstellungen teilen. Atomwaffen würden den Frieden sichern; die Technik und Wirtschaftsordnung, die den Klimawandel antreiben, würden den Komfort und Lebensstandard sichern — ebenso wie auch der Fortschritt im Bereich der künstlichen Intelligenz. Die Vorstellungen mögen aus einer bestimmten Perspektive betrachtet auch richtig sein. Genauso richtig ist aber auch, dass mit ihnen elementare Gefahren einhergehen, die sich ihrer Beherrschbarkeit zu entziehen drohen. Und dennoch hört man immer wieder, dass ein gesellschaftlich auskömmliches Leben ohne eine Vorstellung von der Zukunft, ohne eine leitende Vision nicht möglich sei. Gerade in Krisenzeiten sei eine solche Vision unabdingbar. Darin steckt sicher ein wahrer Kern. Allerdings ist auch evident, dass vor dem eingangs gezeichneten Hintergrund gerade diese Zukunftsvisionen oft Probleme schaffen und nicht lösen.

Nicht alle Visionen von der Zukunft sind also gute Visionen. Aufgrund der Komplexität menschlicher Erfahrung ist evident, dass es an allgemeinverbindlichen Kriterien fehlt, die die Unterscheidung in Gut und Schlecht erlauben. Zwar wäre eine objektive Wahrheit geeignet, solche Kriterien bereitzustellen. Allein, an der Kenntnis dieser Wahrheit fehlt es. Oder besser: Fast jeder und jede glaubt, er oder sie habe die Kenntnis dieser Wahrheit. Das Problem ist nur, dass sich diese vielen Wahrheiten nur selten decken. Das ist im Kern der Grund dafür, dass Zukunftsvisionen so problematisch sind. Das Schwierige ist kurz gesagt, dass die Bilder, die wir uns zu Zielvorstellungen von unserer Zukunft machen, nur selten angemessen sind. Denn die Bilder der Welt, die wir in unseren Gedanken kreieren, stimmen aufgrund der Subjektivität der individuellen Erfahrungsinterpretation nicht unbedingt überein mit der Welt, wie sie wirklich ist. Nicht selten verzerren sie die Welt, da wir nur einen, nämlich unseren eigenen Ausschnitt von ihr kennen, den wir zudem noch durch unsere persönliche Brille wahrnehmen. Diese Selbstbezüglichkeit zeugt von dem Mangel an Einsicht, den wir in das Leben und seine tieferen Zusammenhänge haben.

> **In unserem Egoismus verkennen wir die Komplexität der Bedingungen, unter denen wir uns eine Übersicht zu verschaffen und zu handeln versuchen.**

Und dennoch messen wir die Welt an diesen Bildern, weil wir nicht anders können. Wir haben ja nichts anderes — verständlich. Wir können aber extrem ungehalten werden, wenn sich die Welt nicht nach unserem Bild von ihr verhält, wenn sich die Welt also unserer Interpretation von ihr nicht unterwirft. Diese Ungehaltenheit hat schon oft zu Kriegen geführt und die dahinterstehende Ignoranz zu Ausbeutung und vielen weiteren Ungerechtigkeiten.

Es ist nach alledem schwer vorstellbar, dass einfach eine neue politische Vision von der Zukunft die Welt retten könnte. Das fertige Bild ist nicht selten eher hinderlich dabei, dem Wunsch, der hinter dem Bild steht, näherzukommen. Allzu schnell findet ein Verkopfen, eine Vereinnahmung statt. Vielleicht sollte man also nicht wieder eine neue Vision finden wollen, sondern zunächst an den Grundlagen arbeiten, die bessere, angemessenere Visionen ermöglichen. Es geht also nicht bloß wieder um eine weitere Vision von der „richtigen" Welt, sondern um etwas viel Grundlegenderes, nämlich um die Einsicht in das, was uns wirklich wichtig ist. Keine bloß vernunftvermittelte Einsicht, von der ich jemanden hier und jetzt überzeugen oder mit deren Hilfe ich andere überreden könnte. Sondern vielmehr eine Einsicht, die jeder und jede für sich selbst entdeckt. Auch keine einfache Einsicht in irgendwelche äußeren, etwa technischen Zusammenhänge. Sondern eine Einsicht in das eigene Selbstbild, das die Konflikte treibt.

> „Menschen widerstehen Veränderungen, weil sie sich auf das konzentrieren, was sie verlieren werden, anstatt auf das, was sie gewinnen werden."
> Paulo Coelho

Der Mensch muss also das Bild von sich selbst ändern, indem er mehr über sich erfährt. Wir wissen immer noch so wenig über uns selbst. Wir wissen mehr über den Mars als über uns selbst. Und das Schlimme daran ist, dass uns der Mars auch mehr interessiert, als wir uns für uns selbst interessieren. Wir glauben nämlich, wir wüssten alles Wichtige über uns selbst. Solange wir in dieser Illusion gefangen sind, wird die Welt ohne Katastrophe kaum eine grundlegende Veränderung erfahren können.

Die Chance, sich aus dieser Illusion zu befreien, besteht jetzt. Wir leben in einer Zeit der Verdichtung. Zeiten großer Krisen bieten immer auch große Chancen; und nun ist es die Chance des Menschen auf einen kollektiven Wandel, einen evolutorischen Entwicklungsschritt des Geistes. Unsere Freiheit, womöglich unser Überleben wird wohl dauerhaft nur bewahrt werden können, wenn dieser Schritt gelingt, wenn die vollen geistigen Potenziale des Menschen genutzt werden.

Die dafür nötige Transformation kann auf mehrere Weise geschehen. Der Einfachheit halber würde ich sie in bewusst und unbewusst unterteilen. Im ersteren Falle ist die Transformation gewollt, oder besser: eingeladen. Der bewusste Geist bildet sich fort. Er überkommt geistige Hindernisse und trainiert sich in eine höhere Ordnung hinein — bis er frei von jeder vorausverfügten Ordnung ist. Solche Entwicklungsschritte können aber auch erzwungen werden. Damit meine ich die Leidenserfahrungen, die Menschen im Nachhinein mit einem positiven Erfolg für ihre geistige Entwicklung verbinden. Solche Erfahrungen sucht man gemeinhin nicht bewusst. Sie suchen einen gewissermaßen heim. Wenn also die Menschen die Transformation im Sinne der geistigen Evolution nicht bewusst prägen und geschehen machen wollen, dann bleibt nur die Erfahrung aus Leid. Eine dauerhafte Stagnation ist ausgeschlossen. Denn das Leben ist Veränderung. Dieses Leid bildet dann entweder zurück in eine niedere Bewusstseinsform oder es mündet in eine höhere geistige Entwicklungsstufe.

Was auf individueller Ebene gilt, gilt aber auch auf kollektiver Ebene. Sofern die Transformation nicht bewusst erfolgt, erfolgt sie durch Leid, gefährliches Leid zumal. Denn Leid heißt auf gesellschaftlicher Ebene häufig Krieg, Vertreibung und Hunger. Sofern die Konflikte nicht die gesamte Menschheit auslöschen, könnte eine andere Gesellschaft aus der Asche der vorhergehenden entstehen. Wer sich jetzt aber eine Revolution wünschen mag, die in den seltensten Fällen friedlich bleibt, muss sich der Tatsache bewusst sein, dass das damit notwendigerweise verbundene Leid nicht notwendig zum gewünschten Erfolg führt. Gewalt ist nicht kontrollierbar. Daher kann immer nur der mildere Weg gewählt werden — der des ureigenen Beitrags zur Transformation: die eigene Transformation.

Die Anzeichen des Wandels sind unverkennbar; die Frage ist nur, mit wie viel Schmerz der Wandel verbunden ist. Die Antwort auf die Frage hängt von uns ab. Im besten Falle wird die Transformation also über die Einzelnen in die Welt, in die Gesellschaft getragen. Sofern sich eine kritische Masse findet, könnten weite Teile der Menschheit in ein anderes Miteinander finden. Die psychologische Veranlagung des Menschen macht kollektive geistige Umschwünge möglich — sowohl in eine lebensfeindliche als auch in eine lebensdienliche Richtung.

> „Der Übergang vom Affen zum Menschen, das sind wir."
> Konrad Lorenz

Eines der bisher nur wenig erforschten Naturgesetze ist die Gesetzmäßigkeit, nach der Leben überhaupt entsteht und sich alles in allem in Richtung einer höheren Reife transformiert. Dieses fortwährende Ausbilden eines höheren Reifegrades scheint insbesondere auf einer körperlichen Ebene stattzufinden. Alle höherentwickelten Kreaturen haben einen langen Entwicklungsprozess hinter sich, der zu starken körperlichen Um- und Fortformungen geführt hat. Der Mensch, der erst spät seine heutige körperliche Ausstattung fand, ist dafür beispielgebend. Der moderne Mensch bewohnt die Erde erst seit wenigen Hunderttausend Jahren — nicht einmal ein Wimpernschlag in der Geschichte des materiellen Seins. Unsere Sonne glüht seit rund 4,6 Mrd. Jahren; die Erde ist ähnlich alt. Erst vor ca. 100 Mio. Jahren traten die ersten höheren Säugetiere auf, die ersten Hominiden vor ungefähr 5 Mio. Jahren. Evolution findet aber nicht nur auf einer körperlichen, sondern auch auf einer geistigen Ebene statt. Der nächste Entwicklungsschritt des Menschen ist ein geistiger. Der Schritt von einer angstdominierten Kultur der Konkurrenz und Verdrängung in eine zugewandte, empathische, sorgende und kooperierende Kultur.

Eine solche Kultur setzt ein tiefes Vertrauen in das Leben voraus — ein Vertrauen, das der Angst kaum mehr Raum lässt. Solch ein Vertrauen kann nicht im Außen fundieren, denn alles im Außen ist der Vergänglichkeit unterworfen. Es muss daher tief im Innern ankern. Es geht darum, eine Perspektive, quasi einen ganz besonderen Ort in sich zu finden, einen Ort, an dem die Zeit stillsteht und von dem aus doch an allem Trubel des Lebens auf eine andere Art teilgenommen werden kann und von dem so der Friede in die Welt gelangt. Damit wird echte Unabhängigkeit erreicht. Unabhängigkeit von Vergangenheit und Zukunft, Unabhängigkeit von allem Wandel — ein Platznehmen im Leben.

Und solch ein Entwicklungsschritt ist nicht vollkommen neu. Er ist in Ansätzen bereits gelebt worden. Dessen fähige Gesellschaften waren sogar schon lebendig. So berichtete John Collier, von 1933 bis 1945 US-Kommissar für die „Angelegenheiten der Indianer", beispielsweise Folgendes: „Der Indianer hatte das Ziel, ein volles Leben trotz materieller Not zu haben, und dies aus einer tiefen Unsicherheit heraus, welche er in seiner Weisheit gar nicht aufheben wollte. Diese Unsicherheit wohnte nicht im Innern seiner Seele oder in seinem gemeinschaftlichen Leben. Sie entstand durch Kriege, Stürme und Krankheiten. Seine Bräuche und der kreative Umgang halfen ihm, äußere Unsicherheit in den Zustand einer nach innen gerichteten Sicherheit zu verwandeln. Die weißen Invasoren kamen. Es gab Kriege, und die Unsicherheiten der Indianer nahmen zu, aber […] [ihr] Gleichmut brach nie zusammen."

Stärke geht nicht aus Unverletzlichkeit, sondern aus dem Durchstehen von Leid und Schmerz hervor.

Das heißt nicht, dass sich jeder selbst zu geißeln hätte. Es heißt aber, dem eigenen Empfinden einschränkungslos begegnen zu wollen. Das ist bislang nur wenigen Menschen möglich. Denn es ist wahrhaft mutig, viel mutiger, als in einen körperlichen Kampf zu ziehen. Von dieser Perspektive aus ist das Anzetteln von Kriegen nur etwas für Feiglinge.

Doch diese Einsicht ist noch lange nicht alles. Sie korreliert mit einer weiteren wesentlichen Erkenntnis: dass nämlich die Verletzung eines Mitmenschen, das Ignorieren seiner Bedürfnisse und Würde, schlichtweg eine Selbstverletzung bedeutet. Daraus folgt die Erkenntnis, dass ich erst dann dauerhaft glücklich sein kann, wenn auch meine Mitmenschen dauerhaft glücklich sind. Es würde anderenfalls immer wieder zu Konflikten kommen, die ich nicht dauerhaft von mir fernhalten können würde. Bestehendes Unglück anderer ist eine permanente Bedrohung meines eigenen äußerlichen Friedens. Brennt das Haus meiner Nachbarn, wird das Feuer früher oder später entweder auf mein Haus übergreifen oder die Nachbarn stehen vor meiner Tür und brauchen Schutz. Und je mehr Häuser brennen, desto weniger werde ich die Nachbarn auf andere Nachbarn verweisen können. Wahrer Egoismus führt also per se zu Altruismus.

Vom Denken zum Sein

Diese Einsicht ist nicht einfach Folge eines aufgeklärten Denkens, obwohl es durchaus seinen Linien entspricht. Das bloße Denken bleibt immer auf eine Art oberflächlich. Obwohl ich die Grundlagen und Folgen eines solchen Denkens anerkenne, heißt das nämlich noch lange nicht, dass ich danach auch leben kann. Es ist leichter, die Fehler der anderen ausmerzen zu wollen, als sich an die eigenen zu machen. Danach leben zu können, setzt eine tiefere Ebene der Einsicht voraus, die das eigene Sein bis ins kleinste Detail hinein seziert und so Zusammenhänge verdeutlicht, die das Denken allein nicht liefern kann. Dies ist die Ebene der Erfahrung. Erfahrung prägt und verändert. Um im Hinblick auf anspruchsvolle Fragestellungen gezielt auf die Ebene der Erfahrung zu kommen, bedarf es allerdings einer Technik.

> Es ist leichter, die Fehler der anderen ausmerzen zu wollen, als sich an die eigenen zu machen.

Meditation kann eine solche Technik sein. Nicht alle Meditationstechniken sind aber dazu geeignet. Heutzutage ist Meditation zum Mainstream geworden, der viel genutzte Begriff liefert nahezu keinen Inhalt. Einigen geht es um die Erreichung bestimmter Bewusstseinszustände, wie etwa Trancen oder Glückseligkeit. Anderen geht es um die Bearbeitung von Traumata, wieder anderen schlicht um Konzentration, um die Einübung von Achtsamkeit. Achtsamkeit allein ist zwar eine notwendige, nicht aber hinreichende Bedingung der oben umschriebenen Einsicht. Entscheidend ist, dass ein weiterer Fokus noch hinzukommt: Gleichmut. Damit ist nicht etwa Gleichgültigkeit gemeint. Gleichmut heißt nicht, alles einfach hinzunehmen. Gleichmut bedeutet schlicht, von den Dingen nicht beherrscht zu werden. Normalerweise werden wir beherrscht. Unser Charakter ist im Wesentlichen die Summe aller Erfahrungen, die wir gemacht haben. Von klein auf reagieren wir ständig auf unsere Umwelt. Die Wiederholung unserer Reaktionen führt zu Angewohnheiten, und diese wiederum prägen unseren Charakter aus, der unserem Wesen eine gewisse Starre verleiht. Unser Charakter entscheidet daher letztlich über unser Schicksal — in diesem Sinne beherrscht er uns und nicht wir ihn.

Der Sinn der Meditation kann es sein, diesen Charakter, diese Starre wieder zu verflüssigen und uns so von der Beherrschung unserer Prägungen frei zu machen. Dann können wir viel umfassender handeln, weil uns deutlich mehr Möglichkeiten offenstehen. Den meisten Menschen bleibt verborgen, dass sie dergestalt von ihren Prägungen beherrscht werden. Sie denken, sie seien frei.

> **Eine gute Meditationstechnik lässt einen diese Freiheit als pure Illusion erkennen. Sie schärft den Blick für wahre Freiheit.**

Sie lässt einen verstehen: Der Egoismus, der uns eigentlich einen besonderen Nutzen bringen soll, schadet uns im Ergebnis. Wer das wahrhaft erkennt, beginnt sich zu verändern.

> **So verstandene Spiritualität ist nichts anderes als der Wille, intelligenter zu werden.**

Die Technik wird einen im Einzelnen lehren, dass zwischen Gedanken, die unser Handeln prägen, und unserem Handeln ein Nexus besteht, und zwar unsere Empfindungen. Wir können erkennen, dass wir von unseren Empfindungen gesteuert werden — ein evolutorisches Erbe: Nach dem Wahrnehmen mit den Sinnen erfolgt im Geiste ein Einordnen, dann ein Bewerten, dann ein Empfinden und dann — basierend auf dieser Empfindung — das Reagieren. Gleichmut bedeutet, diese Steuerung aufzulösen, indem ich die Empfindungen, von den feinsten bis zu den stärksten, vollständig wahrnehmen kann, ohne auf sie reagieren zu müssen. Ich kann mich von einem Reaktionsmuster lösen, indem ich es mir wieder abtrainiere. Schon wenn ich ein Verhaltensmuster nicht mehr unterstütze, trainiere ich es mir ab. Unser

Geist wird so mit der Zeit höchst funktional. Wir sind frei und in der Lage, neu zu denken und zu handeln. Wissenschaftliche Untersuchungen zeigen, dass langfristiges Meditieren den Mandelkern (Amygdala), eine evolutorisch ältere Hirnregion, die wir in Teilen auch mit Reptilien gemein haben, schrumpfen lässt. Gleichzeitig vergrößern sich bei kontinuierlicher Meditationspraxis die für Mitgefühl und Kooperation wichtigen Bereiche des Neopalliums.

So verstandene Spiritualität ist nichts anderes als der Wille, intelligenter zu werden. Damit ist natürlich nicht die einfache weltliche Intelligenz gemeint, mit der beispielsweise mathematische Probleme gelöst werden. Vielmehr ist die Auflösung von Ignoranz gemeint. Es ist gemeint, Licht ins Dunkel zu bringen, die Dinge aus einer neuen Perspektive schauen zu können. Dies ist hegelianischer Fortschritt, denn nach Hegel ist wahrer Fortschritt ein Fortschritt im Bewusstsein der Freiheit. Für Hegel ist das geistige Wesen ein Wesen mit der Bestimmung zur Selbsterkenntnis. Ohne die Selbsterkenntnis ist es kein geistiges Wesen, obwohl es Gefühle und Affekte, Dogmen, Konventionen und Ideologien besitzt. Sich negieren, von sich abstrahieren, sich selbst begreifen — weil erst dadurch die eigenen Bedingtheiten erkennbar und überwunden werden können.

Entscheidend ist nicht die Selbstbestätigung, sondern die Selbstüberschreitung. Für Hegel hört der Mensch erst auf, (bloß) Tier zu sein, wenn er weiß, dass er Tier ist. „Gnothi seauton", erkenne dich selbst, lautet die viel zitierte Inschrift am Apollotempel von Delphi. In der Wesentlichkeit dieses Imperativs liegt der Grund dafür, dass Kant die Pflichten des Menschen gegenüber sich selbst als wichtiger annimmt als die Pflichten gegenüber anderen. Nicht deswegen, weil er die eigene Person für so wichtig nimmt, sondern gerade deshalb, weil er die eigene Person, den Trubel, den wir immer um uns machen, die stete Suche nach Aufregung und Drama, für so unwichtig hält.

**Eine Meditationstechnik,
die diesen tiefen Veränderungsprozess leisten kann,
ist beispielsweise Vipassana.**

Vipassana kommt ganz ohne jedes Dogma aus und hat nicht zum Ziel, sich mit dieser oder jener Kraft, diesem Wesen oder jener Gottheit zu verbinden, in diesen oder jenen Trancezustand zu kommen oder sonst Übernatürliches zu erleben. Das Ziel einer solchen Technik ist es schlicht, den Blick für die Realität zu schärfen, für das, was wirklich ist. Wer mit der Meditation anfängt, wird feststellen, dass ihm oder ihr es anfangs nicht einmal gelingt, auch nur für 10 Sekunden den eigenen Geist ausschließlich auf den Atem zu konzentrieren. Kaum fängt man mit der Übung an, durchkreuzen alle möglichen Gedanken die Konzentration. Manche Übende gelangen so sofort zu einer wesentlichen Einsicht: Wenn ich schon nicht Herr:in über meine eigenen Gedanken sein kann, wie kann ich mir anmaßen, auch nur über einen Bruchteil der äußeren Welt herrschen zu wollen? Eine weitere wesentliche Einsicht wird sich bald anschließen, nämlich die, wie viel Leid man sich aufgrund der eigenen Angewohnheiten selbst bereitet.

Damit wird klar: Der größte Feind ist man immer sich selbst und alle Macht der äußeren Welt ist nicht das grundlegende Problem. Das ist der erste Schritt zur Befreiung vom Leiden. Man kann das mit dem Vipassana-Meditierenden Yuval Noah Harari als „Self-Hack" beschreiben. Weitere Erkenntnisschritte werden folgen. Darunter ein neues Verständnis des Eigennutzens: Was anderen wirklich nutzt, nutzt letztlich mir selbst. Nur wenn wir lernen, über unsere eigenen Grenzen hinwegzusehen, den anderen gewissermaßen als uns selbst zu begreifen, werden wir eine neue Welt schaffen, in der die Menschen in Frieden und hochentwickelter Kooperation ein für alle gutes Leben führen können.

Dieser Self-Hack führt zu einer wesentlichen Veränderung: Er eröffnet eine neue Sicht auf sich selbst, eine neue Weltsicht und macht damit letztlich eine neue Welt möglich.

Der Autor

Dr. Daniel Burchardt

Dr. Daniel Burchardt meditiert seit über 15 Jahren mithilfe der Vipassana-Technik, wie sie von S.N. Goenka gelehrt wurde. Er setzt seine Kräfte derzeit als Jurist eines der sozialen Arbeit verpflichteten Verbandes für eine inklusivere Gesellschaft ein. Auch bearbeitet er dort vielgestaltige rechtsethische und verfassungsrechtliche Fragestellungen.

Damit und daneben sieht er sich als Teil des Übergangs von einem kompetitiven zu einem kooperativen Zeitalter, in dem die Menschheit zugewandt und zuversichtlich miteinander umgeht. Immer wieder begleitet er Menschen in Phasen der Suche und Orientierung.

Willst Du mehr über das Thema erfahren, lausche dem Podcast mit ihm auf www.ich-wir-alle.com.

zeitlos-leben.de

Dr. Josephine Worseck

Machst du, was du willst? Und wenn nein, warum nicht?

„Na dann mach doch, was du willst!" Haben wir diesen Satz nicht alle schon einmal gehört oder gesagt? Und wussten, dass darauf, wenn auch oft unausgesprochen, ein „Du wirst schon sehen, was du davon hast" folgt?!

In solchen Momenten ist es schwierig, den eigenen Gefühlen zu folgen und nicht dem, was gerade von einem erwartet wird. Und so reiht sich ein Moment an den nächsten und irgendwann stellen wir überrascht fest, dass wir eigentlich nie das gemacht haben, was wir wollten. Nur das, was erwartet wurde — und natürlich das, was wir von uns selbst erwarten. Wirklich von uns selbst? Wie findet man eigentlich heraus, was man wirklich, wirklich will? Vom Leben, vom Job, von der Beziehung? Und wie macht man dann das, was man wirklich will? Und was würde eigentlich passieren, wenn wir alle machen würden, was wir wollen?

„Ich mach jetzt, was ich will!" Wow. Das zu schreiben, klingt wie ein Triumph. Nicht über andere — sondern über mich und meine Ängste. Wie kam es dazu, dass ich heute „mache, was ich will"? Wie wurde aus der promovierten Molekularbiologin eine Yoga- und Meditationslehrerin, eine Heilpraktikerin, Wim-Hof-Trainerin und Autorin? Ich möchte euch mitnehmen auf meine persönliche Reise — eine lange und oft beschwerliche Reise, die mit einer Auszeit in Südostasien begann. Aber der Reihe nach.

Im Juni 2012 habe ich meine Doktorarbeit verteidigt und war am Tiefpunkt meines jungen Lebens. Klingt dramatisch. War es auch. Ich wog 45 kg, hatte Schlaf- und Essprobleme und befand mich irgendwo zwischen Burn-out und Depression. Jahre später stieß ich auf den Fachbegriff hochfunktionale Depression (sogenannte High Functioning Depression) und die gängige Definition beschrieb meinen damaligen Zustand ganz gut.

> **Heute bin ich froh, dass mein Körper damals mit Stresssymptomen gegen die innere Leere rebellierte und mich so — wenn auch sehr schmerzhaft — Richtung erfülltes Leben schubste.**

Warum hatte mich mein Leben nicht erfüllt? Hatte ich nicht dafür gebrannt, endlich mit dem Biologiestudium beginnen zu können, und davon geträumt, Professorin zu werden? Ja, mit einem Idealismus und einer Naivität, die man vielleicht nur als Achtzehnjährige besitzen kann, wollte ich den menschlichen Körper studieren, Krankheiten und ihre Ursachen verstehen und mit meiner Arbeit zu einer besseren und gesünderen Welt beitragen ... Doch während meiner Promotion am Max-Planck-Institut wurde mir langsam klar, wie die Realität aussieht — meine eigene Arbeitsrealität und auch die des Forschungssystems generell. Ich verbrachte viele Stunden vor der Zellkulturbank und noch mehr Stunden vor dem PC, um Daten zu analysieren. Als Forscher:in ist man isoliert, schaut auf ein winziges Puzzlestück des großen Ganzen und sieht oft (wenn überhaupt) erst Jahrzehnte später den positiven Beitrag zum Gemeinwohl. Und dann ist da noch die dunkle Seite der Forschung ... Oft geht es nämlich nicht um das Gemeinwohl, sondern um schwarze Zahlen. Kurzum, ich begriff, dass eine erfolgreiche Zukunft in diesem Bereich mit meinen Idealen nicht vereinbar ist. Hier kommen wir zum Kern der Sache: Ich denke, dass man ein erfülltes, glückliches Leben nicht auf dem Verrat seiner Ideale aufbauen kann. Oder anders gesagt, wenn man seine Ideale (zum Beispiel für Geld und Sicherheit) verkauft, dann schafft das den Nährboden für körperliche und psychische Erkrankungen. Zumindest war es bei mir so. Für ein, zwei Jahre funktionierte ich einfach nur noch. Ein Teufelskreis aus Leistungsdruck und Perfektionismus trieb mich an. Ich arbeitete und tat, was von mir erwartet wurde. Dabei ging es natürlich nicht nur um Erwartungen von anderen, sondern auch um meine eigenen. Ich erwartete auch von mir selbst, dass ich meine Doktorarbeit fertigstellte — vor allem, weil ich keinen wirklichen Plan B hatte. Ein möglicher Plan B (Heirat, Haus, Kind) sowie mein emotionaler Ausgleich waren kurz zuvor mit dem Ende einer Beziehung zerbrochen. So gab es 2012 für mich nur noch eine Möglichkeit: die Promotion abschließen. Obwohl ich schon wusste, dass mich der darauffolgende Karriereweg nicht erfüllen würde. Ich steckte in einer Sackgasse! Geradeaus ging es nicht weiter, rechts und links war kein Ausweg in Sicht und umzudrehen traute ich mich nicht. Diese Aussichtslosigkeit trug wie ein Katalysator zur Verschlechterung meines mentalen und körperlichen Zustandes bei.

Entdecken neuer Zukunftswege
Wenn etwas aussichtslos erscheint, ist es hilfreich, sich neue Aussichten zu schaffen. Mir hat es geholfen, mir dafür Raum und Zeit zu nehmen. Anstatt mich bei Pharmakonzernen zu bewerben, stieg ich kurz nach meiner Verteidigung ins Flugzeug nach Singapur ... Ohne einen konkreten Plan, nur mit der vagen Hoffnung, dass ich nach acht Monaten auf magische Weise in besserer Verfassung wieder nach Hause kommen würde. Mit dem Besuch von Städten und Dörfern, Stränden und Bergen, Märkten und Tempeln in Thailand, Malaysia, Laos und Myanmar habe ich mir buchstäblich neue Aussichten geschaffen. Ich reiste allein. Nur mit einem Rucksack und einem Budget von unter 10,- EUR pro Tag ausgestattet, entdeckte ich eine mir fremde Welt.

> *Ich entdeckte, wie wenig man zum Leben braucht —*
> *und wie frei man durch diese Entdeckung wird.*

Außerdem war ich zum ersten Mal in meinem Leben wirklich allein. Losgelöst von allem Vertrauten, meinen Routinen und den Erwartungen anderer, konnte ich eine ganz neue Version von mir selbst entdecken. Mein Schlüsselerlebnis war eine zehntägige Vipassana-Schweigemeditation in Thailand. Mit jedem Tag fiel ein Stückchen mehr von dem Stress ab, an dem mein Körper noch festhielt. Ich spürte meinen Körper wieder, schlief und aß besser — und erkannte mehr und mehr einige der Zusammenhänge, die ich nun niederschreibe. Während meiner Reise lernte ich mich endlich — mit 29 Jahren — selbst kennen. Wer ich wirklich war — losgelöst von allen Glaubenssätzen und Erwartungen. Ich hatte neue Perspektiven gewonnen und langsam, aber stetig entwickelten sich neue Ideen in mir. Ich fand nicht nur einen Ausweg, sondern viele mögliche Zukunftswege, die mich zum Lächeln brachten und mich mit Vorfreude erfüllten. Am Ende meiner achtmonatigen Reise schrieb ich in mein Tagebuch: „Ich will ein glückliches, erfülltes, gesundes Leben führen und einen Job, der mir das ermöglicht." Im gleichen Eintrag folgen Jobkriterien (wie Zeit in der Natur, Zeit mit Menschen und für Kreativität) und konkrete Ideen für eine Selbstständigkeit (Heilpraktikerin, Ernährungs- oder Sportberaterin, Livecoach, Reiki-Therapeutin, sogar Touristenführerin). Interessanterweise bin ich inzwischen eine Mischung aus all dem und noch einiges mehr. Ich habe meine Wünsche in die Realität umgesetzt. Ich schreibe mit Absicht nicht, dass sich meine Wünsche materialisiert haben. Nein, der Prozess war harte Arbeit und geschah nicht auf magische Weise über Nacht ...

Einstehen für die eigenen Ideale und Werte
Gibt es ein Allheilmittel bei Burn-out und (hochfunktionaler) Depression oder ein Rezept für innere Transformation? Im Rückblick und nach vielen Gesprächen mit Leidensgenossen und inspirierenden Menschen glaube ich: JA! Menschen mit schweren körperlichen, mentalen und emotionalen Problemen (die nicht auf eine physiologische Ursache zurückzuführen sind) sollten sich fragen, ob das, was sie tun, im Einklang steht mit dem, woran sie glauben. Für mich war der Weg aus dem Burn-out und der Depression, meinen Idealen und Werten zu folgen, anstatt den ängstlichen Stimmen in mir oder denen meines Umfeldes. Dem ging voraus, meine eigenen Ideale zu erkennen und passende Wege für die Zukunft zu entwickeln. Dieser Prozess begann für mich mit der Entscheidung, eine Auszeit zu nehmen und allen Stimmen zu trotzen, indem ich alleine mit dem Rucksack durch Südostasien reiste. Ich denke, dass das, was viele als irrationalen Fehltritt im Lebenslauf betrachteten, der erste von vielen nötigen Schritten aus meiner Depression war. Die Distanz zu meinem bisherigen Leben und allem, was mich bisher geprägt hatte, führte zu einer Selbsterkenntnis, die dann beinah unausweichlich zur langfristigen Veränderung meines Lebensalltags führte.

Schritt für Schritt Richtung erfülltes Leben
Als ich mit all meinen neuen Visionen nach Hause kam, kam es zwangsläufig zu einer Kollision von Wunsch und Realität, der neuen und der alten Version meines Ichs. Fakt war, ich würde mehr Zeit zum Aufbau meiner Zukunftsvisionen benötigen, als es meine finanziellen Rücklagen erlaubten (und mein soziales Umfeld es gutheißen würde). Also suchte ich nach einem Job in meinem Fachgebiet, der meinen Idealen nicht widersprach und weniger Zeit im Labor und mehr Zeit mit Menschen mit sich brachte. Nach einer Weile fand ich einen Job in meiner Heimatstadt Potsdam mit interessanten Aufgaben, einem netten Chef und tollen Kollegen. Was will man eigentlich mehr? Wir entwickelten ein Tool, mit dem Menschen ihre eigene Biochemie analysieren und optimieren können, um schleichend beginnende Krankheiten im Vorfeld zu erkennen und aktiv abzuwenden. Ich arbeitete viel und schöpfte Selbstwert aus meiner erbrachten Leistung. Neben der Arbeit besuchte ich eine Meditationsgruppe und entdeckte Yoga für mich. Führte ich ein glückliches, erfülltes, gesundes Leben? Glücklich: Ja, gesund: zunehmend, erfüllt: nicht ganz … Aber wie findet man Erfüllung? Muss man dafür seinen absoluten Traumjob finden? Ich weiß nicht, ob es darauf eine allgemeingültige Antwort gibt. Aber mein persönlicher Weg war es, meine Berufung, meine Mission, meine Leidenschaft zu finden. In den ersten Jahren nach meiner Rückkehr aus Asien war ich nach wie vor auf Sinnsuche und sehnte mich nach mehr Freiheit und Entwicklung. Deshalb reduzierte ich nach zwei Jahren meine Arbeitszeit (und mein Gehalt) auf die

Hälfte. Durch die Zeit in Asien hatte ich mein Konsumverhalten überdacht und wusste, wie wenig Geld ich zum Glücklichsein brauchte. Mit dem neu geschaffenen Freiraum begann ich eine Yogalehrer-Ausbildung — zunächst mehr für mich als für andere — und war überrascht zu entdecken, wie sehr es mich erfüllt, zu unterrichten. Hier konnte ich den Mehrwert meiner „Arbeit" direkt sehen und spüren. Nach den Kursen ging es den Teilnehmenden sichtlich besser. Körperlich wie mental. Zu dieser Transformation beitragen zu können, machte mich glücklich und erfüllte mich. Davon wollte ich mehr. Schritt für Schritt baute ich nebenberuflich meine Selbstständigkeit als Yogalehrerin auf — und tat damit genau das, was ich heute Menschen empfehle, die mich um Rat bitten, weil sie mit ihrem Job unglücklich sind und sich mit ihrem Traumjob selbstständig machen möchten:

Nimm dir Raum und mache es Schritt für Schritt!

Mit diesem persönlichen Einblick möchte ich zeigen, welche Ereignisse und Entscheidungen mir geholfen haben. Ich schreibe dies auf, um Menschen zu inspirieren, die sich in einer ähnlichen Sackgasse befinden. Ich wusste damals nicht, ob es eine gute Idee ist, eine so lange Auszeit zu nehmen oder meine Arbeitszeit zu reduzieren. Mir fehlten Erfolgsgeschichten und der Austausch mit Menschen, die etwas Ähnliches gewagt hatten. In meinem Umfeld stieß ich mit meinen Plänen auf wenig Begeisterung. Doch es gab eine Person, die mich inspirierte: meine Tante. Nach Jahrzehnten als Chemikerin wurde sie Heilpraktikerin und Yogalehrerin. Erfolgsgeschichten, Vorbilder und ein inspirierendes Umfeld sind in meinen Augen unabdingbar, um neue Wege zu entdecken und diese entschlossen zu gehen.

Inspiration und Unterstützung
Wir stecken oft in unserer kleinen sozialen Blase von Menschen mit sehr ähnlichen Lebensgeschichten fest. In meinem Umfeld hatte jede:r nach dem Abitur studiert und nun einen sicheren Job, einen festen Partner und Hund, Haus oder Kind. Aber irgendwann zeigte mir jemand ein Video von einem Verrückten, der mit knapp 60 Jahren halbnackt auf die Schneekoppe kletterte und behauptete, er würde mit seiner Methode die Welt von Depressionen und allen möglichen Krankheiten befreien. Das war Wim Hof. Er war erfrischend verrückt und ich fragte mich sofort, ob ich auch die Schneekoppe halbnackt im Winter besteigen könnte. Ich fragte mich auch, ob seine Behauptungen stimmten, und begann sofort mit der Recherche. Die Studienlage überzeugte mich und ich entwickelte die Idee, den biochemischen Fingerabdruck der Wim-Hof-Methode (einer Mischung aus Atmung, Kälte und Mindset) in unserer Firma untersuchen zu lassen. So lernte ich Wim Hof im Mai 2016 kennen.

> **Wim Hof weihte mich persönlich in seine Methode ein und nachdem ich die Effekte von Atmung und Eisbad am eigenen Leib gespürt hatte, wusste ich, dass ich diese Methode teilen muss! Ich wollte Wim-Hof-Trainerin werden!**

Mit dieser Entscheidung und der folgenden Ausbildung betrat ich eine ganz neue soziale Blase. Hier kamen Menschen zusammen, die anders dachten als mein bisheriges Umfeld. Menschen, die vom Leben herausgefordert wurden und sich mit mutigen Entscheidungen, tiefem Vertrauen und unglaublicher Motivation ein neues Leben aufbauten. Und ich war mittendrin — und plötzlich wurde ich mit meinen Zukunftswünschen nicht mehr als verrückt wahrgenommen, sondern stieß auf Zustimmung und Unterstützung! Wim Hof engagierte mich sogar ein paar Mal als Lehrerin für seine Veranstaltungen. Dieses Vertrauen in mich, aber auch die Gespräche und Rückmeldungen nach solchen Veranstaltungen haben mich unglaublich inspiriert und ermutigt. Ich begriff, dass ich gut war in dem, was ich tat, und mein Selbstbewusstsein sowie mein Mut wuchsen. Nach zwei Jahren nebenberuflicher Selbstständigkeit war für mich im September 2017 der Zeitpunkt gekommen, meinen Job komplett aufzugeben, um mich ganz meiner neu gefundenen Berufung zu widmen.

Mut fassen
In dem Moment, in dem wir Raum in unserem Leben schaffen, treten fast zwangsläufig neue Dinge in unser Leben: neue Hobbys oder Sportarten, unbekannte Menschen … All diese Erlebnisse und Begegnungen erweitern unseren Blick und öffnen neue Türen. Durch diese Türen zu gehen, braucht Mut. Deshalb möchte ich zum Schluss teilen, was mir geholfen hat, Mut zu fassen. Vielleicht hilft das dem einen oder anderen, ähnliche Entscheidungen zu treffen oder auch in ganz anderen Lebensbereichen neue Wege zu gehen. Ein Patentrezept gibt es natürlich nicht, aber es gibt Dinge, von denen ich überzeugt bin, dass sie mir geholfen haben, Mut zu fassen. Mein größter Lehrmeister war die Kälte. Kälte im Sinne von Eisbaden oder im Bikini die Schneekoppe hochlaufen. Warum? Durch die Kälte habe ich entdeckt, wie stark ich in Wahrheit bin. Ich entdeckte, dass man seine Angst hinter sich lassen muss, um den weiten Weg die Schneekoppe hinauf zu schaffen. Schritt für Schritt. Wenn man immer nur an den langen, beschwerlichen Weg denkt, machen die Zweifel die nächsten Schritte schwer. Wenn man sich auf sein Ziel fokussiert und beschließt, sein Bestes zu geben, dann fallen einem die Schritte leichter. Man bremst sich nicht immer wieder selbst aus. Man hat sich entschieden, weiß, wo man hin will und läuft. Schritt für Schritt. Und beim Ankommen auf der Bergspitze ist man überrascht, dass man tatsächlich geschafft hat, was man vorher für unmöglich hielt! Man hat

seine Ängste, seine mentalen Hürden überwunden, ohne die körperlichen Grenzen zu überschreiten! Man entdeckt seine innere Kraft und erkennt, dass einen oft nur die eigenen Ängste begrenzen. Dieses Wissen öffnet Türen! Man fragt sich unweigerlich, was man noch so alles kann, von dem man dachte, es sei unmöglich. Ich beobachte immer wieder, wie Menschen aus Extremsituationen wie einem Eisbad oder dem Besteigen der Schneekoppe mental gestärkt hervorgehen und dann auch in anderen Lebensbereichen mutiger werden. Die Kunst ist natürlich, eine Herausforderung zu wählen, die machbar ist, um ein Erfolgserlebnis zu schaffen, das motiviert. Deshalb empfehle ich dringend, nicht gleich mit der Schneekoppe zu beginnen, sondern erst einmal jeden Morgen kalt zu duschen!

Nicht nur die Kälte, sondern auch Atmung und Meditation waren gute Lehrmeister für mich. Beides hilft, den aktuellen Moment bewusst wahrzunehmen und wild kreisende Gedanken zur Ruhe zu bringen. Leider kreisen die Gedanken ja meist nicht um glückliche Zukunftsträume, sondern eher um Zukunftsalbträume und versetzen uns somit körperlich in eine Stresssituation. Sich dessen bewusst zu werden und Strategien zu haben, um aus diesem negativen Feedbackloop herauszukommen, macht es leichter, sich wieder auf das Ziel und nicht die Angst zu fokussieren. Viele Atem- und Meditationstechniken helfen genau dabei. Sie bringen uns körperlich und mental zur Ruhe, lassen uns die eigenen Bedürfnisse ganz klar spüren und helfen, Ziele zu formulieren und schließlich auch umzusetzen. In der Ruhe liegt die Kraft.

Was denkst du? Machst du, was du willst? Und wenn nein, warum nicht? Aus Angst, Sicherheitsbedürfnis, Perspektivlosigkeit oder gesellschaftlichen Konventionen? Diese Fragen sind natürlich provokativ. Dessen bin ich mir bewusst. Und doch hoffe ich, dass sie dich dazu anregen, innezuhalten und in dich hineinzuhören.

Es wird immer Menschen geben, die unsere Entscheidungen nicht verstehen. Aber sollten wir uns nicht trotzdem die Freiheit erlauben, uns selbst zu verwirklichen?

Also: Was ist dein Grund, zu leben? Was willst du wirklich, wirklich?

Die Autorin

Dr. Josephine Worseck

Schon immer faszinierte Josephine, wie der menschliche Körper funktioniert. Sie studierte Biologie, promovierte am Max-Planck-Institut für molekulare Genetik und war mehrere Jahre lang im Business Development eines Biotechnologieunternehmens tätig. Parallel dazu machte sie sich als Yoga- und Meditationslehrerin selbstständig und begleitete eine Studie über den „Iceman" Wim Hof. Im Herbst 2017 verließ sie ihren sicheren Job in der Biotechnologie, um ihrer Entwicklung und der Arbeit mit Menschen mehr Raum geben zu können. Kurze Zeit später bestand sie die Heilpraktikerprüfung und wurde die erste weibliche Wim-Hof-Trainerin in Deutschland.

Heute vermittelt sie in Workshops, wie man mit Kälteanwendungen und Atemtechniken seine Gesundheit optimieren und sein Wohlbefinden steigern kann. In ihrer Tätigkeit als Heilpraktikerin, Wim Hof Trainerin, Yoga- und Meditationslehrerin fand sie, was sie vorher vermisste. Im April 2020 veröffentlichte sie ihr erstes Buch „Die Heilkraft der Kälte".

josephineworseck.com

Remo Rusca

Der Wille zur Balance — Entwicklung bricht mit Mustern

Die Welt ist außer Balance. Aber wo beginnt ein System sich zu verändern? Beim kleinsten Teilchen und das ist die Haltung des Menschen. Deshalb können wir alle die Frage des Zukunftsinstitutes (Was kommt nach der Leistungsgesellschaft?) nur dann beantworten, wenn jede:r von uns — sprich ich mich auf den Weg zu integralen Ecosystemen mache. Dabei braucht es den Musterbruch. Ein Loslassen von Überzeugungen und Glaubenssätzen. Entwicklung im ALLE und im WIR beginnt beim ICH.

Ob das Erkennen oder Brechen von Mustern zuerst kommt, ist ein klassisches Huhn-Ei-Problem. Viele denken, dass ich das Muster zuerst erkennen muss, bevor ich es brechen kann. Dem ist aber nicht so, weil eine große Mehrheit der Muster unbewusst ist. Ich kann sie also nicht erkennen. Ich muss betroffen werden, dann mit einem überholten Verhalten brechen, um eine Entwicklungsreise zu beginnen und später das alte Muster in einer Retrospektive als solches wahrnehmen, akzeptieren und das Gefühl der neuen Reaktion wertschätzen. Somit entscheide ich, wie ich die Welt sehe und wie ich auf sie reagiere. Und ich nehme wahr, ob die Vielfalt in mir in Balance ist oder eben nicht. Aktuell sind ganz viele Menschen nicht in Balance, deshalb haben wir so viele externe Effekte, wie steigende Umweltschäden oder Gesundheitsfolgekosten. Hate Speech im Internet und Reize anderswo nehmen generell und speziell während der Pandemie zu. Solche und andere Spannungen werden vielfach aus Schatten getriggert. Dank Schattenarbeit, Innerwork und mutigen Wegen, um auch im Außen Feedback zu bekommen, bin ich gewachsen.

Mit dem Frust im Bauch und der Wut auf eine Wirtschaft, die vor lauter Bürokratie und Prozesseffizienz-Verbesserungen den Sinn in der jeweiligen Tätigkeit vernachlässigt, bin ich 2013 auf einen anderen Weg gegangen. Erstmals damit, dass ich für eine Anstellung als Geschäftsentwickler in ein Coworking in St. Gallen (CH) einzog. Dazumal im Zweier-Büro, das ich alleine nutzen konnte. Trotzdem brauchte ich noch einen Aktenschrank mit Schloss. Heute frage ich mich, wieso das?

> **Die bekannte Welt mit ihren Glaubenssätzen und Weisheiten von Macht statt Vertrauen in mir und damit im Außen ist meistens innovationsfeindlich.**

Sie gibt keine disruptiven Impulse. Sie ist, wie sie ist. Medien bringen wiederholt die kritische Perspektive. Nicht immer löst dies eine positive und innovative Gegenreaktion aus. Die Medien kommen von dieser Logik nicht weg, weil sie über die negative Aufmachung ein Mehrfaches an Aufmerksamkeit generieren. Es braucht Menschen, die ihren Willen öffnen, eine Sehnsucht spüren, die Komfortzone zu verlassen, und die sich für innere und äußere Balance einsetzen. Deshalb braucht es den Willen zur Balance, um mit bestehenden Mustern zu brechen. Das Erzählen von Geschichten reicht nicht mehr. Wir müssen das Zuhören kultivieren. Etwas, das die Urvölker unserer Vorfahren pflegten. Sie saßen am Feuer, jemand erzählte eine Geschichte und die anderen hörten zu.

Was heißt Zuhören?
Zuhören hat verschiedene Ebenen. Wenn ich meine eigene Geschichte hier einführe und den Frust über das Pendeln in Wörter packe, hört sich das so an: Ich stand noch vor acht bis zehn Jahren regelmäßig mit Abertausenden Pendlern und wie sie mit leeren Augen am Bahnsteig. Ich hatte meine Kopfhörer auf und lauschte Musik. Ich stand früh auf, weil ich einen Weg von mehr als einer Stunde hatte. Am Arbeitsplatz angekommen, machte ich da weiter, wo ich am letzten Tag aufgehört hatte. Nach mehreren Meetings, Spannungen und einer mehr oder weniger gesunden Mittagspause ging ich am Abend wieder mit den Abertausenden Menschen nach Hause. An einem Abend war etwas anders. Ich fragte mich, wer ist hier eigentlich der Chef? Wer hat die Verantwortung über mein Leben? Wieso nehme ich diese Ver-

antwortung nicht in die Hand und mache denselben „gefühlten Scheiß" jeden Tag von Neuem, obwohl ich auch den Laptop hin- und herschleppe? Denn die Folge war, dass ich das Frühstück mit meinen Liebsten verpasste oder der Arbeitsschluss wegen dem Pendeln eher spät war und ich müde oder gar ausgebrannt zu Hause ankam. Dies hatte auch Konsequenzen in der Familie. Durch die Pensumsreduktion auf 80 % habe ich diesem Effekt abgeholfen. Das Gefühl der Sinnleere war aber immer noch da. Ich fragte mich, wieso bringe ich mich nicht aktiv als Zukunftsgestalter ein? Wieso übernehme ich keine Verantwortung für das Leben?

Nicht nur faktisch, sondern vor allem emotional und intuitiv zuhören
Warum fange ich nicht an, mir zuzuhören? Nicht nur faktisch, sondern auch intuitiv und emotional. Denn faktisch alleine hilft nicht. Das Tor zum Unbewussten sind die Gefühle, die im limbischen System entstehen und über das Nervensystem und Hormone im Körper spürbar werden. Ein großer Teil des Nervensystems wird vom autonomen Teil mit Sympathikus und Parasympathikus gesteuert. Mit dem Verstand habe ich keinen Zugang zu unbewussten Mustern. Deshalb beginnt die Antwort im Zuhören. Denn wenn ich zuhöre, werde ich betroffen. Ich kann nicht mehr weghören. Aber wenn ich nur Bücher lese, werde ich nicht betroffen. Mein Herz beginnt nicht zu bluten. Es entsteht keine Sehnsucht und damit auch kein Wille, etwas an der Situation zu ändern und mich auf den Weg zu begeben. Hier beginnt der Bruch mit individuellen, familiären und gesellschaftlichen Mustern. Beginne ich nicht ganz bei mir, verändert sich keine Perspektive auf Familie, Team oder Gesellschaft. Prägungen holen mich ein.

Für jedes Zucken gibt es heute ein:e Expert:in. Jedoch sind viele rein klassisch ausgebildete Ärzte psychologisch und systemisch nicht weitergebildet. Sie sind nicht in der Lage, mein Herz zu heilen. Deshalb geht es nicht darum, dass wir uns einzig kollektiv und politisch auf die gesellschaftliche Ebene zur Lösung der Probleme fokussieren.

> *Es geht darum, dass wir uns wie am Feuer zuhören und nicht nur in den Medien über Meinungen und Positionen streiten.*

Denn sonst dreht sich der Teufelskreis einer einseitigen Leistungsgesellschaft weiter und die Prinzipien der Aufklärung (Zweck und Demokratie) warten weiter in Organisationen auf ihre Umsetzung. Die menschlichen Verhaltensmuster, die einer leistungsorientierten Gesellschaftsform zugrunde liegen, sind für viele der Probleme ursächlich verantwortlich. Deshalb sollten wir zurück ans Feuer und in die innere Stille, um Vertrauen von ganz innen aufzubauen und das Selbst zu entwickeln.

Der Bruch mit der gewohnten Welt
Zwei Jahre später — 2015 — nahm ich im Rahmen einer Zuspitzung der persönlichen Krise die Zügel in die Hand. Ich fragte mich, wer ist eigentlich hier für mein Leben verantwortlich? Mein Job, mein Chef, die Bahn oder ich mit meinen Mustern? Wer bin ich wirklich?

Seit 2013 hatte ich mich mit Purpose und anderen Phänomen auseinandergesetzt, die aufgrund der Sinnleere in Wirtschaft und Gesellschaft und der Übertreibungen in bürokratischen Institutionen aufkamen. Ich war 2015 noch nicht ready, um gänzlich an mir zu arbeiten. Die Diagnose Hypophysenadenom im August 2015 war schockierend. Aber auch wenn ich erste Schritte machte, ich war noch nicht bereit dazu, einen radikalen Sinneswandel zu vollziehen. So nahm der Doktor das Adenom Ende des 1. Quartals 2016 heraus und ich machte mich auf den Weg, den Sinn wiederzufinden. Im Innen wie im Außen. Ich absolvierte den Lehrgang zu Haltungen, Werten, Stärken, Energiemanagement, Emotionen und Partnerschaften der Dreamteam Academy, die heute als Corporate Happiness — vom Glück, Wachstum zu erleben — firmiert. Dieser Kurs dauerte bis Herbst 2016. Das war der erste Bruch. Ein Bruch mit der gewohnten Führungssicht auf Mensch und Welt. Eine Sicht, die geprägt war von einer tollen Kindheit, aber auch familiären Vorgeschichten und von 15 Jahren Erfahrung aus Armee, Sport und Kultur sowie diversen Stationen in der Wirtschaft.

Deshalb brauchte es noch mehr, um mich so richtig aus dem gewohnten Fahrwasser zu bringen. Und das war das Mitgründen einer sinnstiftenden Unternehmung: VillageOffice. Neun Personen gründeten am 23.02.2016 in Bern eine Genossenschaft, um einen Beitrag zu leisten, die Arbeit wieder näher zum Menschen zu bringen. Alle waren durch eigene Erfahrungen in Betrieben, das extensive Pendeln oder die Erzählungen und Meetups (digitale Feuertreffen) zu „Reinventing oder Responsive Organizations" ins Handeln gekommen, um mit Mustern zu brechen. Wir waren bereit, die gewohnte Welt zu verlassen und neue Wege durch alle Stürme zu gehen. Wir führten eine Selbstorganisation ein. Der Purpose der Genossenschaft ist, dass ich, du und wir alle in einer zunehmend technisch vernetzten Welt dank einem dezentralen Netz von Coworking Spaces wieder dort arbeiten können, wo wir leben: Das heißt dann als Purpose: „Arbeite, wo du lebst." Die Co-Founder setzten sich aus Personen der Coworking-Szene und aus Corporates zusammen. Wir machten aber nicht die Rechnung mit dem Menschen. Soziale Normen und Glaubenssätze wie Präsenzpflicht und verwandte Themen wirkten noch immer so stark, dass ein flexibles Arbeiten in dezentralen Coworking Spaces und Homeoffice nicht ready und noch eine lange Zeit nicht möglich sein wird. Trotz der Bereitschaft von Corporates, über das Thema mehr als nur zu reden, konnten wir kein wirkliches Fundament finden, auf dem wir ein dezentrales Netz von Coworking Spaces skalieren konnten. Deshalb ging es darum, bei den Gemeinden — sprich beim Angebot — anzusetzen. Ich war mit meinen vernetzenden und geschäftsentwickelnden Fähigkeiten an Ort und Stelle, als der erste gemeinsame Plan der Genossenschaft (die Nachfrage nach dezentralen Coworking Spaces mit Angestellten zu stimulieren) auf zu wenig ökonomisch relevante Resonanz stieß. Ich sprach und baute Beziehungen in der Regionalentwicklung auf und direkt zu Gemeinden. So entstanden erste kleinere und größere Aufträge. Dank der Aktivitäten der Mitgründer:innen haben auch Immobilienentwickler:innen reagiert. Ebenso hat sich die Coworking-Szene immer stärker der Initiative zugewandt. Dies dank der Mitgründerin, die auch dazumal den Dachverband für Coworking präsidierte. All dies war möglich, weil es ein wirklich starkes, selbstorganisiertes Team gab und eine Ideengeberin, die mit einem ehemaligen Manager und „Bulldozer" mit viel Demut und Empathie umgehen konnte. Wir sind zwar mit Holacracy und deren Verfassung gestartet, sind aber immer stärker davon losgekommen. VillageOffice hat heute ein adaptiertes Selbstorganisationsframework im Einsatz, das auf Holacracy basiert. Dazu zählen einfache Metriken, Prozesse und Meetings. Ich erinnere mich noch gut an die wöchentlichen sehr effizienten Meetings und an die monatlichen und/oder quartalsweisen Strategie- und Kulturabgleichstreffen. Beim ersten wurde ich noch als „Bulldozer" bezeichnet. Zwei Jahre später gab es von der gleichen Person ein Herz. Das wäre ohne meine Haltungs- und Wertearbeit als Person nicht möglich gewesen. Wie war es möglich, dass in einer dezentralen Organisation ein solcher Wandel entsteht?

> Neben der steten Teamentwicklung spürte ich, dass ich viel innere Arbeit zu leisten habe, um mich in diesem neuartigen Führungsweltbild zurechtzufinden.

Neue Mentoren und diverse Prüfungen
Anfang 2016 lernte ich durch Zufälle Bodo Janssen kennen. Ein Hotelunternehmer, der durch einen Todesfall in der Familie von einem Tag auf den anderen die Nachfolge antrat. Er durfte Upstalsboom — eine Unternehmensgruppe mit Hotels und Ferienwohnungsanlagen an der Nord- und Ostsee — übernehmen. Das war rund 10 Jahre vor unserem ersten Kennenlernen. Als wir uns begegneten, spürte ich sofort, dass dieser Mann für mich eine wichtige Botschaft hatte. Es war die folgende: Wenn du etwas in deinem Betrieb, deinem Team oder deinem Leben verändern willst, dann beginn erstmals und ausschließlich bei dir selbst. Weil ich in den vergangenen

Jahren sehr kopflastig unterwegs war, brauchte ich einen Mittelweg, um dazumal nicht zu stark in die spirituelle Seite abzudriften. 2017 traf ich Bodo erneut, als ich an der internationalen Alumni-Konferenz der Universität St. Gallen in Davos ein Podiumsgespräch zwischen ihm und Prof. Dr. Heike Bruch moderierte. Zu diesem Zeitpunkt kam sein Spiegel-Bestseller-Buch „Die Stille Revolution" und kurz danach der gleichnamige Kinofilm heraus. So durfte ich ihn auch zu seinem TV-Auftritt in der Talkshow von Kurt Aeschbacher im Schweizer Fernsehen begleiten. Danach saßen wir noch länger in einer Bar und philosophierten über Entwicklung. Parallel las ich zahlreiche Bücher, um die fast schon unglaublichen Geschichten, welche mich betroffen machten, einzuordnen.

Nachdem ich 2016 den Kurs, der auch bei Upstalsboom seine Wirkung entfachte, besucht hatte, konnte ich im Folgejahr mit dem Team von Corporate Happiness einen ersten Lehrgang in der Schweiz durchführen. Ich lernte dabei das erste Mal, dass erst mit vollem CEO-Commitment ein systemisch relevanter Wandel in klassischen Organisationen möglich wird, weil es bei der Einführung von dezentraleren und weniger verwaltenden Organisationen nicht um einen klassischen Veränderungsprozess geht, sondern um eine grundlegend andere Entwicklung. Deshalb braucht es eine Bottom-up-Bewegung und dafür ist das im Kurs Gelehrte wichtig. Trotzdem wird das breite Skalieren der neuen stärker dezentralen, mitwirkenden und damit unternehmerischen Entwicklung sich erst etablieren und Wirkung entfachen, wenn die oberste Instanz (Management und Eigentümerschaft) mit auf den Weg kommt. Mit dieser Erfahrung im Außen im Rucksack konnte die nächste innere Prüfung 2018 mit einer Hypnose, mit Kundalini Yoga und BreathWork-Erfahrungen auch auf die spirituelle Seite drehen, weil ich spürte, dass diese Veränderungsreise im Außen mich nicht weiterbringt. Es ging weniger um das Spirituelle, sondern darum, dass ich überhaupt wahrnehmen konnte, was in mir abgeht und ich nicht beweisen konnte. Rund ein halbes Jahr später — nach einem Interview über Mut für ein Buch über Werte in der Führung und einem Auftritt als Präsident der jungen Wirtschaftskammer St. Gallen an einer Tagung „Arbeitswelt im Wandel — Führungskräfte gefordert" — lernte ich in einer Initiierung, Gefühle zu lesen. Welche Gefühle habe ich? Wo spüre ich diese im Körper? Die Angst in den Händen, die Scham im tiefen Bauch, die Wut im Bauch und die Trauer im Brustbereich und die Freude durchfließt den Körper. Ach, wie toll das ist. Dass ich dabei meine dunkle Seite und Traumas betrachten muss, war neu für mich und sehr entwickelnd, wie ich später u.a. bei Scott Barry Kaufman in „Transcend" nachlesen durfte. Es ging eine gänzlich neue Welt auf, die mir auch erlaubte, Selbstorganisation neu zu deuten. Es erlaubte mir zu sagen, dass Selbstführung (oder Innerwork) der Schlüssel für mehr neues Arbeiten ist. Ich lernte am Feuer zu sitzen und zu horchen, was da ist. Wie die Elemente Feuer, Erde, Luft und Wasser sich in Gefühlen manifestieren und in Worte fassen lassen und wie ich durch bewusstes Wahrnehmen das aktiv steuern kann. Wichtig dabei ist, dass im Spiegeln mit Menschen in einem sicheren Raum am Feuer unbewusste Muster sichtbar werden.

Da merkte ich, wie viel sinnvolles Wachstum in mir steckt und dass der Ausdruck von Morpheus im Film Matrix (I show you how deep the rabbit hole goes) auch real eine Bedeutung hat und zwar, dass Wachstum nichts Schlechtes ist, wenn es mit dem menschlichen Potenzial zur Frage „Wer bin ich?" verbunden ist. Im Folgejahr löste ich mich langsam — zu langsam, wie ich später erfahren durfte — von VillageOffice. Es fiel mir so schwer, weil ich dazumal noch unbearbeitete Angstmuster in mir trug und die innere und äußere Balance noch nicht ausgeglichen war. Ich steuerte einen neuen Hafen an, um die nächste Prüfung im Loslassen von Mustern anzunehmen. Diese hatte es in sich. Ich spürte, dass ein erneutes Pendeln, diesmal nach Luzern, nichts für mich ist und ich löste mich aus einer Associate-Partner-Beziehung heraus. Denn es ging um den eigenen Willen. Ich durfte auf mich vertrauen. Als Fundraiser trieb ich für das Gründer-Paar das erste Geld für eine nächste mit Mustern brechende Initiative auf: die Zukunftbureau-Bewegung. Ein sehr freies und offenes Projekt. Es geht darum, intrinsisch motivierte Gastgeber:innen zu finden, die in ihrem Ort ein Zukunftbureau eröffnen, wo niederschwellige Sprechstunden stattfinden, sodass Menschen mit Zukunftsfragen und Ideen nicht die Hürde zur Bank oder sonst welchen Förderinstitutionen gehen müssen oder von Familien und Freunden übermäßig kritisch bewertet werden und einfach ins Gestalten und Machen starten. Das Gründer-Paar spiegelte mir, dass es weiter darum geht, mein Ding zu verfolgen und zu machen.

So nahm ich allen Mut ganz ohne Krise zusammen und startete in die nächste Prüfung. Diesmal ging es darum, eine komplett leer stehende Textilfabrik am Thururfer in Lichtensteig — die Mini-Stadt im Toggenburg — in ein lebendiges Areal zu entwickeln. Ein Jahrzehntprojekt. Um dieses Projekt in einen größeren Kontext einzubetten, gründeten der Stadtpräsident und ich mit Entwickler:innen der Region auf ehrenamtlicher Basis den Verein Ort für Macher:innen. Gleich vor der Pandemie sind wir gestartet. Es gelang, nach dem ersten Lockdown eine Zwischennutzung zu starten und schrittweise eine Gruppe einzubinden, die dann aus eigenem Antrieb die Genossenschaft Stadtufer gründete und eine Vision und Absicht rund um kreative Menschen formulierte. Im Frühling 2021, nach dem Vermitteln von potenziellen Investor:innen, ging es wieder darum, loszulassen. Eine weitere Prüfung. Es ging diesmal schon viel besser. Parallel schrieb ich diesen Text und ich konnte dadurch all meine Erfahrungen und Prüfungen einordnen, um die Entwicklungs- mit der Beratungserfahrung aus früheren Jahren zu verbinden. Denn es gilt, sich sehr gut zu kennen, seine Stärken in Wert zu setzen und klar zu sehen. Durch die sicheren Räume und das Spiegeln am Feuer sowie die Auseinandersetzung mit der Quelltheorie von Peter König (www.workwithsource.com) und einen sehr wertvollen Dialog mit einem integralen, erfolgreichen Unternehmer lernte ich, dass ich den ganzen Weg — auf dem ich viel Wertvolles erfahren und gelernt hatte — auch hätte abkürzen können. Ich bereue nichts, jedoch wurde mir klar, dass mein Hauptmuster eine private Wunde (dunkle Seite) ist, die ich noch zu klären habe. Deshalb ist die wichtigste Frage nicht, wie kann ich Selbstorganisation einführen, sondern wie schafft es eine Organisation in der digitalen Ära mit einem auf Nachhaltigkeit ausgelegten Mindset (der Wille zur Balance), einen Rahmen zu schaffen, der zu Entwicklung einlädt, aber nicht vorschreibt, wie das geht. Konflikte und Lernwege gilt es auszuhalten resp. zu ermöglichen, dass Entwicklung zum Integralen möglich ist.

Wendepunkt: Lehrjahre in Entwicklung überführen
Als eine Bekannte aus Jugendjahren wieder in mein Leben trat, startete der Wendepunkt. Ich lernte, dass in meinem innersten Kreis nicht nur ich, mein Sohn, meine innere Arbeit und die äußere Reise Platz haben, sondern auch ein kleines neues Nest aufgebaut werden darf, das ein echtes Fundament gibt. Denn es braucht immer Nest- und Schwarmqualitäten für eine resiliente Entwicklung. Wie es auch Scott Barry Kaufman im Buch „Transcend" eindrücklich beschreibt. So erkannte ich, dass ich die erste Heldenreise, wie sie Joseph Campbell nennt, in eine Ankunft bewegte und sich ein Neustart abzeichnet. Das Tolle an der Art, wie es Campbell beschreibt, ist, dass nicht nur Hollywood-Filme und tolle Romangeschichten einem roten Faden folgen, sondern dass auch dein, mein, unser aller Leben immer wieder solche Reisen durchläuft.

So ist es auch für Unternehmen: Eine kollektive Identität folgt einer Geschichte, einer Heldengeschichte. Der es zu horchen gilt. Diejenige mutige Person, die den Bezug zur Quelle hat, ist bedeutend. Sie braucht die höchste innere Reife in einem Kollektiv. Trotz dieses Privilegs ist es bedeutsam und wichtig, dass diese Person mit Vertrauen, Ermächtigung und Entwicklung eine neuartige, integrale Ordnung und Führungsprinzipien etabliert. Auf diesem Entwicklungsweg wird sich das Kollektiv — wie das Gehirn — ohne Machtstrukturen als Netzwerk skalieren.

Neben der mutigen, überzeugten Quellperson, die die Veränderung und den Wandel initiiert, braucht es eine äußerst mutige Person als First Follower. Die Quellperson bringt Themen auf, die andere noch nicht sehen. Die ersten Personen, die das neue Muster auch erkennen und ihr folgen, sind die First Follower. Etwas, das ich selbst als Co-Founder, Fundraiser und Initiant/Projektleiter gemacht und dabei erfahren habe. Während ich bei VillageOffice noch zu viel Raum einnahm — dazumal noch unbewusst —, wurde mir beim letzten Projekt rechtzeitig bewusst, dass ich die Quelle zu finden habe. Denn es ist für das Gelingen einer Skalierung enorm wichtig, dass die Quelle nicht konkurrenziert wird, indem aus unbewussten Traumata und Mustern zu viel Raum eingenommen wird. Nun wird am Stadtufer eine partizipative Struktur vorbereitet, die wachsen darf.

> „Die Zukunft hängt davon ab, was wir heute tun."
> Mahatma Gandhi

Aus eigenen Erfahrungen und dem Austausch in der internationalen Corporate Rebels Academy wurde mir klar, dass es nach diversen Experimenten am Ende darum geht, den systemischen Entscheid zu treffen, ob die Organisation und die Menschen mehr Autonomie und weniger Bürokratie haben wollen oder nicht. Dieser Entscheid braucht ein C-Level-Versprechen und eine mitwirkende Bottom-up-Bewegung, um durch Haltungs- und Wertedialoge schrittweise den „Elefanten im Raum" (die dominanten Haltungen und Werte) bewusst zu machen und durch neue Praktiken zu ersetzen. Dann werden Veränderungswillige als First Follower mutig. Eine gelebte Innovationskultur ist Realität, wenn Menschen gelernt haben, dass mehr Vertrauen, Ermächtigung, Verantwortung und Entscheidungskraft nichts anderes ist als das, was wir in einer Familie oder unter Freunden tagtäglich praktizieren. Es ist die älteste Form einer dezentralen, autonomen Zelle/Gemeinschaft. Aber nicht alle haben dies erlebt, weil mit Gefühlen und Spannungen eher zurückhaltend umgegangen wurde. Deshalb gilt es sich zu einem ganzen Menschen (inkl. der Integration der dunklen Seite) zu entwickeln und Haltungen zu erweitern. Eine positivere Zukunft ist möglich, wenn mit dem Willen zur Balance mit unnatürlichen persönlichen, organisatorischen oder auch gesellschaftlichen Mustern gebrochen wird. Der entwickelte Wille des/der Einzelnen bringt sich, Organisationen oder über Projekte auch gesellschaftliche Phänomene, wie z. B. einen Stadt-Land-Graben oder eine grenzenlose Mobilität, (wieder) in Balance.

In Anlehnung an Gandhi: Beginne bei dir selbst, um mit Regeln und Mustern zu brechen. Es sind die Taten, die die Welt verändern. Sei hungrig!

Der Autor

Remo Rusca

Meine Leidenschaft ist, Muster zu erkennen und mit ihnen zu brechen, um Innovationskultur zu ermöglichen. Ich bin ein Mann der Praxis, der weiß, dass es nicht das Gleiche ist, eine Idee oder Zukunftsfrage in einem Betrieb oder in der Gesellschaft zu gebären und sie umzusetzen. Es braucht Ecosysteme und damit das Miteinander von selbstwirksamen Menschen.

Deshalb ist es mir ein Herzensanliegen, dass wir nicht einfach das machen, was alle vom Turm herabsingen, sondern der Quelle horchen und unser Ding in Gemeinschaften machen. Sind diese Gruppen integral geführt, können wir den Wandel vom Industrie- ins Netzwerkzeitalter ohne große Konflikte schaffen.

Ich entwickle, analysiere, reflektiere und verbinde für und mit Menschen aus und in Regionen, Start-ups und KMUs. Auch bin ich an einer Fachhochschule ext. Lehrbeauftragter und trete an internen Akademien und Programmen der Regionalpolitik und von Firmen zu Selbstführung, Achtsamkeit und Mitwirkung im Kontext von Team- und Projektkultur auf. Dies mit dem Ziel, regionale und thematische Ecosysteme zu ermöglichen oder zu stärken. Dabei liegt ein spezielles Augenmerk auf der Balance zwischen Stadt und Land. Die Zukunft beginnt auf dem Land, wo Menschen mit ihrem Willen aktiv werden.

musterbruch.rocks
linkedin.com/in/remorusca

Germán Barona

Persönlichkeitsentwicklung als Wert

Achtsame Organisationsentwicklung

Im Sommer 2018 arbeitete ich in der Organisations- und Kulturentwicklung in einem Großkonzern und initiierte dort den Diskurs zur Achtsamkeit. In diesem Zusammenhang konnte ich neben anderen Begeisterten als Impulsgeber an einem unternehmensübergreifenden Austausch teilnehmen. Dabei ging es um folgende Frage: „Wieso könnte Achtsamkeit ein Mehrwert in Unternehmen und vielleicht sogar ein Schlüsselfaktor für die Innovationsfähigkeit sein?"

Was mich unter anderem nachhaltig inspirierte, war eine einfache Folie — ich erinnere sogar noch das Layout — mit der Überschrift „How change has changed" — wie Wandel sich gewandelt hat. Sie fasste das Paradigma vom Wandel in westeuropäischen Unternehmen und den Wandel dieses Paradigmas selbst innerhalb der letzten 20 Jahre für mich sehr klar und stimmig zusammen. Intuitiv spürte ich, dass hier für mich eine sehr grundlegende Erkenntnis liegen könnte, obgleich ich dies damals kognitiv noch nicht greifen konnte:

> Wie und mit welcher Haltung man als Organisation bzw. als Entscheidungstragende in einem Unternehmen den Wandel begreift, aufgreift und ihn sich erfolgreich entfalten lässt, ist letztlich ein dynamisches Konzept, ein Narrativ.

Dessen Inhalt hängt sehr wesentlich von der individuellen und kollektiven Fähigkeit der beteiligten Menschen ab, Bedeutung zu bilden. Zudem ist es ein dynamischer Prozess. Daraus folgt: Begriffe wie Transformation, nachhaltige Zukunftsfähigkeit oder Enkeltauglichkeit sind selbst nicht statisch und der mögliche Lösungsraum ist es ebenfalls nicht. Hinzu kommt: Der Prozess des Wandels verläuft nicht linear und nach Plan, sondern er entfaltet sich als lebendiger, sozialer Diskurs. Man könnte ihn als den wesentlichen Lern- und Entwicklungsprozess eines Unternehmens begreifen, der letztendlich bestimmt, wie komplexitätsfähig und wandelrobust ein Unternehmen ist, bleibt und wird.

Im Kern heißt das für mich, dass die Entwicklung der Persönlichkeit der Menschen in den Unternehmen und deren Ökosystemen als bewusster und hoch freiwilliger Prozess in großem Maße über den nachhaltigen Erfolg von Unternehmen entscheiden kann. Persönlichkeitsentwicklung wird damit selbst zum Asset, zum Wert an sich.

Im Rückblick auf inzwischen über 20 Jahren als Entscheider, Coach, Berater und Begleiter berührt mich, dass Change-Prozesse, z. B. agile Transformationen, sehr emotional und kostenintensiv für die Betroffenen waren und dabei im Ergebnis eher nur oberflächlich erfolgreich. Das gilt es, für mich demütig anzunehmen. Im Hinblick auf die Zukunft stellt sich die Frage, ob und wie Persönlichkeitsentwicklung als Wert in Unternehmen erkannt und systematisch entwickelt werden kann. Der Sinn davon liegt im Wohlbefinden der Menschen im und außerhalb des Unternehmens, im nachhaltigen Unternehmenserfolg und im schonenden und heilsamen Umgang mit den Ökosystemen und dem Planeten.

Was stand auf dieser Folie, die mich so berührte? Es war eine einfache Grafik im Koordinatenkreuz zwischen Zeit und unternehmensweiter Veränderungsfähigkeit. Und ich kann diese Folie aus eigener Erfahrung von nun über 20 Jahren in Unternehmen sehr nachempfinden: Zu Beginn dieses Jahrtausends wurden Veränderungen als unerwartete Störung empfunden und systemexterne Berater:innen damit beauftragt, die Lösung für diese Störung mit ihrer Expertise zu designen, zu planen und umzusetzen. Idealerweise hatten diese Berater:innen in der eigenen und in der Wahrnehmung ihrer Kunden die Lösung bereits in petto. Ich selbst durfte in jener Zeit in einem Unternehmen wirken, das im Kontext der Kommerzialisierung des Internets sehr erfolgreich Finanzdienstleister zu IT-Fragestellungen beriet. Trotz jungen Alters und teils sehr überschaubarer Berufserfahrung wurde meinen Kolleg:innen und mir mehr Verantwortung und Macht für Projekte übertragen als den oft sehr erfahrenen Führungskräften und Teams in den Kundenunternehmen.

In den 2010er-Jahren änderte sich das Paradigma: Das Erfolgsrezept war nun die Führungskraft im System selbst als der Change Agent, der den Wandel treibt. In meiner Erfahrung erkläre ich mir das so, dass sich zum einen zunehmend empirisch die Erkenntnis einstellte, dass die externen Berater:innen mit ihrem Wissen und ihrer Expertise z. B. für Projektmanagement oder neue Technologien nicht ausschließlich die Erfolgsfaktoren für Wandel darstellen. Sondern dass es dazu auch Tat- und Umsetzungskraft braucht. Wenn Veränderungsprojekte scheiterten, wurde dies oftmals dem Mangel daran zugeschrieben. Ein Freund und Mentor formulierte das so: „Machen ist wie Wollen, nur krasser". Es ging also darum, Veränderungsprojekte in der Umsetzung zu stärken, indem Führungskräfte v. a. im mittleren Management ermächtigt werden, Verantwortung zu übernehmen und selbstbestimmter zu gestalten.

Dieses Paradigma verändert sich in der nun laufenden Dekade der 2020er-Jahre zunehmend weiter: Wir erkennen, dass die erfolgreiche Wandlungsfähigkeit von Unternehmen nicht von der Führungselite alleine abhängen darf, sondern dass sie bei der Wandlungs- und Entwicklungsfähigkeit jedes/jeder einzelnen Beschäftigten beginnt: Diese Kompetenz der Mitarbeitenden bestimmt den Potenzialraum der Lösungen. Die Fähigkeit aller Beteiligten, mit Veränderungen konstruktiv umzugehen, bestimmt die Innovationsfähigkeit und damit im Endeffekt die Überlebensfähigkeit des Unternehmens. Diese Erkenntnis motiviert mich zu meiner These: Persönlichkeitsentwicklung hat einen großen Wert für eine achtsame und antwortfähige Organisationsentwicklung.

> **Die individuelle Persönlichkeitsentwicklung und der Wert, der ihr im Unternehmen eingeräumt wird, formt den Potenzialraum für die systematische kollektive Entwicklungsfähigkeit der Organisation.**

Hierfür spricht das Prinzip der Selbstähnlichkeit: Die Entwicklungsfähigkeit der einzelnen Person als Element des Gesamtsystems skaliert auf der Ebene des Unternehmens als kollektiver komplexer Organismus. Dazu gehört auch, wie die Menschen im Unternehmen dieses Unternehmen verstehen, begreifen, welche Wahrnehmung sie davon haben und welches Narrativ sie untereinander und nach außen teilen. Dazu ein einfaches Beispiel: Sind sie der Überzeugung, dass es sich um ein innovatives, humanistisches und nachhaltiges Unternehmen handelt, so prägen sie dieses Narrativ auch in ihrem eigenen (auch privaten) Umfeld — analog wie digital — und gestalten damit auch die Wahrnehmung des Unternehmens in seinem Ökosystem.

Noch vor einigen Jahren war in der gelebten Führungspraxis wie an den Lehrstühlen für Führung und Management das gängige Bild von Unternehmen das einer gut geölten Maschine — was über den Taylorismus sicherlich gut erklärbar ist. Die Mitarbeitenden — ganz im Sinne dieses Wortes — arbeiten mit und leisten ihren Beitrag wie Zahnräder im Uhrwerk. Sie stellen austauschbare Ressourcen dar und werden, metaphorisch gesprochen, idealerweise in größere Zahnräder entwickelt. Ziel im Unternehmen war es, gewinnmaximierend nach Effizienzsteigerung in den Wertschöpfungsprozessen zu streben. Dazu wurden Methoden wie Kaizen oder auch später Lean Management vermittelt und über Roll-outs im Unternehmen standardisiert implementiert, sprich den Menschen in den Organisationen übergestülpt. Im Kontakt mit betroffenen Entscheidern im Unternehmen war ich oft davon berührt, dass zwar das Ausrollen der Werkzeuge erfolgreich gelang, diese allerdings oft nur eine geringe bis gar keine Wirksamkeit erzielten. Das reine Anwenden mag in gewissem Umfang helfen, der Schatz wird hingegen nur gehoben, wenn die Anwendenden das Werkzeug in ihrem Kontext und in Bezug auf ihre ganz persönlichen sowie unternehmerischen Fragestellungen lernen, ausprobieren, reflektieren und adaptieren dürfen. Und dabei nicht nur das Werkzeug, sondern sich selbst als Anwendende ebenfalls in der Anwendung erforschen und reflektieren können und damit die Wirksamkeit des Gesamtsystems steigern. Dazu möchte ich mit diesem Essay einladen.

Wenn wir den Blick auf die Effektivitätsseite — die Innovationsfähigkeit von Unternehmen — wenden, kann auch heute noch beobachtet werden, wie für das sogenannte Management von Innovation teils sehr systematische, effiziente, standardisierende Prozesse definiert und zum Erfolgsfaktor für die Innovationsfähigkeit des Unternehmens erklärt werden. Der Erfolg eines solchen Innovationsprozesses, oft gemessen in ähnlichen Metriken wie Produktionsprozesse, mag auch dargestellt werden können. Betroffene berichten jedoch immer wieder, dass in diesen Unternehmen Innovationen trotz und nicht wegen der Innovationsprozesse stattfinden. Vielleicht sind für erfolgreiche Unternehmen eher die Individuen verantwortlich, die es schaffen, Erfindergeist, Kreativität, Ausdauer und Neugierde als beispielhafte menschliche Qualitäten in diesen Umfeldern zu bewahren — vielleicht im krassen Kontrast zu den umgebenden Strukturen und Prozessen —, und dadurch sich und ihre Kolleg:innen inspirieren, Innovationsfähigkeit bewusst zu kultivieren und Innovationen Raum zu geben.

Wenn man sich auf diesen Gedanken einlässt, wird klar, dass die Akteur:innen im System weit mehr sind als austauschbare Zahnräder: dass es sich eher um einmalige, sich entwickelnde Selbstorganisationen handelt, die auf sehr lebendige Art und Weise den Erfolg des Unternehmens als Ganzes gelingen lassen (möchten!), wenn ihnen der Raum dafür gegeben wird.

Ein anderes Beispiel dafür, wie Bedeutungsbildung als Kernelement von Persönlichkeit die Ausrichtung und das unternehmerische Handeln eines Unternehmens zu prägen und einzugrenzen vermag, ist das Konzept von Märkten und Wettbewerb: Wettbewerb — verstanden als Kampf gegen andere Unternehmen um Marktanteile im Sinnbild eines Kuchens als knappes Gut und damit der stete Versuch, das größte Stück, idealerweise den ganzen Kuchen zu bekommen. Dieses Narrativ spiegelt meines Erachtens sehr stimmig das Konzept einer Welt des Mangels und damit den Kampf um endliche Ressourcen. Was passiert jedoch, wenn die Akteur:innen im Markt ihr Verständnis vom Wert des eigenen Ökosystems und des gemeinsamen Anliegens in einer kooperativen Haltung weiterentwickeln? Wenn sie nicht gegeneinander kämpfen, sondern eher gemeinsam daran arbeiten, eine ganze Branche noch attraktiver zu gestalten und damit den gesamten Kuchen wachsen lassen? Sich sozusagen von der Kompetition über die Kooperation zur Kokreation bewegen?

In Unternehmen wurden — und werden teilweise heute noch — Veränderungen als Problemstellungen aufgefasst und in Form von Projekten greifbar gemacht, strukturiert, mit klar definiertem Anfang und Ende, Zielen und Meilensteinen angegangen — oft mit über den Projektverlauf hin stark steigendem Invest an Budget und internen Kapazitäten. Begriffe wie Roll-out und Blueprint (Blaupause) bezeichnen gängige Konzepte zum Umgang mit Veränderungen. Das Ergebnis: Change-Projekte werden nur zu 20 bis 30 % erfolgreich abgeschlossen, der Rest scheitert(e) in den Augen der Auftraggeber und Betroffenen meist oder wurde bzw. wird lediglich oberflächlich als erfolgreich kommuniziert.

Der Grund dafür liegt meines Erachtens in der Auffassung, es handle sich um eine linear komplizierte Störung im System — und im entsprechenden Umgang damit. Meist handelt es sich aber um eine komplexe bis chaotische Fragestellung. Dies kann oft zwar gespürt, jedoch nicht mental greifbar und besprechbar gemacht werden. In Unternehmen prägten sich hierfür Begriffe wie Kultur oder Soft Facts aus, die nebulös und oft tabuisiert für all jene Problemstellungsaspekte stehen, welche kaum oder nur mittelbar beeinflussbar zu sein scheinen.

Die Einladung, unsere Denkkonzepte und Narrative auf den Prüfstand zu stellen, verdanken wir v. a. verschiedenen Ereignisse mit weltweiten Auswirkungen, die zumeist als Krisen betitelt werden — z. B. die Internetkrise 2000, die Finanzkrise 2008, Fukushima 2012 oder die Pandemie ab 2020.

Der erste Schritt zum entwicklungsorientierten, erfolgreicheren Umgang mit Wandel ist, schlicht anzuerkennen und anzunehmen, dass die Welt nicht planbar ist — sondern, wie es so schön heißt, „das Leben da anfängt, wo der Plan aufhört" — und die Unternehmen langfristig erfolgreicher sind, in denen Mitarbeitende diese Auffassung integrieren können und sie eingeladen werden, sich in eine Haltung der radikalen Akzeptanz zu entwickeln.

Die Tatsache, dass es hier um eine Entwicklung der Menschen und ihrer eigenen Denkstrukturen geht, wurde mir selbst erst Jahre später bewusst und erst in den letzten Jahren auch erklärbar:

Die Menschen mit ihrer Persönlichkeit und der damit verbundenen Denklogik übersetzen Impulse wie Krisen und den Umgang damit gemäß ihrer aktuellen individuellen Reife.

Ausgehend von dem verbreiteten eher faktischen rationalen und linearen Verständnis liegt es nahe, dass die Konzepte von Lean Management und Agilität, wie sie seit Ende des 20. Jahrhunderts zunehmend in produktionsferneren Funktionen in Unternehmen Anwendung finden, zwar auf der Ebene von Strukturen, Methoden und Fähigkeiten, nicht jedoch auf der Reifeebene begriffen und eingesetzt werden konnten. Bei Lean Management und den daraus entstandenen agilen Ansätzen geht es radikal zusammengefasst nach meinem Verständnis um das kontinuierliche Schaffen von Transparenz und um empirische Prozesssteuerung. Diese beiden Kernfähigkeiten der Organisation lassen sich nach dem Prinzip der Selbstähnlichkeit auch auf der individuellen Ebene und bei den Ansätzen zur Persönlichkeitsentwicklung beobachten: Individuen reifen dahin, bewusst ihre sensorischen, somatischen und kognitiven Subsysteme bzw. Intelligenzen in lebendiger Kohärenz zueinander und zu ihrem Umfeld zu entfalten.

Worin liegt nun die weitere Relevanz von Persönlichkeitsentwicklung für Unternehmen? Meiner Auffassung nach hängt der Erfolg in der Anwendung dieser Instrumente von den zugrunde liegenden bedeutungsbildenden Strukturen und Haltungen ab. Das heißt: Wie und in welchen Facetten und Dimensionen sind Führungskräfte und Mitarbeitende in der Lage, Transparenz zu erzeugen und Empirie zu verstehen, zu spüren, zu fühlen und ein integral stimmiges Handeln davon vergemeinschaftet abzuleiten.

Den Mehrwert von agilen Praktiken durfte ich zu Beginn meines Berufslebens in einem Startup für Softwareentwicklung und Beratung kennen- und schätzen lernen. Dabei wunderte mich stets, wieso gerade in größeren Unternehmen auf eher umständliche Art und Weise — und für mein Empfinden auch sehr ineffizient — versucht wurde, diese agilen Vorgehensweisen in aufwendige lineare Projektmanagementmethoden zu übersetzen. Später lernte ich Lean Management in der Tiefe kennen und durfte Teams und Menschen in Lean Management Transformationen begleiten. Ich wunderte mich dabei, wie auch hier in der Auffassung von Effizienz eine gewisse Linearität und Eindimensionalität zugrunde gelegt wurde. Je nach Führungskraft und Team und unabhängig von Funktion und Land war die Akzeptanz und der Erfolg der Lean Transformation höchst unterschiedlich. Die eher funktional rationalen Instrumente — auch Lean Routinen genannt — konnten stets relativ reibungsfrei integriert werden. Rituale wie Coaching, das Unterstützen von Menschen in ihrer Entwicklung oder auch die systematische Problemlösung, die sich mit dem Umgang mit Komplexität z. B. durch systemisches Erforschen in Metaperspektiven befasst, waren jedoch meist entweder nur kurzzeitig oder gar nicht ankoppelbar. Spannend fand ich auch die Beobachtung, dass die Führungskräfte, denen dies schwerfiel, keineswegs als Führungskraft erfolglos und kognitiv durchaus sehr intelligent waren. Als gäbe es eine unsichtbare Mauer, die sich nicht überwinden ließ.

Jahre später durfte ich die Achtsamkeit für mich entdecken und im Kontext von Organisationen die Erfahrung machen, wie uns Achtsamkeit helfen kann, als Menschen zu reifen und uns zu entwickeln. Sie hilft uns, einen wohlwollenden Blick auf das eigene Denken, Fühlen und Wollen zu entwickeln. Ich durfte immer wieder wahrnehmen, wie Führungskräfte und Mitarbeitende ihre Perspektive raus aus dem Reiz-Reaktions-Schema und hin zum Beobachten und Wahrnehmen erweiterten und kultivierten. Spannend hierbei war für mich die Feststellung, dass bereits beim Trainieren dieser beobachtenden Instanz in uns eine Entwicklung der Persönlichkeit stattfindet. Erkennbar wurde das für mich im Außen an einer veränderten Verhaltensweise — beispielsweise an einem nahezu lustvollen Lernen und Integrieren von vormals vermeintlich sinnlosen oder wenig hilfreichen Lean-Management-Routinen. Von hier aus ließen sich dann auch Entwicklungspfade hin zu einer agilen Führung realisieren. Plötzlich konnte nicht nur verstanden, sondern auch selbstbestimmt ins Handeln übersetzt werden, wie Agilität jenseits der Methoden die Führung und Zusammenarbeit sinnvoll bereichern kann.

Vom Verharren zum Fließen
Es kommt darauf an, die Menschen dazu einzuladen, sie zu motivieren und zu inspirieren, sich selbstbestimmt und bewusst entwickeln zu wollen. Es gilt, den Entwicklungsweg im Sinne des Flow-Konzepts im Feld zwischen Forderung (Mastery) und Reife menschen- und umfeldzentriert zu gestalten. Dabei empfiehlt es sich, stets der Empirie folgend nach-

zusteuern — und zwar im Reflektieren der eigenen inneren und äußeren Empfindungen. Es geht also darum, die Persönlichkeitsentwicklung auf individueller Ebene in den Unternehmen zu etablieren und so achtsame Entwicklungspfade für die Menschen und ihre Kontexte entstehen zu lassen. Dieser Prozess skaliert auf der Ebene des Unternehmens dadurch, dass sich der Organisationsentwicklungsprozess achtsam entfalten kann. Achtsam daher, weil der Prozess von den Betroffenen selbst und unter Berücksichtigung ihrer spezifischen inneren Denk- und äußeren Strukturen spezifisch ausgestaltet, getaktet und vergemeinschaftet werden kann, statt den Menschen und Systemen Interventionen und Entwicklungsmaßnahmen mechanistisch anzutun. Man denke an das Bild des Staus auf der Autobahn. Es geht immer mehr darum, den Prozess der Entwicklung von Unternehmen und Mensch einerseits integral zu begreifen und andererseits ganz bewusst im Fluss zu halten und dabei Überforderung zu vermeiden, die z. B. durch Entwicklungsschritte und -instrumente passieren kann, die für die aktuelle Reife unpassend sind. Die Lösung hierzu liegt stets im System. Und wenn das System und seine Subsysteme sich selbst, ihrer Verbundenheit und ihres Sensoriums bewusst sind, entsteht der Mehrwert für das System aus einem stimmigen selbstbestimmten Weg zu einem erweiterten Lösungspotenzial.

Zunehmend begegnet mir dabei die Frage, wie explizit die Persönlichkeitsentwicklung selbst als Intervention in Unternehmen gestaltet und gerahmt wird. Auf der einen Seite sehe ich die Tendenz, Persönlichkeitsentwicklung als explizites Thema z. B. in der Führungskräfteentwicklung als einen Grundbaustein der Kulturentwicklung in Unternehmen zu verorten. Auf der anderen Seite nehme ich allerdings auch sehr stark wahr, wie Persönlichkeitsentwicklung als zu theoretisch und abstrakt als sogenanntes Orchideenthema behandelt wird. Gerade wenn es anstrengender wird — z.B. wenn Ergebnisziele wirtschaftlicher Natur die Budgeträume eingrenzen —, ist die Tendenz zu beobachten, die Persönlichkeits- und Mindset-Entwicklung hinten anzustellen. Was es hier so schwierig machen kann, ist die Idee, das alte Denken einfach durch das neue Denken austauschen zu wollen, sprich auf Reife- und Mindset-Ebene in eine Input-Output-Logik zurückzufallen à la „neues Mindset rein, neues Verhalten raus". Wesentlich ist auch hier, die Persönlichkeitsentwicklung als Organisationsprozess den Akteur:innen und dem Umfeld im Unternehmen entsprechend zu gestalten und floworientiert zu unterstützen. Solange der Diskurs zur Persönlichkeitsentwicklung nur als der neue Hype oder die neue Methode aufgefasst oder gerahmt wird, besteht die Gefahr einer steigenden Reaktanz im Unternehmen. Dann wird Persönlichkeitsentwicklung abgetan als die neue Sau, die durchs Dorf getrieben wird.

Andererseits fühlt sich die Komfortzone in den Unternehmen gerade in den momentanen Zeiten zunehmend weniger komfortabel an. Und hier liegt meines Erachtens das große Potenzial und Momentum: Die wertschätzende Anerkennung, dass alte Denk- und Verhaltensmuster nicht mehr erfolgreich sind, setzt die Energie frei, diese Muster zu erweitern und zu ergänzen. Damit wird in der Art und Weise, wie wir uns selbst und untereinander begegnen, echter Wandel möglich.

So schließt sich der Kreis: Die Einschätzung des Werts der Persönlichkeitsentwicklung ist vielleicht ein Indikator für die Reife des Unternehmens selbst und für seine Zukunftsfähigkeit. Diese organisationale Reife steigt proportional mit der Reifung der Menschen innerhalb des Unternehmens und in seinem Ökosystem.

Spannend wird es, wenn man noch weiter denkt und Menschen in Unternehmen als mündig betrachtet und in Gerald Hüthers Worten als subjekthaft. Wie gehen Organisationen damit um, wenn Menschen sich entwickeln, sich zunehmend eingezwängt fühlen und nicht mehr zufrieden damit sind, eine Rolle oder ein Kästchen im Organigramm zu sein? Wie wird Macht und Verantwortung dann gelebt?

In größeren Organisationen erlebe ich immer noch, wie diese Aspekte der Hierarchie für unantastbar erklärt werden bzw. Angst vor einer neuen Ordnung von Macht und Verantwortung als unüberwindbare Hürde wahrgenommen wird. Auch hierbei könnte das bewusste Nutzen von empirisch oder wissenschaftlich getesteten Ansätzen der Persönlichkeitsentwicklung wie das Modell der Ich-Entwicklung Orientierung und damit Sicherheit im Entwicklungsprozess anbieten. Es bedarf dann sicherlich auch strukturell weiterer Konzepte, um dialogisch auf Augenhöhe Führung und Zusammenarbeit zu organisieren. Als Schlagwort seien hier beispielhaft Netzwerke oder selbstorganisierte Ökosysteme genannt. Man könnte sagen, es geht um die Frage, in welchem Maße sich die Weisheit des Systems in Unternehmen entfalten darf und Antworten durch das System selbst freiwillig, willentlich und achtsam gestaltet werden können, wollen und dürfen.

Ich selbst bin freudig gespannt, wie wir als bewusste und uns entwickelnde Wesen in Organisationen und Gesellschaft gerade auch die Krisenzeit der letzten beiden Jahre im Diskurs reflektieren und die inneliegende heilige Entwicklungschance nutzen, um uns als Menschen noch lebendiger, freudvoller, freier und verbundener untereinander und mit diesem Planeten weiter zu entfalten.

Der Autor

Germán A. Barona

Germán Augusto Barona kennt die Wirkungsweisen und kulturelle, strukturelle Vielheit von Organisationen aus zwanzigjähriger Erfahrung als verantwortlicher Projektmanager und Fach- und Führungskraft vom Software-Startup bis zum weltweit agierenden Großkonzern.

„Im Kontakt Brücken gestalten" ist sein Leitsatz. Sein gesamtes bisheriges Berufsleben durfte er schöpferisch kultur-, funktions- sowie hierarchieübergreifend mit und für Menschen lösungs- und sinnstiftend Brücken gestalten. Seine Inspiration ergibt sich vor allem aus der Arbeit mit Menschen zu Themen wie Mindfulness, positive Leadership, Ent-Wicklung und Agilität und dem demütigen Umgang mit Komplexität — Letzteres sowohl in der Komplexitätsreduktion als auch in der Komplexitätserhöhung.

Im Konzern-Headquarter gestaltet er Angebote, Impulse und Bewegungen für eine gelingende Transformation der Führungs-, Zusammenarbeits- und Lernkultur im weltweiten Netzwerkverbund. Seit 2015 ist er mit BarCo Barona Coaching zudem Impulsgeber für Führungskräfte in Entwicklungsprozessen. Seit 2018 arbeitet er auch als Trainer und Berater für Mindfulness in Organisationen im Mindful Leadership Institut Österreich.

barco.coach

Anne-Dorthe „Ann Dora" Nielsen

Eine neue Haltung zum Leben

Im Moment fordert mich mein Leben auf, einen neuen Weg zu gehen. Jetzt verabschiede ich mich von allem, was war, und bin dabei, unter anderen Bedingungen neue Lebensfreude und neue Inhalte zu finden. Ich habe mich gefragt: Ist das möglich? Und wenn ja, wie? Und ich habe entdeckt: Ja, es ist möglich — und über das Wie möchte ich hier erzählen.

Plötzliche Veränderungen kommen ständig von irgendwoher. Es kann etwas im Beruf sein, das plötzlich anders verläuft, als wir dachten, die Gesundheit, Brüche oder Wandel in Beziehungen, und klar, auch Pandemien oder Naturkatastrophen. Was ich erzähle, ist meine Geschichte einer solchen Veränderung und ein kleiner Einblick, wie mich diese Veränderung zu einem volleren Leben führt.

Im letzten Jahr war ich noch Gewandmeisterin mit eigenem Atelier für historische Kostüme in großen Theater- und Filmproduktionen. Ich liebe meinen Beruf, den ich schon mit 17 Jahren angefangen habe. Dann hat sich mein Leben radikal verändert: von kreativer Arbeit mit renommierten Kunden zur Diagnose eines Krebses im Endstadium, ohne Aussicht auf Heilung und mit einer kurzen Lebenserwartung. Und dennoch fühle ich mich zufriedener und vollkommener als jemals zuvor. Etwas, das ich wohl immer gesucht habe, mein Leben lang, hat sich plötzlich für mich geklärt. Nicht nur mein beruflicher Weg und die Art und Weise, wie ich mich in meine Arbeit hineinbegeben habe, sondern auch meine immer weitergehende Suche nach meiner Position in der Welt, als Mensch werden jetzt zu wichtigen Grundlagen meiner Orientierung. Ich bin in dieser extremen Situation glücklich, trotz aller Trauer und auch trotz meiner weiter bestehenden Hoffnung, noch länger am Leben teilzunehmen. In dieser Situation fragen mich mehr und mehr Menschen, nicht nur meine Freunde, auch die Ärzte und andere Fachleute, die mich in dieser Zeit der Veränderung begleiten: Wie machen Sie das? Zuerst dachte ich, wie mache ich was? In meinen Augen mache ich gar nichts anders, als ich es schon immer getan habe. Aber langsam beginne ich zu sehen, was die anderen in mir sehen und was sie vielleicht verwundert — und dieses „Sehen" und Verstehen möchte ich hier teilen.

Der Tod ein schwieriges Thema — oder vielleicht auch nicht

Wenn ich über meine Situation spreche, spüre ich, wie traurig sie ist und wie traurig ich bin. Aber wenn ich die Traurigkeit umarme, entdecke ich die Liebe, die dahintersteht. Die Welt und das ganze Universum öffnet sich und ist voller Liebe — es ist wunderschön und überwältigend. Besonders der Moment ist voller Liebe und Licht, ich staune! Die Liebe, die in dieser Trauer liegt, trägt alles, auch die schwierige und große Herausforderung, ein Mensch zu sein. Gerade dann, wenn sie am meisten nötig ist.

> Manchmal kommt das Leben anders als geplant. Und dann gibt es uns die Möglichkeit, radikale Veränderungen im Inneren und vielleicht auch im Äußeren vorzunehmen.

Das Sterben ist nicht die Herausforderung und der Fokus. Es geht um das Leben, bis ich sterbe. Die Frage ist, wie kann oder will ich leben — das ist mein Fokus. Das Sterben ist nicht mein Ziel. Was für mich wichtig ist: der Weg, der innere und äußere Prozess, den ich jetzt durchlaufe und der Moment.

Das war nicht gleich so, als das hier alles anfing. Zuerst war es ein Schock, dann ein falscher Film, ein Irrtum. Dann habe ich angefangen, zu trauern und mich von den vielen Aspekten, die mein Leben ausmachen, zu verabschieden: von meiner Arbeit und von meinen mentalen und körperlichen Kapazitäten zum Beispiel. Von einem Aspekt nach dem anderen. Der Abschied von meiner Familie und Freunden kommt erst später. Diese Abschiede kann man nicht vorwegnehmen. Jetzt ist die Zeit, uns gegenseitig zu genießen. Dass ich mich der Trauer gewidmet habe und den Abschied in kleinen Schritten durchlebe, gibt mir ein zunehmendes Gefühl innerer Freiheit. Mein Horizont wird weiter, viel innere Ruhe kehrt ein und ein tiefes Gefühl von Liebe. Mein Leben weitet sich aus und auf wundersame Weise ist es jetzt größer und voller.

> Angesichts des Todes wird das Leben lebendig.
> Neue Räume öffnen sich und meine neue innere Welt
> ist unendlich viel größer als mein Leben zuvor.

So kann der Tod auch ein Liebesfest sein — ich bin bereit zu sterben.

Die Selbstreflexion hilft mir, als eine Selbst-Entwicklung in mich zu gehen und zu akzeptieren. Daraus entstehen neue Möglichkeiten, neue Räume, ein weiterer Horizont. Eine neue Art des Seins, eine neue Art, zu leben: innere Meisterschaft.

Ich habe mich entschieden, bewusst zu sterben. Bewusst sterben heißt für mich, seelisch nicht zu leiden. Ich lerne die innere Landschaft in mir immer besser kennen und frage mich, wo in dieser Landschaft, auf welcher Ebene, ich in mir leben möchte. Ich entscheide, was ich denken und fühlen möchte: Ich suche die Ruhe in mir.

Und weil ich nicht wegrenne, erfahre ich eine ganz neue Innigkeit mit mir selbst, voller Liebe und Mitgefühl. Oft staune ich, wie viel Liebe mich umgibt und dass ich der Liebe auf ganz neuen, unerwarteten Wegen begegne und sie neu verstehen und erfahren darf.

Die Entdeckung meiner selbst und was in mir steckt: Ich bin ein pragmatischer Mensch, mache das Beste aus dem, was ist. Ich stelle mich dem, was mir begegnet und was ich sehe. Wichtig für mich ist, dass ich mich nicht in einem Gefühlsstrudel verliere. Ich will den Überblick und die Distanzposition der Beobachterin behalten, natürlich mit Liebe und Mitgefühl.

Habe Mitgefühl, nicht Mitleid mit dir selbst. Manchmal frage ich mich: Wenn ich meine eigene beste Freundin wäre, was würde ich mir jetzt sagen, welchen Rat würde ich mir jetzt geben? Und sofort weiß ich, was ich tun soll. Einmal lag ich 5 Tage im Bett mit 40 Fieber, mir war ziemlich schlecht. Jeden Tag dachte ich: Ach, morgen ist es bestimmt besser, aber es war nicht so. Wäre ich hier meine beste Freundin gewesen, hätte ich ihr schon am dritten Tag gesagt: Anne-Dorthe, bist du wahnsinnig, du musst ins Krankenhaus, und zwar sofort!

Ich bin kein Opfer: Ich akzeptiere mein Schicksal — und ändere meine Haltung
Ich steuere gerne mein Leben! Und ich finde in meinem Inneren die volle Freiheit, zu entscheiden, wie ich mich fühlen möchte — und dazu gehört auch, zu sehen, was gut für mich ist und was nicht. Um das tun zu können, kommen alle Gefühle und Gedanken genau unter die Lupe. Die guten Gefühle und Gedanken, die mich tragen, bewahre ich auf und trage sie in mir als Mantra. Worauf ich mich konzentriere und was ich mir selbst im Inneren immer und immer wieder erzähle, ist sehr, sehr wichtig.

Gerade die Selbstliebe habe ich lange üben müssen. Am Anfang war das nur ein Wort, das ich schon immer gekannt und eigentlich nie verstanden habe. Bis ich mit der Übung angefangen habe, mich jeden Tag selbst zu begrüßen (manche sagen es auch ihrem Spiegelbild): Ich schließe meine Augen und halte meine Hände über meinem Herzen — „Guten Morgen Anne-Dorthe, ich liebe dich, ich liebe dich wirklich" — dann sage ich: „Ich liebe mich selbst und ich bin glücklich, ich liebe meinen Körper und wir sind in Harmonie, ich liebe mich selbst und ich liebe alle Wesen."

> Selbstliebe — im Moment sein, die richtige Haltung mir selbst gegenüber, eine neue Beziehung von Respekt und Liebe zu mir selbst: Das fühlte sich zuerst verboten an.

Nach zwei Jahren täglichen Übens spürte ich überrascht, dass ich angefangen habe, diese Worte auch tief in mir zu meinen — und so hat sich ein neues Gefühl mir selbst gegenüber entwickelt, erst hat es klein angefangen und ist über die letzten fünf Jahre deutlich spürbar gewachsen —, und nun habe ich eine Liebe zu mir selbst, die mich stärkt und meinem Leben einen sicheren Anker gibt.

Daher kommt auch das Gefühl, dass ich mich auf mich selbst verlassen kann, ich lasse mich nicht mehr im Stich! Bin nicht mehr heimatlos, sondern in mir selbst zu Hause, egal, wo ich bin und welche Herausforderungen das Leben bringt. Diese Gewissheit allein sorgt immer wieder für ein großes Glücksgefühl, ohne äußerlichen Grund. Das Glück kommt von innen!

Immer versuche ich in jedem Moment mein Bestes zu geben. So bin ich in allen Bereichen meines Lebens vorgegangen. Halbe Sachen sind mir einfach langweilig. Ich bin immer ganz bei der Sache, egal, was ich tue. Und so begegne ich jetzt auch meiner aktuellen Situation und wende die Fähigkeiten an, die ich kultiviert habe: Meine Einstellung, mein Fokus, meine Fähigkeit, Neues zu lernen, und meine Disziplin. Das ist es, was ich unter Meisterschaft verstehe.

Das bedeutet jetzt für mich: meine innere Welt, Gefühle und Gedanken zu bewältigen und zu beherrschen, die Verantwortung für mich und meinen Zustand ganz und gar zu übernehmen. So wie früher die Herstellung von komplizierten Kostümen und Gewändern, für die ich keine Muster hatte, meine Kreativität immer wieder neu gefordert hat, kann ich jetzt neue Haltungen zu mir selbst finden: meine Gedanken und Gefühle bewusst gestalten und diejenigen bewusst auswählen und bewahren, die mich tragen und unterstützen. Ich nehme meine Gefühle und Gedanken wahr, begegne ihnen und akzeptiere sie, ohne Urteil und ohne mich an die Gedanken anzuhaften. Mit anderen Worten: Ich verliere mich nicht in meinem inneren Leben, sondern behalte den Überblick und werde nicht von jedem Gefühl oder Gedanken mitgerissen. Sehen ohne Wertung ist wie ein Wissen — und dieses Wissen bedeutet für mich Freiheit. Dabei ist es ganz wichtig, die Selbstverurteilung aufzugeben und stattdessen die Selbstliebe einzuführen.

Ein innerer Kompass
Zusammen mit meinem Geist und Denken folge ich meinem Herzen und meiner Intuition. Diesen Eingebungen oder dem inneren Kompass folge ich, ob ich will oder nicht. Was ich meine, ist, dass ich meinem Bauchgefühl zweifellos vertraue und vertrauen kann. Es ist dieses innere Wissen, durch das ich einfach weiß, was als Nächstes bevorsteht, egal, ob ich mich darüber freue oder Angst davor habe. Ich kann meinem Bauchgefühl zweifellos vertrauen. Es ist der Weg, den ich gehen muss.

Radikale Akzeptanz
Wenn es gar nicht anders geht, ist dies für mich ein Akt des freien Willens zur Selbstentscheidung. Es entlastet mich enorm, den Kampf gegen die Realität aufzugeben, und das in so vielen Bereichen: dass ich nicht mehr arbeiten kann, die schwindende Gesundheit, die Reduktion meiner körperlichen Leistungsfähigkeit. Diesen Kampf kann ich ohnehin nicht gewinnen. Meist weiß ich, dass es so richtig ist, auch wenn der Abschied schmerzhaft ist.

> **Wenn alles gerade zu schwierig ist, konzentriere ich mich auf meinen Atem. Zu atmen ist der pure, radikale und ausschließliche Moment, der mir hilft, wieder in mir zur Ruhe zu kommen.**

So versuche ich mit mir und meiner Situation in Frieden zu kommen, auf welchem Weg auch immer. Ich denke, das ist sehr individuell — und für jeden möglich. Der Frieden mit mir selbst trägt mich durch diese Zeit, es ist der Kern in mir, aus dem ich meine Kraft schöpfe. Immer wieder und wieder stelle ich diese Ruhe wieder her. Es ist nicht immer gleich, manchmal dauert es ein paar Tage, manchmal auch eine Woche. Aber dann komme ich wieder hervor — wie der Phönix aus der Asche!

Meine Beziehungen ändern sich, manche werden inniger, andere distanzierter

Ehrlichkeit in meinen Beziehungen ist mir sehr wichtig, dadurch fließt die Liebe, und das stärkt mich und hilft mir. Ich habe verstanden, dass wir alle die gleiche Trauer und Verzweiflung tragen und dass ich suchen muss, wo wir (jeweils) zusammenkommen und gleich sein können. Hier sind wir verbunden, teilen uns die großen Gefühle und diesen Moment. Hier geht es nicht mehr darum, wer stirbt und wer zurückbleibt! Manchmal ist es sehr traurig, aber manchmal auch sehr, sehr lustig, so wie das Leben eben ist. Das schätze und genieße ich sehr. Wir gehen gemeinsam diesen Weg, jeder mit einer eigenen inneren Ausrichtung, und zugleich sind wir eins. Genau das bedeutet mir sehr viel.

Ich sehe, dass es viel Mut von denen braucht, die mir lieb sind, mich in dieser Zeit zu begleiten. Ich sehe auch, dass es meine Aufgabe ist, meine Lieben einzuladen und ihnen zu zeigen, wie es gehen könnte. Ich kann ihnen klar sagen, was ich brauche, und auch manchmal, wie ich es brauche. Es ist für uns alle ein neuer und ungewohnter Weg, den wir gerade zusammen gehen. Für mich ist es wichtig, dass wir über alles reden können. Zusammen tasten wir uns heran: wie wir unter diesen neuen Bedingungen am besten zusammen sein können.

Meine Kinder und meine Familie leben in Dänemark. Ich erlebe diese Innigkeit von Liebe und Nähe auch über die große geografische Distanz und bin sehr dankbar dafür.

Nicht nur mein Mann, meine Kinder, Familie und Freunde helfen mir durch diese Zeit. Auch habe ich das Glück, im medizinischen Bereich professionell, liebevoll und engagiert betreut und begleitet zu sein. All dies zusammen sorgt für ein tiefes Gefühl von Geborgenheit. Ich habe Vertrauen, bin unterstützt und getragen.

Ich habe herausgefunden, dass es nicht so wichtig ist, wie alt ich werde.

Was eine ziemlich überraschende Entdeckung ist! Denn nur mein Zustand und dieser Moment zählt. Trotzdem hoffe ich, sehr alt zu werden. Jetzt, wo ich endlich ein bisschen eine Idee vom Leben bekommen habe und besser weiß, wie es geht, würde ich das sehr gerne auskosten, weiterentwickeln und immer mehr verstehen. Auch würde ich meinen Mann, meine Kinder, meine Familie und meine engen Freunde noch eine lange, lange Weile begleiten wollen, das wünsche ich mir sehr. Mein neues inneres Universum und die Liebe tragen und halten mich, was auch immer kommt, ich kann mich darauf verlassen.

Von allergrößter Wichtigkeit ist meine Beziehung zur mir selbst
Für mich ist das eine sehr spirituelle und religiöse Erfahrung. Ich glaube jetzt zu verstehen, worauf die vielen Religionen aufbauen. Ich bin religiös ohne Anbindung an eine Religion. Wie ein Tropfen im Ozean, ein kleiner Teil eines Ganzen — und gleichzeitig bin ich mehr ich als je zuvor und spüre eine große Verbundenheit. Verbunden mit mir zu sein heißt, verbunden zu sein mit allem. Heilung und Krankheit existieren nicht in diesem Zustand — in diesem Moment.

Ich war noch nie so frei wie jetzt, genieße, was ich habe, lerne, verstehe, überprüfe und erlebe, dass nur der Moment zählt. Durch meine innere Reise geht es zu all dem, wonach ich mich mein Leben lang gesehnt habe! Es ist so einfach, ich schaue in mich — und da ist das Leben!

> *Ich will nichts mehr — alles ist genau richtig,*
> *ich bin glücklich.*

Lange war ich in einem engen Kokon — wusste es aber nicht! Dann fing ich an, mich aus dieser Hülle herauszustemmen. Nach einiger Zeit kam mein Kopf zum Vorschein und ich sah, dass die Welt viel größer, bunter, schöner und lebendiger ist als dort, wo ich mich bislang aufgehalten habe. Nun bin ich ganz aus dem Kokon geschlüpft — und ich habe Flügel! Wozu, weiß ich noch nicht. Erst mal bin ich ganz still.

Die Autorin

Anne-Dorthe Nielsen

Ich bin Dänin aus Kopenhagen, 1961 geboren und 1988 in die USA ausgewandert, wo ich meinen deutschen Mann kennenlernte. Wir sind seit 32 Jahren verheiratet, haben zwei erwachsene Söhne und leben seit 2004 in Berlin.

Als Gewandmeisterin habe ich über 40 Jahre lang für Fernsehen, Bühnenshows und Privatkunden gearbeitet.

Solange es geht, möchte ich auf dieser Reise meine Erfahrungen teilen, andere inspirieren und berühren.

anndora.com

Team-Entwicklung

Emotionale Gemeinsamkeiten sind die Basis für Team-Entwicklung
Ein „Wir" entsteht mit den Menschen, mit denen wir Erlebnisse und Werte teilen. Manchmal entstehen diese emotional verbundenen Gruppen mitten in Unternehmen. Sabine und Alexander Kluge schreiben darüber in **Essay 12 „Mächtige Verbindungen aus der Mitte"**. Ein guter Impuls für die Team-Entwicklung ist, sich der positiven gemeinsamen Erfahrungen und der darin enthaltenen Werte bewusst zu werden. Eine einfache Methode dafür sind Interviewformate, in denen wir uns gegenseitig zuhören und positive Erfahrungen austauschen. Je mehr wir die Aufmerksamkeit auf gewünschtes Verhalten und Gemeinsamkeiten lenken, desto eher entfalten sie sich. Uwe Rotermund zeigt im **Essay 15 „Unternehmenskultur ist (auch) Handwerk"** ein ganzes Spektrum an praktischen Herangehensweisen.

Die Hürden sind oft viel niedriger als gedacht. In vielen Unternehmen ist der Teamgeist auch in schwierigen Situationen oder angesichts fragwürdigen Führungsverhaltens der Punkt, der von den Mitarbeitenden noch am positivsten bewertet wird. Team-Entwicklung setzt ein gewisses Maß an Bereitschaft zur Selbst-Entwicklung voraus. Wenn wir unsere eigenen Denkweisen nicht ändern, werden neue Impulse mit alter Logik interpretiert. Design Thinking soll dann die Mitarbeitenden kreativer machen und Agilität die Performance erhöhen. Dabei wird übersehen, dass beides keine Methoden sind, mit denen wir besser funktionieren, sondern eine neue Art der Kommunikation und des Umgangs miteinander erfordern. Echte Entwicklung geht notwendigerweise mit Veränderungen in der Kommunikation einher. Svenja Hofert geht diesen Überlegungen in **Essay 9 „Postagilität"** nach.

Safe Spaces schaffen und Reizbarkeiten reduzieren
Der Begriff „Safe Space" ist im Zusammenhang mit Team-Entwicklung unter anderem durch Amy Edmondson und ihre Arbeit für Google sehr bekannt geworden. Nach ihren Untersuchungen braucht es fünf Aspekte, um gute Voraussetzungen für Teamarbeit zu schaffen. Diese fünf Aspekte greifen wir als Inspiration auf und ergänzen noch einen sechsten.

Die Entwicklung der sechs Aspekte lässt sich auf die sechs Haltungen beziehen. Ist einer der Aspekte nicht geklärt, entstehen dort haltungsspezifische Reizbarkeiten, die bestimmte Denkweisen triggern und eine weitere Team-Entwicklung verlangsamen oder verhindern. Es geht vor allem darum, Besprechbarkeiten zu erhöhen und transparenter und wahrhaftiger miteinander umzugehen. Tanja Gerold zeigt in **Essay 14 „Wir brauchen mehr Angst in Organisationen!"**, wie sogar Angst zu einem kreativen Element in der Entwicklung einer Organisation werden kann.

1. Sicherheit
Sich mit Fragen, Unsicherheit und Kritik vor anderen zu zeigen, scheint für viele selbstverständlich, ist es oft aber nicht. Dadurch bleibt vieles unausgesprochen und Teammitglieder fühlen sich vereinzelt. Mobbing, Bossing und Machtspiele sind die offensichtlichsten Boykotteure. Auch wirtschaftliche Unsicherheiten und Vetternwirtschaft stärken die Reizbarkeiten unserer impulsiv-selbstorientierten Denkweisen. Compliance-Regeln sind ein Versuch, diese Aspekte zu beschwichtigen.

2. Verlässlichkeit
Ein weiterer Aspekt der Team-Entwicklung ist das Bedürfnis nach einem verlässlichen Umfeld, in dem Regeln und Verabredungen eingehalten werden. Das gilt für Teams jeden Reifegrades. Wer Rollen einnimmt, ist auch für die Ergebnisse verantwortlich. Auch agile und ko-kreative Teams brauchen diese Art der Befriedung und gehen oft besonders strikt damit um. Nicht aus Gründen der Disziplin oder des Gehorsams, sondern aus dem Bewusstsein heraus, damit unnötige Reizbarkeit und Konflikte auf dieser Ebene zu vermeiden. Unzuverlässigkeit wird frühzeitig besprechbar gemacht und nicht aus einem falschen Harmonieverständnis heraus unter den Teppich gekehrt. Ein Punkt, den Veronika Hucke in **Essay 16 „Harmonie wird überbewertet"** beleuchtet. Klare Prozesse und Strukturen helfen uns dabei. Diese können auch innerhalb des Teams geregelt und kontrolliert werden.

3. Klarheit
Eine große Herausforderung in jeder Organisation ist der Mangel an Transparenz. Oft besteht der Wunsch nach einem Ort, „an dem alles für alle sichtbar festgehalten wird". Doch eine Anhäufung von Dokumenten mit Vorschriften, Prozessbeschreibungen, Compliance-Regeln und Ankündigungen hat den gegenteiligen Effekt und führt zu einem Informationsüberfluss. Transparenz wird eher mit den richtigen Meeting-Formaten und transparenter Kommunikation im Intranet erreicht, in denen auch die Teammitglieder ihre Perspektive einbringen können. Agile Formen sind sich dieses Problems bewusst und haben Lösungen gefunden, die für Klarheit im Team sorgen. Rituale, Zeremonien und kommunikative Schnittstellen sorgen dafür, dass Unklarheiten frühzeitig angesprochen werden können. Viele Unternehmen schaffen Strukturen und Prozesse, nur vergessen sie, Feedbackschleifen einzubauen, um sie immer wieder auf ihre Sinnhaftigkeit zu überprüfen. Die Teammitglieder fühlen sich dann funktionalisiert und bringen sich in ihrer Eigenverantwortlichkeit und ihrem Potenzial weniger ein.

4. Bedeutung

Bedeutsamkeit erfahren wir in einem Team dann, wenn wir das Gefühl haben, uns mit unseren Stärken und Potenzialen eigenbestimmt einbringen zu können. Moderne Teamführung ermöglicht es jedem Mitglied des Teams, seine Aufgaben selbst zu wählen und sein Engagement zu skalieren. Aufgabenprofile werden an die Mitarbeitenden angepasst und nicht umgekehrt. So entsteht schneller ein Gefühl der persönlichen Einbindung und Bedeutung. Zu diesem Aspekt gehört bei der Team-Entwicklung auch, dass die Teammitglieder wachsen und sich entwickeln können und nicht nur ein Rädchen im Getriebe sind. In Teams mit diesem Reifegrad wird die Selbstverantwortung gefördert und Entscheidungen werden zunehmend dort getroffen, wo die Kompetenzen liegen, und nicht von oben nach unten. Für viele Organisationen ist dies derzeit ein großer Wachstumsbereich, der sich u.a. darin ausdrückt, ob wir einander so sehr vertrauen, dass Remote Work problemlos möglich ist. Wenn die ersten drei Aspekte erfüllt sind, ist ein Wachstum in diesem Bereich leichter möglich. Je mehr wir uns in einem Team in unseren Stärken fühlen, desto mehr rücken die Fragen nach unseren Werten und dem Sinn des gemeinsamen Handelns in den Fokus.

5. Wirkung

Der Aspekt der Wirkung, also das „Warum" und „Wozu", ist in den letzten Jahren für Teams immer wichtiger geworden. Bedeutung kann auch durch Geld und Status geschaffen werden, aber die Frage der Wirkung stellt Teams vor ein neues Entwicklungsthema. OKRs (Objective Key Results) könnten die sinnstiftende Ausrichtung einer Organisation für alle erlebbar und greifbar werden lassen. Oft wird dieses Instrument jedoch als Leistungsoptimierung missverstanden und die Wirkung und Sinnhaftigkeit unseres Handelns ausgeklammert. Dann bleibt dieser Aspekt reizbar und wir fühlen uns weniger mit dem Team verbunden. Es geht bei Wirkung um eine positive Fehlerkultur, um Freiräume für Experimente und auch darum, das, was wir tun, in neu wahrgenommenen Kontexten zu hinterfragen, z.B. in Bezug auf Nachhaltigkeit, Gleichberechtigung und Gleichstellung der Geschlechter. Die Teams fragen sich, welche Wirkung sie mit ihrem Handeln für sich selbst, für andere und für die Welt erzielen wollen — über Status und Karriere hinaus.

6. Gemeinsamer Resonanzraum

Dies ist der neu hinzugekommene Aspekt, der manchmal auch als Zweck oder Sinn bezeichnet wird. Georg Müller-Christ berichtet in **Essay 10 „In (allen) Wirkungen denken können"** von seinen äußerst unkonventionellen Wegen, mit denen er an der Universität Bremen diesen Resonanzraum erforscht.

Die Perspektive innerhalb der Teams erweitert sich, wenn Sinn und Zweck klar sind, und wir gelangen dann in einen Raum wahrer Ko-Kreativität. Damit dies geschehen kann, müssen die vorherigen Aspekte im Team gut entwickelt und befriedet sein. Hier gibt es psychologische Sicherheit, Verlässlichkeit und Klarheit, die Teammitglieder fühlen sich wichtig und sind sich ihrer kollektiven Wirkung bewusst. Jetzt ist eine echte Veränderung möglich. Wie bei der Selbst-Entwicklung, wo wir ebenfalls Phasen durchlaufen und sie dann wieder integrieren, baut auch die Team-Entwicklung aufeinander auf. Wir springen nicht einfach in die Selbstführung, indem wir alle Regeln weglassen und jede:r alle Freiheiten hat, sondern wir integrieren die Bedürfnisse der sechs Aspekte und erweitern gleichzeitig den Blick. Axel Neo Palzer bietet in **Essay 13 „Tribe Leadership — psychologische Sicherheit vom Tribe zur Organisation"** seine Perspektive dazu an.

Drei typische Aussagen nach dem Austausch in Kleingruppen zu Stärken und Potenzialen:

„Ich habe nicht gedacht, dass die anderen die gleichen Probleme haben und die Dinge ähnlich sehen wie ich. Ich dachte, ich wäre hier mit meinen Wahrnehmungen allein."

„Ich hätte nicht gedacht, dass sich so schnell so viel Vertrauen zwischen uns entwickeln würde. Wir sollten öfters so miteinander reden."

„Ich glaube, unsere Gruppe war sehr speziell. Ich kann mir nicht vorstellen, dass die Vertraulichkeit in den anderen Kleingruppen genauso groß war."

Parallelen zu diesem Bild von Team-Entwicklung finden sich in dem bekannten Modell der Phasen der Team-Entwicklung wieder: 1. Rivaling — Verweigerungsphase, 2. Forming — Findungsphase, 3. Storming — Argumentationsphase, 4. Norming — Organisationsphase, 5. Performing — Flowphase und 6. Adjourning — Transformationsphase, die sich auch auf die zunehmende Reifung und Entwicklung von Teams beziehen. Die Teammitglieder können in der Regel recht schnell Aussagen darüber treffen, bei welchen Aspekten derzeit der größte Entwicklungsbedarf besteht und wo das Team bereits Stärken hat. Die sechs Aspekte decken auch blinde Flecken auf. Oft wird nur auf Verlässlichkeit im Sinne von Regeln und Klarheit der Abläufe und Strukturen geschaut, aber die weiterführenden Aspekte sind gar nicht auf dem Radar. Die nächsten acht Aufsätze inspirieren mit weiteren Zukunftsimpulsen für diese Reise in ein reiferes ethisches WIR.

Martin Permantier

Svenja Hofert

Postagilität

Agiles Management entstand aus dem bisherigen Leistungsparadigma. Es fügt sich also in die bestehende Wirtschaftslogik. Künftige Menschheitsherausforderungen lassen sich damit jedoch nicht lösen. Dafür braucht es mehr Ideen, Vielfalt und Mut. Es gilt, mit dem Bisherigen zu brechen. Hier kommt Postagilität ins Spiel.

Die Märkte bewegen sich immer schneller. Bisherige Geschäftsmodelle erkalten und veralten. Wir müssen etwas ändern! Nur was?

Die Antworten von Organisationen entspringen ihrer jeweiligen Denklogik. Neue Antworten sind meist erst möglich, wenn sich die Grenzen der vorherigen Antworten gezeigt haben.
Folgende Phasen sind derzeit zu beobachten:

» **Methodologie:** Diese erste Phase ist gekennzeichnet durch die Frage „Wie?". Es ist bewusst geworden, dass sich etwas verändern muss, weil die Märkte sich verändert haben. Doch die Antworten werden auf den Ebenen der Standards, Methoden, Prozesse und Werkzeuge und ausschließlich im bekannten Paradigma gesucht. Agil heißt vor allem auch, nach agilen Methoden zu arbeiten und sich an der Wertschöpfung auszurichten. Die Frage ist: Tun wir die Dinge richtig?
» **Mindsetologie:** Ist die Phase Mindsetologie erreicht, dann stellen sich Organisation und Menschen die Frage nach dem „Warum". Sie streben danach, das Denken zu verändern, und stellen Werte in den Mittelpunkt. Doch auch diese werden in das bisherige Paradigma gepresst. Neues

kann so nicht entstehen. Agil ist jetzt der Versuch, neue Denkweisen zu erzeugen. Die Frage ist: Tun wir die richtigen Dinge?
- **Flexibilisierung:** Jetzt wird die Frage nach dem „Wozu" gestellt. Es wird klarer, dass Veränderung Unterschiedlichkeit zulassen und fördern muss. Entwicklung ist erstmals möglich, Neues kann entstehen, wenn auch nicht immer anwachsen. Agilität bezieht sich nun auch auf die Frage, wie sich Unterschiede im selben Umfeld kultivieren lassen. Die Frage ist: Tun wir die richtigen Dinge im jeweiligen Bereich?
- **Erneuerung:** In dieser Phase werden wegweisende Entscheidungen getroffen, auch weil klar geworden ist, dass für weitreichende Veränderung auch neue Kontexte geschaffen werden müssen. Mit „Wohin wollen wir?" stellen sich Unternehmen in dieser Phase auch existenzielle Fragen. Das ist der Beginn von Postagilität. Nun kommt man nicht umhin, sich auch mit der Zukunft der Menschheit und ethischen Fragestellungen zu befassen. Die Frage ist: Wie erkennen wir, was richtig ist?

Bei Postagilität geht es also um einen Dreifach-Loop. Wir fragen nicht mehr, wie wir etwas richtig machen, und nicht mehr, was die richtigen Dinge sind. Wir fragen: Wie erkennen wir, was richtig ist? Dazu braucht es einen Bezugspunkt. Dieser könnte die Zukunft der Menschheit sein.

Menschen sind nicht einfach Menschen. Es gibt sie in verschiedenen Ausführungen: als Produkt der Vergangenheit, Essenz der Gegenwart und Werk der Zukunft. Sie sind nicht nur, sondern können werden. Viel mehr, als sie selbst denken. Sie sind nicht nur Ich, sondern immer auch Wir und in Zukunft auch Alle. Meine These ist: Die Zukunft der Menschheit braucht viel mehr als Agilität, denn dieser fehlt die Perspektive auf „Alle".

Kernidee der Business Agilität war Kundenzentriertheit, Customer Centricity. Der Mensch steht als Kunde im Mittelpunkt, als „Persona" und Repräsentantin von Kundengruppen.
Nicht nur, dass sich in manchen „Personas" doch recht stereotypisches Denken spiegelt, im Blick halten agile Organisationen die Gegenwart. Mit dem Menschen oder der Menschheit der Zukunft setzen sich wenige auseinander — und wenn doch, denken sie einfach mehr Technik hinein. Der Homo oeconomicus wird damit zum Homo digitalis.

In dieser Logik entstehen dann Roboterbienen und biogehackte Superbodies. In dieser Form bleibt der Mensch ein Konsumwesen. Es fehlt diesem Konzept die Vorstellung von der Zukunft, wie sie sein könnte, wenn sich Menschlichkeit und nicht Roboterinnovation durchsetzen würde.

Was wäre, wenn wir Kunden als Menschen und nicht als Konsumwesen betrachteten? Als Teil einer Gesellschaft, die den Fortschritt im Auge hat — für Menschen und alle Lebewesen?

Damit müsste die Gegenwartspräferenz, die derzeit allgegenwärtig ist, durch eine Zukunftsorientierung mindestens ergänzt werden. Nicht oberstes Tier, sondern einfach nur ein Lebewesen von vielen. Teil der Natur anstatt ihr Rekonstrukteur. Fühlen statt Denken. Nicht Homo digitalis, sondern Homo emotionalis.

Von funktionalen zu moralischen Werten
In den bisherigen agilen Konzepten ging es nicht ums Gefühl. Sie sind vor allem auf verhaltensökomischen Erkenntnissen gebaut. „Frameworks" etwa wirken vor allem schädlichen Urteilsheuristiken, systematischen Fehlern und in weit geringerem Maße „Noise" entgegen, also der zufälligen Streuung bei Entscheidungen. Sie optimieren menschliche Zusammenarbeit, indem sie den Blick vom Ich auf das Wir lenken. Das war und ist ein wichtiger erster Schritt. Doch der reicht in Zukunft nicht mehr aus. Die Perspektive ist noch zu eingeschränkt, wir brauchen „Alle".

Werte sind Handlungsqualitäten. In ihnen zeigt sich, woran sich Entscheidungen wirklich ausrichten — etwa am Kunden oder am Prozess. Die agilen Werte sind funktionale Werte. Werte also, die nützlich sind, aber zunächst kein höheres Gut wie eben die (lebenswerte) Zukunft der Menschheit adressieren.

Das agile Framework Scrum kennt die fünf Werte Mut, Offenheit, Commitment, Feedback und Fokus. Es sind Werte, die eine Handlungsorientierung geben sollen. Doch es sind lediglich „funktionale" Werte, Werte also, die eine Funktion haben, nützlich sind.

Arete
Die Gerusia im antiken Sparta versammelte die Schönen und Guten der über 60-Jährigen. „Alte, weiße Männer", würde man heute sagen. Es spricht nichts gegen eine diversere Besetzung. Arete bezeichnet Menschen, die ihre Potenziale im Sinne der Gemeinschaft entwickelt haben. Arete erweitert den Blick vom Ich ins Wir ins Alle — und verbindet. Arete zeigt das Wesen höherer Werte.

Agilität adressiert Arete nicht. Postagilität sollte es tun. Sie sollte auch keine Antworten geben, sondern grundsätzliche und existenzielle Fragen zu einem neuen Paradigma stellen, das wir noch nicht in all seinen Facetten greifen können.

Höhere Werte, also solche, die sich an etwas Größerem ausrichten als der einzelnen Organisation oder gar Betriebseinheit, haben immer einen größeren Bezugsrahmen. Sie beziehen sich auf Gegenwart und Zukunft, auf Wir und auf Alle.

Ein solch höherer Wert — Menschlichkeit oder auch Nachhaltigkeit — müssen zunächst jedoch mit Leben gefüllt werden. Was genau bedeutet Menschlichkeit? Eine gute Antwort wird eine laufende Annäherung sein, ein Diskurs, mit vielen Iterationen des Fühlens, Denkens und Handelns.

Tücken der Wirtschaftslogik
Denn da ist viel Veränderung nötig, sind viele neue Richtungen gefragt. So zeigen sich überall Lücken und Tücken der bisherigen Wirtschaftslogik. Menschen entwickeln Bedürfnisse, die gegenwartsbezogen sind, mit denen sie ihrem künftigen Ich jedoch schaden. Je mehr man etwa von ungesundem Zeug isst, desto weniger kann man darauf verzichten.

Der Markt regelt eben auch nicht alles. Das Konzept der global verteilten Produktion sorgt am Ende auch dafür, dass immer weniger Konzerne immer größer werden und zugleich weniger Steuern zahlen. Globalisierung, ökologische Nachhaltigkeit, politische Verschiebungen, der demografische Wandel, synthetische Biologie, Pandemien: Es braucht Lösungen mit Zukunfts- und Gegenwartsbezug.

Fortschritt statt Innovation
So stehen wir heute vor völlig anderen Herausforderungen als zu Zeiten des agilen Manifests 2001. Damals galt es, schneller auf immer bewegteren Märkten zu reagieren. Es ging um Innovation um der Bedürfnisbefriedigung willen. Jetzt geht es darum, Anreize so zu setzen, dass Zukunft entstehen kann. Für diesen Fortschritt braucht es ein „Wohin", ein Bild von der Zukunft.

Welches Konzept bringt die fortschrittlicheren Entwicklungen für alle hervor: eine Logik, die auf Gewinnmaximierung abzielt — oder eine ökologische und soziale Marktwirtschaft mit klaren Leitplanken? Doch wie kann diese gestaltet sein? Dafür braucht es Agilität in einem neuen Sinne: einen beweglichen Wettbewerb der Ideen in Politik, Gesellschaft und Wirtschaft, denn diese Systeme können nicht getrennt voneinander betrachtet werden.

Das Wesen von Epochen des Umbruchs ist, dass erst Nachfahren die Faktoren analysieren können, die dazu geführt haben, dass sich etwas durchsetzen konnte. Steckt man mittendrin, geht es viel mehr um Konzepte und Wahrheiten, die sich erst noch bewähren müssen.

Dieser Wettbewerb der Ideen und Konzepte ist eine enorme Chance: Er bietet die Möglichkeit, vom jeweils anderen zu lernen.

Dass sich in letzter Zeit Gesellschaftsformen wie die Purpose-Stiftung herausbilden, die die Wertsicherung zum Ziel haben und nicht die Gewinnmaximierung, ist auch Folge dieses Wettbewerbs der Ideen und Konzepte. Wettbewerb sorgt für Lösungsvielfalt in einer Zeit des Umbruchs. Wenn niemand genau weiß, welche Samen aufgehen, werden viele gesät. Dabei ist es so wie bei kreativen Prozessen generell: Mehr ist besser. Die Chance, dass eine gute Idee dabei ist, steigt mit der nackten Zahl. Setzen sich Biohacker oder Humanisten durch, Technologiegläubige oder Umweltretter? Jede Antwort auf etwas erzeugt neue Fragen. Jede Frage auch wieder Antworten. Oft liegen Lösungen ohnehin in der Synthese oder einer dritten, noch unbekannten Variante.

Doch die Weichen werden nicht mehr auf den Märkten gestellt, auf denen hungrige Kunden durch „Industriefutter" immer dicker werden und im eigenen Überfluss versinken. Nicht dort, wo Bedürfnisse mit agilen Methoden vielleicht schneller als früher gestillt werden, aber eben nicht hinsichtlich eines höheren Gutes kanalisiert. Die Weichen stellen wir: Als Bürgerinnen, als Konsumentinnen, als Arbeitnehmerinnen und als Unternehmerinnen.

Post überwindet
Mit Sprache schaffen wir einen neuen Gedanken, geben einer Idee einen Namen. Die Silbe „post" bezeichnet ein Danach, die Überwindung von etwas. Wir verwenden sie, wenn etwas anderes kommt, welches das vorherige nicht aus-, sondern einschließt, es auf ein nächstes Level hebt, ihm eine andere oder erweiterte Richtung gibt.

Die Moderne ist durch die Postmoderne — in der Philosophiegeschichte etwa vertreten durch Descartes' „Ich denke, also bin ich" — keineswegs verschwunden; sie wird nicht aufgehoben. Sie schlägt nur eine andere Richtung ein. Ebenso verhält es sich mit dem Posthumanismus.
Dieser meint die Überwindung des Humanismus, sei es durch Erweiterung seiner begrenzten Möglichkeiten mit maschineller Intelligenz, sei es durch Einreihung in die Riege aller Lebewesen und der Natur.

Post lenkt immer den Blick auf einen Gap, der zwischen dem ursprünglichen Begriff und dem entstanden ist, was fehlt, um ihn zu schließen. Es beinhaltet also keine Lösungen, keine Rezepte, sondern nur Ideen — gern auch widersprüchliche, gegensätzliche.

So ist es auch mit Postagilität. Ansätze, die Kundenzentrierung hinter sich lassen, können sehr unterschiedlich aussehen. Es mag sein, dass manches mit neuer Autorität entsteht und anderes in Schwarmintelligenz. Es mag auch unterschiedliche Konzepte geben, Roboterbiene und Renaturierung, Emissionenminderung und Emissionenlöschung, regional und global.

Persona der Zukunft
Das Aussehen der postagilen Welt ist noch unklar: Es reicht von der totalitären Datenkrake bis hin zur New-Work-Traumfabrik. Vieles ist noch möglich. Statt Personas zu modellieren, sollten sich Unternehmen daran machen, die Zukunft zu gestalten, die sie haben möchten. Datenferngesteuerte Menschroboter, die sich selbst zu Tode optimieren? Oder in kooperativer Mensch-Maschine-Interaktion agierende Posthumanisten, die eine kreative und vielfältige Welt gestalten?

Regierungen werden viel Geld ausgeben müssen, um in Weichenstellungen zu investieren, auch Geld, das sie nicht haben. Denn um Zukunft zu gestalten, anstatt Gegenwart zu verwalten, braucht es sehr viel Mut — und einen agilen Staat mit Visionen.

Der Staat muss Weichen stellen und schnell justieren. Hand in Hand mit der Wirtschaft und den Menschen. Es müssen neue Möglichkeiten einer Beteiligung gefunden werden, die gruppendynamischen Mustern entgegenwirkt. Die Fähigkeit zum Umgang mit unterschiedlichen Perspektiven, zur Entscheidungsfindung, zum Diskurs und zur fruchtbaren Konfliktlösung wird dabei entscheidend sein, nicht Methoden und Tools. Dissens führt zum Neuen, nicht Konsens.

Wohin wollen wir?
Die Antwort von Organisationen lässt sich auf zwei Ebenen betrachten. Da gibt es die Antwort für die Schauseite, mit der sich Unternehmen potenziellen Mitarbeitern und Kunden von der gewünschten Seite zeigen. Und dann gibt es da noch die Seite, die man sich nur aus der direkten Beobachtung des Verhaltens erschließen kann. Edgar H. Schein nannte dies einst das kollektive Unbewusste. Das ist der Ort, in dem das unbewusste „Wohin" alle Interaktionen lenkt. Sehr oft ist es allerdings ein Ort des „Weg von" und kein Ort des „Hin zu". Es fehlt das, wovon ich hier spreche: die Vision von Zukünften der Menschheit, denn mehrere sind nötig, damit eine entstehen kann.

Agil sei „wertgetrieben" oder „wertschöpfungsgetrieben", sagt man — aber auch wertegetrieben. Wie wäre es, wenn Postagilität fortschrittsgetrieben wäre?

Fortschritt statt Innovation
Fortschritt ist das, was uns als Organisation in der Gesellschaft voranbringt. Die dafür notwendigen Entscheidungen bestehen aus großen Visionen und kleinen Schritten.

Der Russe Nikolai Kondratjew (1892 — 1938), auch Kondratieff geschrieben, wies Ende des 19. Jahrhunderts fünf Kondratieff-Zyklen empirisch nach. Doch welches ist der sechste, der die Zukunft betrifft, in die wir treten? Kann es die Digitalisierung sein, oder ist es etwas Immaterielles wie die Gesundheit — wie Leo Nefiodow behauptet. Die Gretchenfrage dabei ist, ob die Digitalisierung noch zum fünften Kondratieff gehört oder bereits einen sechsten Zyklus bildet. Nefiodow verneint das.

Basisinnovation des sechsten Kondratieffs sei, so Leo Nefiodow, die Erschließung von psychosozialen und seelischen Potenzialen — also etwas Immaterielles. Der Homo emotionalis?

Zu dieser These scheinen die jüngsten Erkenntnisse der Hirnforschung, der Neurobiologie und Epigenetik gut zu passen. Auch die Erfahrungen in der jetzigen Coronakrise deuten in diese Richtung.

Was wir jetzt ändern müssen, ist nur die Richtung. Entscheiden wir also noch mal neu, wohin wir wirklich wollen. Entschiedener. Bewusster. Und mit Blick auf Alle.

Die Autorin

Svenja Hofert

Svenja Hofert ist Wirtschaftspsychologin, Unternehmerin und Key Note Speakerin. Sie ist Autorin von mehr als 30 Sach- und Fachbüchern, die teils mehrere Auflagen erlangten und zu Standardwerken wurden.

Die gebürtige Kölnerin, die heute in Hamburg und bei Malaga lebt, verbindet auf pragmatische Weise verschiedene Wissensgebiete und ist für ihren weiten und vorausschauenden Blick bekannt. Besonders gern verbindet sie Fäden aus Psychologie, Philosophie und Wirtschaft mit der Zukunft von Arbeit und Wirtschaft.

Sie war Kolumnistin bei DIE WELT Bilanz, schrieb viele Jahre für Spiegel Online und hat derzeit die Lead-Kolumne bei Wirtschaftspsychologie aktuell. Sie ist heute eine von rund 350 ausgewählten XING-Insidern und wurde 2020 zum zweiten Mal hintereinander XING Top Mind.

Als Geschäftsführerin von Teamworks GTQ GmbH hat sie zusammen mit Thorsten Visbal ca. 20 feste und freie Mitarbeiterinnen. Ein Kernprodukt des Unternehmens sind Ausbildungen zu Teamentwicklung mit besonderem Fokus auf Kultur. Die seit Jahren erfolgreichen Ausbildungen TeamworksPLUS® und TeamworksPLUS® Online Pro sowie Agiler Coach und Agiler Organisationsgestalter entwickeln die beiden mit eigenen Ansätzen und Methoden stetig weiter.

svenja-hofert.de
teamworks-gmbh.de

KONSTRUKT BEWUSST SEIN

Prof. Dr. Georg Müller-Christ

In (allen) Wirkungen denken können

Mein Alltag besteht aus einem großen Privileg: Als Wissenschaftler darf ich die Welt beobachten, darf mir Gedanken machen, wie ich das Beobachtete versprachlichen und vielleicht so in Konzepte gießen kann, dass andere etwas daraus lernen können: Sie lösen ein Problem oder bewältigen eine Situation, zu der sie vorher nicht den Schlüssel hatten. Und mein Thema lautet: Nachhaltigkeit und der Umgang mit Nebenwirkungen!

Ich beobachte zu diesem Thema, dass die Welt voller Antworten ist bei gleichzeitig wenigen Verhaltensveränderungen. Der Klimawandel schreitet fort, der Ressourcenverbrauch bleibt auf hohem Niveau, die Emissionen jeder stofflichen Art können nur über Gesetze reduziert werden, die Ungleichverteilung von Geld und Bildung ist nicht nur weiterhin eine Ungerechtigkeit, sie führt auch noch zu weiteren sozialen und ökonomischen Problemen. Gleichwohl möchte ich aus meinem warmen Arbeitszimmer heraus nicht verhehlen, dass die Welt für viele auch immer humaner wird. Am meisten fasziniert mich, wie viel Aufwand wir als Gesellschaft betreiben, einzelnen in Not geratenen Menschen mit einem unglaublichen Technikeinsatz zu helfen. Im Moment der Not sind für uns im Westen die Menschen gleich geworden und keiner fragt, ob Herkunft, sozialer Status oder Bildungsgrad eine Rettung dieses Menschen lohnen. Welch ein humaner Fortschritt und gleichwohl: Wie viel ist noch zu tun an den Grenzen von Europa und jenseits der Grenzen!

Warum gelingt es uns nicht, die Welt schneller nachhaltiger zu gestalten? An unserem eigenen Körper können wir sehr schön nachvollziehen, dass dieses Postulat des Haushaltens auf multikomplexe Ursache-Wirkungs-Beziehungen trifft, die zumeist auch noch unsichtbar sind. Wir haben viele Vermutungen, sicherlich teilweise auch empirisch bestätigt, dass der Umfang der körperlichen Bewegung und die Art der Ernährung sehr viel Einfluss darauf hat, ob wir morgen noch gesund sind. Und doch kann uns in 10 Jahren der Krebs oder die Depression ereilen. Und dann ist da auch noch das Churchill-Narrativ: Er war übergewichtig und wurde als Dauerraucher mehr als 90 Jahre alt. Warum also vorsorgen?

> **Eine Welt ist dann nachhaltiger, wenn wir nicht mehr Holz verbrauchen, als nachwächst, nicht mehr Geld ausgeben, als zufließt, nicht mehr Kräfte und Geduld einsetzen, als sich regenerieren können, und nicht mehr Immissionen in die Böden zulassen, als sich zeitgleich assimilieren lassen.**

Wir treffen jeden Tag viele Entscheidungen, die Auswirkungen auf unsere Gesundheit haben, und wir treffen viele Entscheidungen, die Auswirkungen auf die Gesundheit anderer Systeme haben. Weil wir handelnde Menschen sind, können wir nichts tun, was nicht Auswirkungen hat. Wir können die möglichen Auswirkungen unseres Handelns genauer reflektieren oder wir können sie ignorieren, was wiederum andere Auswirkungen hat. Schauen wir uns das genauer an.

Hauptwirkungen, Nebenwirkungen und Rückwirkungen

Die Auswirkungen unseres Handelns können wir in Hauptwirkungen, Nebenwirkungen und Rückwirkungen unterteilen. Die Hauptwirkung ist das Ergebnis, das wir mit unserem Verhalten anstreben. Darauf sind wir zumeist klar fixiert, vor allem in Organisationen. Die Hauptwirkung vieler Unternehmen ist es, Gewinne zu erzeugen, also Einkommen für die Eigentümer:innen. Für manche Unternehmen ist die Hauptwirkung auch schon, sozialen Fortschritt zu erzeugen. Hochschulen wollen Wissen erzeugen und verbreiten, Krankenhäuser Gesundheit und Gerichte wollen Gerechtigkeit. Jedes menschliche Handeln ist final, das heißt auf eine Wirkung hin ausgerichtet.

Wir reden von Ich-Wir-Alle, weil das Handeln der Einzelnen Nebenwirkungen auf die anderen hat, auf einzelne Andere oder die Gemeinschaft. Ungewollte Nebenwirkungen sind aus meiner Perspektive die Hauptthemen unserer Zeit.

> **Wir arbeiten uns an dem lange akzeptierten, aber nicht thematisierten Motto unserer individualisierten und erwerbsorientierten Gesellschaft ab: Gewinne werden privatisiert, Schäden werden sozialisiert.**

Mittlerweile haben wir so viele schädliche Nebenwirkungen auf Mensch und Natur erzeugt, dass sie auf uns rückwirken. Damit hätten wir auch die Rückwirkungen eingeführt, wir können sie auch Boomerang-Effekte nennen. Jahrzehntelanger Ausstoß klimarelevanter Gase hat dazu geführt, dass die letzten 10 Jahrhundertsommer alle in diesem Jahrhundert lagen. Jahrzehntelange Immission von Gülle auf den Feldern kommt als hoher Nitratgehalt des Trinkwassers zu uns zurück. Jahrzehntelange fleischintensive Ernährung kommt als Zivilisationskrankheiten zurück. Es gibt viele solche Rückwirkungen und das Fatale daran ist, dass zwischen den vielen kleinen punktuellen Auslösern und dem Auftauchen der Rückwirkung so viel Zeit vergeht, dass es uns mit unserem linearen Denken sehr schwerfällt, die Ursache-Wirkungs-Beziehungen zu sehen und zu akzeptieren. Und weil mit den Neben- und Rückwirkungen eher Schäden als unerwartete Vorteile verbunden sind, ist die Ursachenanalyse immer zugleich eine Suche nach den Schuldigen: Wer ist verantwortlich und wer muss für die Behebung der Schäden zahlen?

Die Suche nach den Schuldigen trübt den Blick zumeist erheblich. Gleichwohl stellt sich schon die Frage, wie wir Haupt- und Nebenwirkungen der folgenden Kategorie versprachlichen und aushandelbar darstellen können: Wenn Unternehmen der Unterhaltungsbranche für wenig Geld im Monat Zugang zu Tausenden von Filmen und Serien ermöglichen, geraten junge Menschen häufig unter Druck. Beides braucht Zeit, Filme sehen und Schulstoff lernen. Das eine ist Vergnügen oder Ablenkung, das andere aufwendig und manchmal schwierig. Es gibt viele Bereiche, in denen die Nebenwirkungen immer deutlicher besprochen werden, ohne dass bislang an den Hauptwirkungen etwas geändert wird. Ein gutes Beispiel ist die Ernährungsbranche. Fleischerzeugung hat erhebliche Nebenwirkungen in der Produktion, Fleischkonsum für die Gesundheit; die Süßwaren- und die Alkoholbranche lebten lange vom Umsatzwachstum und erzeugten wertlose Kilokalorien: Übergewicht und Alkoholmissbrauch werden zum Normalfall und die Gesellschaft trägt die Kosten.

Unsere komplexe Welt: Wir überschauen die Wirkungen nicht mehr
Da die Reflexion über Nebenwirkungen so eng mit der Schuldfrage verbunden ist, sind Mensch und Industrie noch nicht wirklich interessiert an Transparenz und Offenheit: Wie sehr sperrt sich die Ernährungsindustrie

gegen die Ampeldarstellung der Werthaltigkeit von Lebensmitteln! Wenn wir Transparenz einfordern, dann meinen wir schließlich genau diesen Zusammenhang: Wir möchten, dass Unternehmen zeigen, dass sie die Nebenwirkungen ihrer Geschäftätigkeit kennen und so weit wie möglich reduzieren oder die unvermeidbaren Schäden wieder reparieren. Deswegen erlässt die EU neue CSR-Richtlinien und zwingt die Unternehmen dazu, über ihre nichtfinanziellen Wirkungen jährlich zu berichten.

> **Wenn ich es vereinfacht ausdrücken darf, dann ist das Problem das folgende: Ungewollte, aber geduldete und legale Nebenwirkungen des Handelns von Produzent:innen und Konsument:innen ist die zu bewältigende Situation. Transparenz und Verantwortung sind dafür die hoffnungsvollen Lösungsbegriffe.**

Gemeint ist damit das Narrativ, dass diejenigen, die ihre Nebenwirkungen kennen, auch auf diese antworten. Die Herausforderung dabei ist: Sollen, müssen, können oder dürfen die Verursachenden auf ihre Nebenwirkungen antworten? Es liegt in der Logik der Sache, dass die Nutznießer:innen der Hauptwirkungen das Können und Dürfen bevorzugen und die Freiwilligkeit betonen, die Betroffenen der Nebenwirkungen wohl eher das Müssen und Sollen befürworten.

Es macht nun auch im Aushandlungsprozess einen großen Unterschied, ob wir über bereits eingetretene Nebenwirkungen und deren Behebung streiten oder vor einer Entscheidung mögliche Nebenwirkungen bedenken. Der Aushandlungsgegenstand ist aber der gleiche: Wer trägt den Preis, den die Nebenwirkungen erzeugen?

Was ist eine Nebenwirkungskompetenz?

Eine komplexe Zukunft bewältigen zu können, setzt für mich voraus, dass wir als Individuen und als Institutionen lernen, in Haupt- und Nebenwirkungen unseres Handelns denken zu können. Das alleine ist nicht eine Frage des Gutmenschentums, von Ethik oder Moral. Es ist eine Frage, wie wir die mentalen Karten von Lernenden in allen Bildungsbereichen erreichen und in angemessener Art komplexer gestalten können. Konkret müssen wir dafür zwei Herausforderungen technisch und methodisch bewältigen, bevor wir Ethik oder Moral zurate ziehen:

1. Nebenwirkungen erfahren, visualisieren und versprachlichen,
2. fair aushandeln, wer den Preis für die vielleicht unvermeidbaren Nebenwirkungen trägt.

Beide Herausforderungen haben etwas mit Bewusstseinserweiterung zu tun, um anspruchsvollere Methoden und Techniken einsetzen zu können. Unter Bewusstsein verstehe ich das Maß, in dem ein Mensch sich als Teil eines größeren Ganzen weiß. Nur „Ich" als Inhalt meines Bewusstseins nennen wir egoistisch. „Wir" als Maß für Bewusstsein beinhaltet zumindest schon das Wissen darum, Teil einer Gemeinschaft zu sein. Das gelingt uns vor allem dann sehr gut, wenn wir die Menschen dieser Gemeinschaft kennen: Familie, Partnerschaft, Verein, Nachbarschaft, Belegschaft usw. Jenseits der Gesichtsvertrautheit fängt für mich das Bewusstsein für „Alle" an.

In einer sehr hohen Bewusstseinsstufe weiß ich mich als Teil einer Weltgesellschaft, in die ich vielleicht sogar noch Hunderte von nachfolgenden Generationen miteinbeziehe.

Solche Bewusstseinsstufen können wir heute zumindest versprachlichen, wie viele Menschen so eine Stufe leben können, ist vermutlich noch völlig unklar.

Kommen wir zu den Methoden und Techniken, die wir brauchen, um alle Wirkungen denken und gestalten zu können. Ich setze große Hoffnung auf die Potenziale der Digitalisierung, denn sie ermöglicht uns auch, komplexe Wirkungsbeziehungen aus Big Data zu ermitteln und zu visualisieren. Ich bin fasziniert davon, wie heute durch Animationen die unsichtbaren Wirkungsgeflechte vor allem auch unserer sozialen Beziehungen und Systeme sichtbar gemacht werden können. Solche Bilder helfen uns, über Nebenwirkungen reden zu lernen. Bezogen auf mein Nachhaltigkeitsthema hoffe ich sehr darauf, dass es uns bald möglich ist, uns die Haupt- und Nebenwirkungen eines Produkts animiert anzeigen zu lassen: Welche Geld- und welche Ressourcenpunkte leuchten in der Welt auf, wenn ich in Bremen ein Kleidungsstück, eine Orange, ein Handy oder ein Accessoire für die Fensterbank kaufe (z. B. eine in China gefertigte Figur einer aufrecht stehenden Schildkröte, die mit einem Rucksack und einem Wanderstock dargestellt ist — die Welt ist ja voll von diesen Accessoires). Die Herausforderungen dieser Visualisierungen liegen darin, dass die Ursache-Wirkungs-Beziehungen annähernd richtig wiedergegeben werden, mit anderen Worten: die Daten sollten stimmen. Tatsächlich würden dann so viele Daten entstehen, dass es eine umfangreiche künstliche Intelligenz braucht, sie zu verwalten.

Aufstellungen als Methode, Wirkungen zu erfahren
Meine bevorzugte Methode, Wirkungen nicht nur zu visualisieren, sondern auch körperlich zu erfahren, sind Systemaufstellungen. Ich verwende diese Methode, um die vielfältigen und unsichtbaren Wirkungen, die unsere

sozialen Systeme beeinflussen, im Raum zu visualisieren und zu versprachlichen. Erstaunlich viele Menschen kennen inzwischen das Phänomen, dass Menschen, die in Aufstellungen ein Element des Systems repräsentieren, plötzlich über Informationen verfügen, die sie nicht haben können. Diese sogenannte repräsentierende Wahrnehmung, ich nenne sie gerne auch konstellative Wahrnehmung, funktioniert auch, wenn eine Aufstellung doppelt verdeckt gemacht wird: Die Stellvertreter:innen wissen nicht, welches Element sie repräsentieren, und haben doch sehr klare Informationen über dessen Positionierung und Bedeutung im System. Das ist spooky, funktioniert aber großartig und harrt noch einer vielleicht physikalischen Erklärung der erzeugten Synchronizitäten und Verschränkungen.

Systemaufstellungen haben das Potenzial, uns grundlegend in unseren Annahmen über die Welt zu irritieren.

Diese Irritation ist ein Schatz, wie schon Albert Einstein sagte, weil sie die Voraussetzung dafür ist, dass wir uns öffnen, um etwas Neues zu lernen. Wer die Welt und ihre Systeme häufiger auch in Systemaufstellungen erkundet, erzeugt eine komplexere mentale Struktur von Wirkungsbeziehungen in seinem Gehirn. Damit gelingt es, sich ganz anders im Erkenntnisraum von Rationalität und Intuition wie auch von Linearität und Systemik zu positionieren. Andersherum ausgedrückt: Wer nur Wirkungen in der Welt akzeptiert, die offensichtlich und durch wissenschaftliche Methoden abgebildet sind (Rationalität), entzieht sich der Komplexität der Welt und produziert vor allem eines: noch mehr ungewollte Nebenwirkungen, die andere Beteiligte tragen müssen. Viele Menschen verstehen nicht, warum es auch in Zeiten der Pandemie Impfgegner:innen gibt. Impfgegner:innen sind das Sprachrohr der möglichen Nebenwirkungen, die von den Erzeugern der Impfstoffe im Rahmen ihrer methodisch akzeptierten Möglichkeiten abgebildet und getestet, niemals aber vollständig kontrolliert werden können. Wer sich rational im Erkenntnisraum verortet, kennt als Gegenbegriff eben nur die Unvernunft, und die haben dann die Impfgegner:innen. Dass jede Bewegung aber immer ihre Gegenbewegung erzeugt, ist eben auch ein Ergebnis der Nebenwirkungen des Handelns. Unter komplexen Bedingungen gilt es vermehrt, Bewegungen sehen zu können und nicht Lösungen.

Wer den Erkenntnisraum gedehnt und in seinen Spannungen erfasst hat, weiß, dass es zwischen rationaler und intuitiver Erkenntnisgewinnung und zwischen systemischer und linearer Informationsverarbeitung viele Positionen gibt, die mehr Komplexität abbilden können. Wer in einer Welt voller Nebenwirkungen allein rational unterwegs ist, wird vermutlich auch nur bereit sein, auf Nebenwirkungen zu antworten, wenn deren Ursache ihm selbst linear zuzuordnen ist. Dann entstehen solche hilflosen Aussagen wie beispielsweise von dem Marketingchef eines Schokoladenherstellers: „Wenn Menschen übergewichtig sind, dann liegt das ganz in ihrer Konsumentensouveränität. Es ist völlig unklar, ob deren Übergewicht auf unsere Schokolade zurückzuführen ist, und wenn doch, dann müssen die Konsument:innen ja nicht so viel davon essen." Gleichzeitig hat der Marketingchef die Vorgabe auf dem Schreibtisch, den Umsatz mit Schokolade zu steigern. Was wir in unserer Gesellschaft meiner Beobachtung nach noch nicht gut können, ist das sachliche Gespräch über mögliche Nebenwirkungen. Tatsächlich lebt unser gut funktionierendes Rechtssystem von dem Phänomen, dass Menschen, andere Institutionen und die Natur vor den Nebenwirkungen der Handlungen anderer geschützt werden. Die allermeisten Gesetze sind Schutzgesetze, die meisten Rechtsstreitigkeiten sollen die Frage klären, wer die Nebenwirkungen einer Handlung tragen muss.

Dialoge über Nebenwirkungen
Können wir uns auch eine Welt jenseits des Rechtssystem vorstellen, in der wir den offenen und nachvollziehbaren Dialog über die möglichen und vielleicht nicht vermeidbaren Nebenwirkungen unserer Handlungen gestalten können? Dass solche Dialoge bereits stattfinden, zeigt beispielsweise das Konstrukt der Flugscham. Kaum jemand berichtet von einem Flug, ohne eine Rechtfertigung mitzuliefern, warum dieser CO_2-Ausstoß nun notwendig war. Ich bin sicher, dass wir solche Rechtfertigungen bald vielfältig erleben werden, beispielsweise auf der Grillparty vor dem riesigen Fleisch- und Fischteller, kurz vor dem Shoppen beim Blick auf den vollen Kleider- und Schuhschrank oder bei der Unternehmensentscheidung für eine längere, aber billigere Logistikkette. Ich bin mir sicher, dass es nicht mehr lange dauern wird, bis große Online-Versandhäuser den Bestellvorgang mit Fragen und Hinweisen anreichern werden, wie mit den Gegenständen umgegangen werden könnte, die durch den Neukauf ersetzt werden: Recycling, Wiederverwendung, Verkauf usw. Auch auf diese Art und Weise wird dann die Kreislaufwirtschaft in die Welt hinein erzählt und kann dann wachsen.

Mit dem Dialog über Nebenwirkungen bekommt Rücksichtnehmen eine weitergehende Bedeutung in unserem Handeln. Schließlich agieren wir ja nicht rücksichtslos und wir reagieren sehr sensibel oder gar erbost auf offensichtlich rücksichtsloses Verhalten anderer, beispielsweise im Straßenverkehr. Was müssen wir können und verinnerlicht haben, um heute in einer Entscheidung eine Einheit Rücksicht auf die Lebensbedingungen von morgen zu nehmen? Ich nenne solche Entscheidungsprozesse folgendermaßen: Jetzt-für-dann- und Jetzt-für-dann-für-andere-Entscheidungen.

> **Wann sind wir bereit, heute (jetzt) auf etwas zu verzichten oder in etwas zu investieren (das ist auch eine Verzichtsleistung auf sofortigen Nutzen), was morgen (dann) eine Wirkung auf uns hat oder gar eine Wirkung auf andere?**

Klimaschutz ist eine Jetzt-für-dann-für-andere-Entscheidung und die weltweiten Aushandlungsprozesse, wer heute bezahlt oder etwas unterlässt, damit die Generationen von morgen ein lebensdienliches Klima haben, zeigt die Herausforderung dieser Gespräche. Gesundheits- und Altersvorsorge sind Jetzt-für-dann-Entscheidungen.

Wann treffen rationale Menschen eine Jetzt-für-dann-Entscheidung? Für die eigenständige Altersvorsorge versuchen die Anbieter den Menschen die Wirkungen linear vorzurechnen: Ein Anlagebetrag heute führt im Alter von 67 Jahren zu einer Ausschüttung dieses oder jenes Betrags. Da Ursache (Geld) und Wirkung (Geld) die gleiche Währung haben, ist uns diese Linearität vertraut und wir vertrauen den vorgerechneten Szenarien. Gleichwohl hat schon Otto von Bismarck bei der Einführung der Altersvorsorge gewusst, dass man diese erzwingen muss. Der Trade-off, also der Verhaltenspreis, ist bei geringem Einkommen nun einmal sehr hoch, wenn ich heute davon einen Teil für die Rente freiwillig zurücklegen muss. Um den Staat vor einer großen Zahl von unversorgten Rentner:innen zu schützen, wurde und wird die Rentenversicherung direkt vom Arbeitgeber abgeführt und wandert nicht erst über die Konten der Arbeitnehmer:innen.

Weil unsere komplexen Körpersysteme gleich und doch so verschieden in ihren Reaktionen sind, ist Gesundheitsvorsorge eine Ursache, deren Wirkung nicht genau vorhersagbar ist. Wir wissen heute viel über Gesundheitsvorsorge, ob wir danach handeln, basiert auf einem vielschichtigen und teils unbewussten Anreizsystem, bestehend aus einem Cocktail aus Angst, Einsicht, Ignoranz und Bequemlichkeit. Es ist der Begründungsmangel zwischen dem Verhalten heute und den Wirkungen morgen, der uns eine große Verhaltensbandbreite ermöglicht. Vielleicht ist diese Lücke ja sogar Ausdruck unserer menschlichen Freiheit im Handeln. Sogar das Nichtstun können wir vor uns begründen, weil wir eben so viel Unsicherheit in den Ursache-Wirkungs-Beziehungen haben. Und die Bequemlichkeit ergänzt dann noch den Hinweis, dass uns sowieso nichts passieren wird.

Wann sind wir bereit, aus Gründen der Vorsorge Rücksicht zu nehmen auf unser eigenes System, auf die Systeme anderer Menschen oder auf unsere abstrakten gesellschaftlichen Systeme? Hinter der häufig angstgesteuerten

Moral und der kognitiven Einsicht liegt der Raum der Spiritualität. In ihm können wir erfahren, dass wir als Menschen zugleich ein Ganzes und Teil eines größeren Ganzen sind.

Mit dieser spirituellen Erfahrung, die Religionen nur teilweise ermöglichen, entwickeln wir das Bewusstsein, dass das Leben ein ständiger Aushandlungsprozess zwischen den Teilen und dem Ganzen ist.

In der Verbindung von Teil und Ganzem geht es niemals allein darum, nur Rücksicht auf das Ganze zu nehmen oder nur die eigenen Hauptwirkungen zu verfolgen, koste es andere, was es wolle. Es geht darum, immer wieder vor sich selbst oder mit anderen zusammen auszuhandeln, wer den Trade-off trägt, wer den Preis dafür zahlt, dass es in einer vollen Welt keine Hauptwirkungen mehr gibt, die nicht zugleich Nebenwirkungen auf andere erzeugen. Jede Reduzierung einer Nebenwirkung wirkt zurück auf die Hauptwirkung und stellt ihr neue Fragen. Ich meine, dass wir heute noch keine Bilder davon haben, zu was diese Aushandlungsprozesse zwischen Teilen und dem Ganzen führen, wenn wir sie wirklich transparent führen und alle Nebenwirkungen in ihrer Vorläufigkeit und Unsicherheit benennen dürfen. Ich weiß aber, dass diese Art von Dialog schon an vielen Stellen formuliert ist und an einigen Stellen auch geübt wird. Wir kommen auf diesem Weg vorwärts, wenn wir uns vor allem selbst beobachten, wie wir darauf reagieren, wenn andere uns auf mögliche Nebenwirkungen unseres Handelns hinweisen. Wann hören wir auf, diese abzutun, um unsere Hauptwirkungen sicherzustellen?

Der Autor

Prof. Dr. Georg Müller-Christ

Nachhaltigkeit fasziniert Georg Müller-Christ schon lange, vor allem die Frage, warum es nur so langsam gelingt, unser Verhalten als Konsument:innen und Unternehmer:innen darauf auszurichten. Als Hochschullehrer an der Universität Bremen arbeitet er mittlerweile seit 20 Jahren an dieser Thematik und die Antwort, die er gefunden hat, lautet: Nachhaltiges Wirtschaften führt uns in Dilemmata und der Umgang mit diesen Widersprüchen bringt uns Menschen in unseren Alltagsentscheidungen an die Grenzen unserer Denkfähigkeit.

Wie aber können wir unser Denken komplexer gestalten? Wir wissen, dass Menschen irritiert werden müssen, damit sie ihre mentalen Karten, ihre mühsam errungenem Realitätskonstruktionen geschmeidiger und komplexer gestalten. Und wir wissen auch, dass Menschen sich sehr ungern in Gesprächen von anderen Menschen irritieren lassen: Wir kämpfen verbissen darum, uns in unserer Realitätssicht selbst zu bestätigen.

Georg Müller-Christ hat deshalb die Methode der Systemaufstellung weiterentwickelt zu Erkundungsaufstellungen, um Menschen eine kontrollierte Irritation ihrer Weltsicht zu ermöglichen. Er wendet diese Methode sowohl in Forschung als auch in Lehre an und bietet eine Weiterbildung für Aufstellungsleitung in Forschungs-, Führungs- und Weiterbildungskontexten an.

mc-managementaufstellungen.de
uni-bremen.de/nm

SFOR
IONS
ATIV

Michael Müller

Die Kunst des Geschichten-Hörens

Alle wollen heute Storyteller werden. Das war nicht immer so. Als ein paar wenige Kolleg:innen und ich vor mehr als 20 Jahren begannen, den Begriff „Storytelling" in deutsche Unternehmen zu tragen, war das dort ein Fremdwort. „Was sollen wir mit Märchen?", schallte es uns oft entgegen. „Wir haben hier ernsthafte Dinge zu tun!"

Jetzt ist das anders, alle wollen eben Storyteller werden. Sieht man sich die Flut der Werke an, die zu diesem Stichwort in jeder Büchersuche auftauchen (der Autor muss gestehen, dass er einen bescheidenen Anteil an dieser Flut zu verantworten hat), bekommt man fast Angst: Wenn alle, die diese Bücher lesen, erfolgreiche Storyteller werden, wird es uns in den Ohren rauschen. Zahlreiche Videos, Trainings und Bücher führen Manager:innen, Politiker:innen und anderen in der Öffentlichkeit stehenden Menschen vor, wie man zum/zur begnadeten Geschichtenerzähler:in werden könnte. Recht häufig steckt die eher schlichte Vorstellung dahinter, dass es ausreiche, ein paar Tricks und Kniffe zu erlernen, um dann auf der Bühne eine mitreißende Geschichte zu erzählen und so Köpfe und Herzen der Menschen zu gewinnen. Als Beispiele für solche Überwältigungsstrategien werden dann immer wieder die — zu Recht — als großartig angesehenen Reden von Martin Luther King und J. F. Kennedy genannt. Aber nur weil diese Geschichten an genau dem Ort, zu genau der Zeit, an denen sie erzählt wurden, funktioniert haben, heißt das noch lange nicht, dass es in erster Linie an der Geschichte selbst gelegen hat, dass sie so gut funktionierte: Es war eher das Zusammenspiel der Narrative, die in der amerikanischen Gesellschaft virulent waren, des Orts, der Vorgeschichten der Redner und vieler Parameter mehr, die genau dieser Geschichte an diesem Ort mit diesem Publikum und diesem Redner zu großem Erfolg verholfen hat.

Und vielleicht hatten auch die „narrativen Erwartungen" Anteile an diesem Erfolg, die narrativen Atome und Moleküle, die in der Luft schwirrten, ohne dass es den Menschen wirklich bewusst war, und die in King oder Kennedy ihre Sprecher gefunden haben.

Ich will damit nicht die Kunst des Geschichten-Erzählens klein machen. In zahlreichen Beispielen haben uns Literatur und Film vorgeführt, welch großartige Erlebnisse uns erwarten, wenn jemand die Erzählkunst wirklich beherrscht. Das Gleiche gilt auch für viele Beispiele aus Marketing und Unternehmenskommunikation. Worum es mir geht, ist vor allem, falschen Erwartungen vorzubeugen: Mit zehn schnellen Tricks hat man noch lange keine gute Geschichte. Denn gelungenes Storytelling ist nicht das Verdienst einer einzelnen Person. Storytelling ist immer ein Prozess — und zwar ein dialogischer. Geschichten treffen auf Geschichten, Narrative gehen in Austausch miteinander — und nur wenn dieser Dialog funktioniert, ergibt das eine gute Geschichte.

Vor dem Storytelling kommt das Storylistening
Es ist also ein Irrtum, zu glauben, ein guter Storyteller werde man allein dadurch, dass man „Storytelling-Skills" entwickelt, sich vielleicht, falls nicht angeboren, noch ein wenig Charisma antrainiert, die Bühne besteigt, und Bamm! Nein, ...

> ... ein guter Storyteller kann nur werden, wer zuerst einmal ein guter Storylistener ist, der den Geschichten der anderen zuhört, der die Erfahrungen und Erlebnisse derer kennt, die er oder sie erreichen möchte.

Jede:r gute Schriftsteller:in, jede:r gute Filmemacher:in wird bestätigen, dass sein oder ihr Training vor allem darin bestand, so viel wie möglich zu lesen, so viele Filme wie möglich zu sehen. Und zwar nicht nur sogenannte Best Practices: Sehr viel kann man auch aus schlechten Romanen und vielleicht ambitionierten, aber missglückten Filmen lernen. Vor dem Storytelling muss das Storylistening stehen. Ich vermute, dass King und Kennedy das instinktiv wussten und praktizierten.

In den Feldern, in denen ich als Berater, Autor und Coach unterwegs bin, nämlich in Organisationen, Politik und gesellschaftspolitischen Bewegungen, hat sich die Bedeutung der Kunst des Geschichten-Hörens noch nicht in der Breite herumgesprochen. Hier wollen alle Geschichten erzählen, kaum einer aber in Demut Geschichten hören. Warum das nur zufällig mal funktionieren kann: siehe oben.

Erschwerend kommt hinzu, dass wir in einer Kultur leben, in der die Aufmerksamkeitsökonomie ein zentrales Narrativ stellt: In einem Überangebot an Produkten, Dienstleistungen, Ideen, Konzepten, Gedanken, Manifesten und Zukunftsvisionen ringt jeder und jede um sein/ihr Plätzchen in etwas, das sich nach Öffentlichkeit anfühlt — und wenn es nur die eigene Bubble in den sozialen Medien ist und man insgeheim weiß, dass „2000 Views" erst einmal nur bedeutet, dass 2000 Finger über den eigenen Beitrag in der Timeline gewischt haben. Doch der Druck ist immer da: „Tell your story!" schallt es von allen Seiten und aus uns heraus.

Warum wir eine neue Kultur des Geschichten-Hörens brauchen
Warum man die Kunst des Geschichten-Hörens üben sollte, dafür gibt es mehrere gute Gründe:

Erstens kann man — wie bereits gesagt — nur gute Geschichten erzählen, wenn man auch die Erfahrungen und Erlebnisse der Zielgruppe kennt. Kurz, wenn man ihre Geschichten kennt. Viele Leser:innen, die im Marketing- oder Politikbereich unterwegs sind, werden vielleicht sagen: Check! Wir kennen unsere Ziel- und Wählergruppen, wir führen ja genug Befragungen durch. Aber: Durch Befragungen erfährt man nur die Meinungen und kognitiven Konstruktionen der Menschen, nicht ihr tatsächliches Erleben. Handeln speist sich jedoch aus dem Erleben und den Erfahrungen, die wir als Geschichten speichern. Erst wenn ich die Menschen erzählen lasse, von ihrem Leben, ihrem Alltag, ihren spezifischen und unspezifischen Erfahrungen, bekomme ich ein Bild davon, was ihr Handeln wirklich antreibt. Erst dann bin ich in der Lage, einzuschätzen, auf welche Story-Welten die Geschichten, die ich erzählen will, treffen. Es kann also eine sehr gute Idee sein, Erzählräume aufzumachen, in Erzähl-Workshops oder narrativen Interviews, und diesen Geschichten einfach mal zuzuhören. Das ist natürlich aufwendiger als eine schnelle Meinungsumfrage — aber sehr viel ergiebiger. In Unternehmen ist Storylistening deshalb eine wertvolle Methode, um die unsichtbare Seite der Kultur, der Mindsets und Prägungen der Mitarbeitenden kennenzulernen und so Veränderungs- und Strategieprozesse erfolgreicher zu machen.

Zweitens treten durch das Zuhören die Erfahrungen der Menschen, die erzählen, in den Mittelpunkt und erfahren Wertschätzung: Man nimmt die ganz konkreten und individuellen Erfahrungen der Erzähler:innen ernst, betrachtet sie oder ihn nicht nur als Mitglied einer (Ziel-)Gruppe, sondern als Individuum, das ein Recht auf eine eigene Autobiografie und eigene Erfahrungen hat.

Drittens schließlich kann das Schaffen von Erzählräumen, in denen Menschen mit unterschiedlichen Herkünften, Lebensstilen und Berufen von ihren Erfahrungen erzählen, Verständnis und oft sogar eine neue Kultur des Miteinander schaffen. Meine diesbezüglichen Erfahrungen in Organisationen, aber auch in der Stadtentwicklung zeigen deutlich: Allein schon das Schaffen der Möglichkeit, Zuhörer:innen für die eigenen Erfahrungen zu finden, schafft Beteiligung und Verständnis.

Geschichten-Hören schafft neue Anfänge
Wenn Organisationen, gesellschaftliche Gruppen oder ganze Gesellschaften sich verändern wollen oder müssen (und in einer Welt, die von Veränderung geprägt ist, müssen sie das eigentlich immer wollen), bedeutet das, dass sie neue Geschichten entwickeln: Geschichten, die erkunden, wie die Zukunft aussehen könnte, Geschichten über Wege, die man nehmen, und Ziele, die man ins Auge fassen könnte. Um solche Geschichten zu entwickeln, muss man Story-Atome zu Molekülen zusammensetzen und diese Moleküle dann wiederum zu immer komplexeren Verbindungen und Groß-Molekülen. Um in der Metaphernwelt der Chemie zu bleiben: Das minimale Modell einer Geschichte ist ein Molekül, das aus drei Story-Atomen zusammengesetzt ist: aus einem Anfang (A), einem Ereignis, bei dem eine Transformation stattfindet (T), und einem Ende (E). Dieses ATE-Molekül kannte übrigens schon Aristoteles, der in seiner „Poetik" davon sprach, dass jede Geschichte einen Anfang, eine Mitte und ein Ende habe. In der Erzähltheorie nennt man das ATE-Molekül auch die „Minimalbedingungen einer Geschichte": Jede Geschichte hat einen Anfang (Marie ist einsam), ein Ereignis, das eine Veränderung auslöst (Marie verliebt sich in Hans), und ein Ende (Marie ist glücklich). Wenn es diese Transformation in der Mitte nicht gibt, wird keine Geschichte daraus, sondern höchstens eine Zustandsbeschreibung. Um eine Geschichte zu bekommen, muss sich also immer ein Anfangs-Atom (A) an ein Transformations-Atom (T) binden, und dieses sich schließlich wiederum an ein End-Atom (E).

> Das minimale Modell einer Geschichte ist ein Molekül, das aus drei Story-Atomen zusammengesetzt ist: aus einem Anfang (A), einem Ereignis, bei dem eine Transformation stattfindet (T), und einem Ende (E).

In der „Narratosphäre" (wieder so eine metaphorische Parallelisierung, diesmal aus der Biologie in Analogie zur „Biosphäre"), also dem Raum in unseren Gesellschaften, in denen Geschichten und Narrative eine Rolle spielen, schwirren zahlreiche Geschichten-Atome herum: A-Atome, also Begebenheiten oder Zustände, die zum Anfang einer Geschichte werden könnten. Ein Beispiel: Die Neuentdeckung des Digitalen, die viele Menschen, Unternehmen und staatliche Stellen in der Coronakrise erleben, könnte zum Anfang einer neuen Geschichte unserer Gesellschaft werden, die Digitales und Analoges je nach ihren Stärken nutzt. Und auch potenzielle E-Atome liegen in der Luft: Eben diese neuen Erfahrungen mit der Digitalisierung könnten ein Ende der Flüge zwischen deutschen Städten wegen eines Zwei-Stunden-Termins bedeuten und diese exzessive Business-Reisetätigkeit beenden. Und natürlich auch T-Atome, die die Transformation beschreiben: Viele Menschen diskutieren seit Beginn der Coronapandemie darüber, ob „nach Corona" alles anders sein wird oder ob eine Rückkehr zum Zustand vor der Pandemie eintreten wird.

Diese Story-Atome (also Begebenheiten, die zu Geschichten werden, wenn wir sie als Story-Atome nutzen) können wir zu Geschichten zusammensetzen — und so beispielsweise ganz unterschiedliche Zukunftsgeschichten bauen. Man kann mit diesen Story-Atomen und -Molekülen experimentieren und ausprobieren, welche Geschichten, Visionen, „Zukünfte" man mit ihnen erforschen kann.

Um diese Atome, die in der Narratosphäre herumschwirren, zu finden, ist Storylistening eine fundamentale Voraussetzung. Denn anders als Drehbuch- oder Romanautor:innen können wir uns all diese Atome nicht einfach ausdenken, wenn wir im unternehmerischen oder gesellschaftlichen Kontext arbeiten. Das heißt, wir könnten das schon, aber dann bleiben unsere Geschichten blass und papieren, man sieht und hört ihnen an, dass sie auf dem Reißbrett entwickelt und nicht aus der Wirklichkeit geschöpft wurden. Um authentische Geschichten zu entwickeln, die in der Realität des Unternehmens, der Gesellschaft verankert sind, müssen wir auf existierende Geschichten-Atome zurückgreifen: auf Atome, die in Resonanz zu anderen Atomen stehen, sich mit ihnen verbinden können und den Menschen etwas bedeuten. Und diese Atome und Moleküle können wir nur durch die Kunst des Geschichten-Hörens finden. Aber wie geht das denn nun genau?

Shut up and listen!
Eigentlich steckt die ganze Anleitung, wie Zuhören geht, in diesem Zwischentitel: einfach mal still sein und zuhören, was andere zu erzählen haben! Das klingt leicht, fällt aber den meisten von uns schwer. Wenn ich mit Kursteilnehmer:innen oder Studierenden narrative Interviews übe — bei denen keine Fragen gestellt, sondern nur Erzählimpulse gesetzt werden —,

kommt als Rückmeldung sehr häufig, dass es ihnen wahnsinnig schwergefallen sei, nicht auf eine Geschichte sofort mit einer eigenen Story oder mit einer Meinung zu reagieren. Überspitzt gesagt sind wir alle darauf trainiert, Zuhören als die — möglichst kurz zu haltende — Lücke zwischen zwei eigenen Redebeiträgen zu definieren. Auch mich, der ich bestimmt in den letzten 25 Jahren ein paar Hundert narrative Interviews und Erzählrunden durchgeführt habe, überfällt immer wieder der Impuls, „mitzureden". Aber der Gewinn ist hoch, wenn man sich mal ganz aufs Zuhören konzentriert, sich vollständig in eine Haltung begibt, in der man ganz Ohr ist. Denn dann kann man plötzlich anfangen, andere Menschen zu verstehen, und kann Story-Atome sammeln, aus denen man gemeinsam etwas Neues schaffen kann.

> Einfach mal still sein und zuhören, was andere zu erzählen haben! Das klingt leicht, fällt aber den meisten von uns schwer.

Um es doch ein wenig konkreter zu machen, wie man in Unternehmen oder gesellschaftlichen Gruppen in die Kunst des Geschichten-Hörens einsteigen kann, möchte ich eine Methode teilen, die relativ einfach anzuwenden ist. Wir haben diese Methode „Erzähl-Workshops" genannt und sie sowohl in Unternehmen als auch im Kontext der Stadtentwicklung schon häufig angewendet. Das Grundprinzip dieser Methode ist Folgendes:

Alle Teilnehmenden (zwischen 12 und 16 Personen idealerweise) sitzen in einem Stuhlkreis. Ein:e Moderator:in erläutert den Erzählanlass, der je nach Ziel des Workshops variiert. Erzählanlässe können etwa folgendermaßen klingen:

> „Erzählen Sie doch von einem besonderen Erlebnis mit einem Kunden, das Ihnen im Gedächtnis geblieben ist!", oder: „Erzählen Sie doch ein Erlebnis aus Ihrem Stadtviertel, an das Sie sich besonders gerne oder besonders ungerne erinnern!", oder: „Welches Erlebnis aus unserem Projekt würden Sie gerne teilen?".

Dann haben die Teilnehmenden 10 Minuten Zeit, um sich in Zweier-Flüstergruppen dabei zu helfen, ein Erlebnis zu finden, das sie erzählen könnten. Das macht es für die Teilnehmenden sehr viel leichter, sich an ein Erlebnis zu erinnern, als wenn sie sofort im Plenum loslegen müssten. Dann erzählt der Reihe nach jede:r Teilnehmer:in seine/ihre Geschichte und gibt ihr einen

Titel. Zwischen den Geschichten wird weder diskutiert noch Kommentare abgegeben. Die Titel der Geschichten schreibt der/die Moderator:in auf eine Karte und hängt sie an die Pinnwand.

Sind alle Geschichten erzählt, hat man mehrere Möglichkeiten: Man kann zum Beispiel einfach auseinandergehen. Das wirkt in unserer ziel- und effizienzgetriebenen Gesellschaft ein wenig befremdend, aber meiner Erfahrung nach zeigt gerade dieses Nicht-Weiterarbeiten in Organisationen große Wirkung: Wir haben das mehrfach erst Tage später evaluiert und herausgefunden, dass sich für die Mitarbeitenden durch das bloße Zuhören sowohl das gegenseitige Verständnis („ach, so ticken die!") als auch die Kooperation („ach, darum läuft das bei denen so!") deutlich verbessert hat.

Oder man arbeitet mit den Geschichten weiter, clustert sie, überlegt gemeinsam, welche große Geschichte, welcher „Purpose" sich aus den einzelnen Geschichten ableiten lässt. Das klingt alles sehr einfach — und mit der richtigen Zuhör-Haltung ist es das auch:

Shut up and listen!

Der Autor

Dr. Michael Müller

Für Geschichten hat sich Michael Müller schon immer begeistert: Als Achtjähriger, der verbotenerweise unter der Bettdecke las, als Germanistikstudent, der staunend die vielfältigen Wälder der Literatur erforschte, als Berater für Kommunikations- und Kulturentwicklung in Organisationen. Dabei machte er zunehmend sein Interesse für Geschichten zum Hauptberuf: Seit mehr als 20 Jahren berät er Unternehmen, Organisationen und gesellschaftliche Gruppen auf der Basis narrativer Ansätze. Gemeinsam mit Christine Erlach entwickelte er das Paradigma der „Narrativen Organisationsentwicklung", die eine neue Perspektive auf Unternehmen ermöglicht.

Seit 2010 ist er Professor für Medienanalyse und Medienkonzeption an der Hochschule der Medien Stuttgart und leitet dort das „Institut für Angewandte Narrationsforschung (IANA)". Mit der zertifizierten Fortbildung „Narrative Organisationsberatung" vermitteln er und Christine Erlach praxisorientiert die Anwendung narrativer Methoden in Organisationen und anderen Systemen.

narratives-management.de
muellerundkurfer.de

BRAUCHBARKEITEN

Sabine & Alexander Kluge

Mächtige Verbindungen aus der Mitte

Graswurzelinitiativen verändern Organisationen

Von Haltung und Handlung

Tatort: Worms. Tatzeit: 1521. Für den Überzeugungstäter im Gerichtssaal steht alles auf dem Spiel: sein Ideal, seine Integrität, sein Image. Und dennoch sieht der Unbeugsame sich genau an diesem Ort, in diesem Moment, nur einer Sache verpflichtet — und ist bereit, dafür alles zu riskieren. Mit den Worten „Hier stehe ich, ich kann nicht anders" verteidigt Luther kompromisslos seine Haltung.

Auch wenn Luther, wie Historiker:innen zutage fördern, seine Haltung nie in diesem inzwischen zum Kultspruch erhobenen Ausspruch formuliert hat, lässt er keinen Zweifel an seiner Unbestechlichkeit, denn was er seine Ankläger in dieser Stunde größer persönlicher Not und Gefahr dennoch unmissverständlich wissen lässt: „Da mein Gewissen in den Worten Gottes gefangen ist, kann ich und will ich nichts widerrufen, weil es gefährlich und unmöglich ist, etwas gegen das Gewissen zu tun." Und Luther geht noch einen Schritt weiter, indem er klug, geschickt, gewieft, vielleicht auch verzweifelt seinen höchsten, gar himmlischen Fürsprecher ins Spiel bringt: „Gott helfe mir."

Der nun drohenden Reichsacht entzieht sich der Unbeugsame übrigens elegant durch Entführung — denn neben dem zitierten himmlischen Gönner gibt es offenkundig weitere Unterstützer seiner Sache. In Anlehnung an den mittlerweile weltberühmten TED Talk „How to start a movement" von Derek Sivers würde man sie heute „Follower" nennen. Und diese sind entschlossen, ihren Frontmann, ihren „First Dancer" in Sicherheit zu bringen, denn ihnen ist klar: Ohne ihr Mastermind dauert es schlimmstenfalls weitere Hunderte von Jahren, bis es erneut jemand wagt, das allmächtige, reaktionäre Unternehmen namens „katholische Kirche" zur höchst notwendigen Reform zu bringen.

Von Erkenntnis und Entscheidung

Zu allen Zeiten unserer Gesellschaftsentwicklung hat es Menschen gegeben, die wie Luther mit bewundernswerter Gradlinigkeit für ihre Haltung einstehen.

Dabei ist es beileibe nicht allen Menschen gegeben, mit dem Einstehen für die eigene Haltung, mit der damit einhergehenden Sichtbarkeit auch bereit zu sein für den möglichen Widerspruch, den Konflikt, die Dissonanz, die das mit sich bringt — auch und gerade in einem Abhängigkeitsverhältnis, wie es seit Jahrhunderten besteht zwischen jenen, die Arbeit als Lebensgrundlage zur Verfügung stellen, und jenen, die Arbeit verrichten.

So scheint es gerade in gut geregelten Systemen eher schwerzufallen, kritische Wahrnehmungen kundzutun. Sinnbildlich stehen die mittelalterlichen Türme, die erstarrten Hierarchien, den Netzwerken, den Menschen auf den Marktplätzen gegenüber. Wunderbar zu lesen ist dies in „Türme und Plätze", einem Werk des Historikers Niall Fergusson, der die Angriffe der Netzwerke auf die Hierarchien in der Geschichte der Menschheit beleuchtet und damit aktuelle Bewegungen in einem neuen Licht erscheinen lässt.

> **Denn die katholische Kirche mag ein exzellentes Beispiel sein, aber man muss gar nicht so weit zurückschauen, um verhärtete Hierarchien, starre Berichtswege und unternehmerische Silos zu identifizieren, die einen kritischen Diskurs nicht zulassen — und gerade deswegen in einer von Komplexität, zunehmender Geschwindigkeit und Vernetzung geprägten Umwelt ihre eigene Existenz gefährden.**

Wir sehen heute klar, dass gute unternehmerische Entscheidungen ja geradezu von der Diversität der Perspektiven leben, vom offenen Austausch dieser Wahrnehmungen, vom Übereinanderlegen multiperspektivischer Problemlösungsansätze. Und die sind in der Regel immer im Widerspruch zueinander.

Führen heißt in diesem Umfeld also weniger, die Einhaltung der Regeln sicherzustellen (Befehl und Kontrolle), sondern für Vernetzung, Austausch und Kontroverse zu sorgen. Die Aufgaben der Führungskraft sind also: coachen, vernetzen und zu kontroversen Haltungen ermutigen.

Von Wahrnehmung und Wahrheit

„Der Kaiser hat ja nichts an": In Hans Christian Andersens Märchen obliegt es dem jüngsten, augenscheinlich ahnungslosesten Mitglied der Gesellschaft, seine Wahrnehmung frei herauszurufen. Im vorliegenden Märchen ein Moment kollektiver Erkenntnis, denn bis dahin hat es niemand gewagt, seinem Augenschein zu trauen und das Unaussprechliche auszusprechen: Das strenge monarchische Protokoll muss gewahrt werden.

Für Unternehmen gilt analog: Das Regel- und Prozesswerk beschreibt unmissverständlich, wer wann was und mit wem bespricht und entscheidet.

> **Eine Abweichung von der herrschenden Ordnung gilt als Fehler, der Mehraufwand in Form von Abstimmungs- und Klärungsbedarf sowie Verunsicherung verursacht und damit Zweifel an der Wirksamkeit der Regeln und Prozesse sät.**

Erst der unkontrollierte Ausruf eines unwissenden Kindes, der durch die Straßen des Reiches hallt — gegen die herrschende Kommunikationsordnung —, vermag es, in den Köpfen der Anwesenden Resonanz zu erzeugen, dass sie ihre eigene Wahrnehmung daran messen und sich ein Urteil bilden. Der Kaiser, der erste Mann des Volkes, in den Augen eines Kindes der Reichste, der Klügste, Gottgesandte, ist womöglich einem schnöden Schwindel aufgesessen — und mit ihm das ganze Volk — bis zu diesem erleuchtenden Augenblick.

Erst das Kalibrieren der Wahrnehmung untereinander — und das Vertrauen auf die eigene Sensorik, in diesem Fall auf den Sehsinn — führen dazu, das eigentlich Unaussprechliche besprechbar zu machen, nämlich die Nacktheit des Kaisers, im Märchen ein Sinnbild für die Erkenntnis, dass auch er nicht allwissend und unfehlbar ist, sondern ein Gleicher unter Gleichen.

Von Mut und Mitgestaltung
Verlegen wir die Situation in ein beliebiges Unternehmen im 21. Jahrhundert, ist bereits der erste Schritt, die Veröffentlichung dieser Wahrnehmung, einer Verhaltensanalyse wert. Was machen die Mitglieder? Ist öffentliches oder diskretes Feedback opportun? Empfiehlt es sich zu schweigen — um einen Konflikt zu vermeiden oder einfach im Respekt für das Althergebrachte und seine Repräsentant:innen? Oder ist das Aussprechen der Wahrnehmung gar gefährlich für Leib und Leben — ist es die Angst, die das Schweigen, das Ignorieren der eigenen Wahrnehmung als beste Option erscheinen lässt? Nun, langjährige Kenner:innen der internen kulturellen Spielregeln taktieren, falls überhaupt, bisweilen ausgesprochen umsichtig und subtil, wenn es darum geht, Konfliktthemen anzusprechen oder gar Handlungsbedarf eigenhändig in Angriff zu nehmen — und finden Workarounds im Verborgenen.

Neuere Kommunikationsmittel jedoch ermöglichen einen proaktiveren, beherzteren Umgang mit erkanntem Transformationspotenzial.

Die innere Unabhängigkeit und Offenheit und damit der Mut, sichtbar zu werden, findet sich bei einer wachsen-

> Die innere Unabhängigkeit und Offenheit und damit der Mut, sichtbar zu werden, findet sich bei einer wachsenden Schar von Mitarbeiter:innen, besonders aber bei jenen, die ihre Firma, ihr Produkt, ihre Kolleg:innen lieben und schätzen und die in die Offensive gehen, um eben jenes von ihnen Geschätzte zu erhalten.

den Schar von Mitarbeiter:innen, besonders aber bei jenen, die ihre Firma, ihr Produkt, ihre Kolleg:innen lieben und schätzen und die in die Offensive gehen, um eben jenes von ihnen Geschätzte zu erhalten.

Um den nackten Kaiser anzusprechen oder, um einen Schritt weiter zu gehen, in der Tradition Luthers kompromisslos auf Wahrheit, Wertsystem und das eigene, unbestechliche Gewissen zu schwören, haben Menschen in Unternehmen, verglichen mit dem Kirchenreformer, heute deutlich elegantere Möglichkeiten, als ihren Protest, ihre Verbesserungsvorschläge papierhaft an Kirchentüren zu nageln in der Hoffnung, auf diese Weise eine breite Followerschaft zu generieren.

Schon formal bieten Organisationen heute beispielsweise die Möglichkeit, Verstöße gegen Werte und Regeln in den Compliance Offices zur Anzeige zu bringen oder Verbesserungsvorschläge einem Gremium zur Kenntnis zu bringen. Hinzu kommen informale Möglichkeiten des unkontrollierten Austausches von Meinungen und Perspektiven: interne und soziale Netzwerke, in denen Kommunikation ungehindert fließen, geteilt, kalibriert werden kann.

So starten Mitarbeiter:innen offene Diskussionen auf internen sozialen Plattformen, um zunächst ihre persönliche Beobachtung und Perspektive abzugleichen. Sie vernetzen sich digital, über Abteilungs-, Standort-, ja oft sogar Unternehmensgrenzen hinweg.

Aus der Möglichkeit, sich über die eigentlichen Aufgaben, Rollen und Positionen im Organigramm hinweg zu übergeordneten Themen auszutauschen und als Community Stellung zu beziehen, entsteht eine ungeahnte Dynamik, die die Führungsebene, jene mit dem eigentlichen Gestaltungsmonopol, auch heute noch vielenorts überrascht.

Und die zugleich die ehernen Organisationsstrukturen zu erschüttern vermag, denn hier meldet sich eine Stimme, die den Anspruch erhebt, nicht nur zu sprechen, sondern zu verändern. Auf diese Weise formiert sich, ohne Auftrag, ohne Erlaubnis, aber mit dem unbedingten Willen zur Mitgestaltung, eine Graswurzelinitiative in der Mitte der Organisation.

Von Saat und Sichtbarkeit
Als erstes Saatkorn auf diesem Weg darf der innere Dialog einer Person gelten; oder aber einiger weniger Akteur:innen, die ihre Wahrnehmung abgleichen und darauf basierend unter Abwägung von Chancen, Nutzen und Risiken entscheiden, den Weg der zunächst subversiven Mitgestaltung

einzuschlagen. Offenkundig ist für sie die Alternative, auszuharren und zu warten, bis sich die Verhältnisse von selbst ändern oder seitens der Entscheider:innen als veränderungswürdig identifiziert werden, keine Option.

Darren Cooper von der DB Systel könnte man mit Recht einen Serien-Graswurzelinitiator nennen. In unserem Podcast „Kluges aus der Mitte" berichtet er belustigt von seiner Ungeduld und seinem Unwillen, wahrgenommenen Handlungsbedarf als nicht erledigt zu akzeptieren. In seiner Welt wird das Notwendige angepackt, und zwar sofort.

Missstände abstellen, Potenziale erschließen: Warum warten, wenn es dem Unternehmen dient?

Und er greift, um dieses Ziel zu erreichen, wie er es selbst augenzwinkernd beschreibt, dabei „zum Äußersten": Er organisiert den Dialog auf Augenhöhe. So baut er Brücken zwischen den Akteur:innen, die die formale Organisation eigentlich nicht vorgesehen hat, schafft mit Barcamps und Communities Austauschplattformen, um schneller als in jeder hierarchischen Planstruktur gemeinsam Lösungen zu erarbeiten. Dabei geht es nicht primär darum, hierarchische Strukturen abzuschaffen, sondern innerhalb dieser Strukturen die Möglichkeiten im Dienste der gemeinsamen Sache auszuschöpfen.

Zwar wirkt er in dieser Mission, sein Unternehmen mit oder auch ohne expliziten Auftrag auf seine Weise voranzubringen, äußerst friedfertig. Doch ist ihm klar, dass nicht alle jederzeit bereit sind für diese Form des bisweilen temporeichen Mitgestaltens: So hat er für jene Kolleg:innen, die er dabei am Wegesrand antrifft, eine klare Botschaft:

Er nutzt seine Netzwerke, aber auch seinen Mut und sein Charisma, um Menschen ungeachtet ihrer Organisationszugehörigkeit oder ihrer Position an einen Tisch zu bringen. Was auf den ersten Blick absolut logisch klingt, erlauben die ausgezeichnet strukturierten Regelwerke gerade großer Organisationen oft nicht.

> Mach mit, oder geh mir aus dem Weg, damit ich das Thema anpacken kann.

Denn wenn hierarchische Systeme ein Manko aufweisen, dann ist es die silofördernde Arbeitsteilung, die einer strengen Kommunikationsordnung folgt und die auf diese Weise einer optimalen Lösung für das Gesamtsystem noch allzu oft im Weg steht.

Auch deswegen braucht es Beweger:innen aus der Mitte wie Darren, die jenseits von Budgetplänen und Kostenstellensilos Plattformen bieten — und dafür hin und wieder mit ruhiger und beharrlicher Hand den einen oder anderen vorprogrammierten Konflikt auf ihre Kappe nehmen.

Vom Führen und Folgen
In seinem TED Talk „How to start a movement" erklärt der Autor und Unternehmer Derek Sivers, wie Bewegung aus der Mitte Organisationen verändern kann. Er versinnbildlicht dies mit einem Video, in dem ein mutiger, ja geradezu übermütiger Tänzer auf einer Wiese einen wild zuckenden Tanz aufführt. Beim Zusehen halten sich Faszination und Verwunderung die Waage: Muss man sich so exaltiert vor großem Publikum produzieren? Und muss man sich tatsächlich derart der Lächerlichkeit preisgeben?

Ein ähnlich diverses Gefühlsbad ruft es in Organisationen hervor, wenn sich eine Graswurzelinitiative formiert. Die einen empfinden ein Gefühl der Befreiung, dass ein längst fälliges Thema sichtbar wird, und fühlen sich eingeladen, mitzumachen. Die anderen verachten jene Kolleg:innen, die auf eben diese sichtbare Weise sprichwörtlich aus der Reihe tanzen und sich gegen die herrschenden Regeln verhalten.

Eine gewisse Ernsthaftigkeit stellt sich allerdings ein, wenn die ersten Ergebnisse der Graswurzelinitiative sichtbar werden, wenn beispielsweise eine sichtbar kritische Masse überzeugt ist, mitzumachen. Oder wenn es der Initiative gelungen ist, einen Dialog, gar eine Kontroverse beispielsweise über dysfunktionale Praktiken oder Regeln in Gang zu bringen. So findet sich beispielsweise naheliegendes Spielfeld von Graswurzelakteur:innen in der Frage:

> **Muss organisationales Lernen immer von Akademien oder der Führungskraft bestimmt und organisiert werden — oder können Mitarbeiter:innen nicht voneinander und miteinander lernen und sich nach eigenen Zeitplänen und selbst gewählten Themen persönlich weiterentwickeln?**

Der Ruf nach dieser Art der Personalentwicklung, nämlich nach dem sogenannten sozialen Lernen, kommt aus der Mitte, und das Thema ist geradezu prädestiniert, von dort aus initiiert zu werden. Bei Texas Instruments sind das beispielsweise aus der Mitte geborene Hackathons, die von Kolleg:innen für Kolleg:innen organisiert und gestaltet werden und eine Plattform für gemeinsame Innovation jenseits des eigenen

Verantwortungsbereiches bieten. Bei Bosch ist es die Working Out Loud Initiative, die es inzwischen — nach einigen Jahren des Graswurzeldaseins ganz formal Mitarbeiter:innen ermöglicht, im Rahmen eines gut beschriebenen Peer Learning Programms Vernetzungskompetenz zu entwickeln. Und bei der Telekom haben Beschäftigte eine Plattform namens Lex ins Leben gerufen, auf der, einem Akademieportal nicht unähnlich, Mitarbeiter:innen in der Zwischenzeit eine Vielzahl verschiedenster Themen von Lachyoga bis SCRUM selbst anbieten, von und für Kolleg:innen und gänzlich selbst organisiert.

Dies wird beflügelt durch die Überzeugungskraft von Graswurzelinitiator:innen, die ungeachtet ihrer „eigentlichen" Rolle im jeweiligen Unternehmen qua übergeordnetes Engagement als Führungspersonen wahrgenommen werden.

> **Geführt wird dabei über Content und Themenkompetenz, die Gefolgschaft stellt sich nach inhaltlicher Präferenz und Glaubwürdigkeit ein, nicht nach Positionsmacht und Abteilungszugehörigkeit.**

So legt sich über ein hierarchisch strukturiertes Organigramm der Zuständigkeiten und verbrieften Positionen ein dem gemeinsamen Interesse folgendes, unsichtbares Netz thematisch zusammengehöriger Communities mit neuen Verbindungslinien und Knotenpunkten, die zunehmend deutlicher die Geschicke der Organisation mitgestalten.

Vom Teilen und Transformieren
Wenn diese Kraft aus der Mitte der Organisation auch dank technischer Vernetzungs- und damit wachsender Kommunikationsmöglichkeiten immer stärker wird: Wie steht es um die Zukunft des Veränderungsmonopols von Unternehmen? Waren es nicht bis gerade eben noch die Entscheider:innen der obersten Führungsebene, die qua hierarchischer Position und Budgetmacht und nicht selten mithilfe externer Partner:innen am Reißbrett Change-Projekte entwickeln ließen, um diese per Dekret in der Organisation zu verankern?

Diese Praktik wird aller Vermutung nach nicht aus den Unternehmen verschwinden. Aber Netzwerke verändern unsere Kommunikationsmöglichkeiten und damit auch -wege.

Wenn Wissen und Wahrnehmungen geteilt werden können, dann haben Netzwerke die Kraft, neben offenkundigen Funktionen, wie der des operativen und administrativen Informationsaustausches, tatsächlich als strategisch sinnvolle Transformationsgeneratoren zu wirken.

Graswurzeln, organisiert in Netzwerken, mögen aus Sicht der Hierarchie, aus der Perspektive des Machterhalts, Antipoden sein. Aus Sicht der Organisation bilden aber Graswurzelinitiativen aus der Mitte von Unternehmen den Humus für nachhaltige Veränderung in der Organisation. Auch hier braucht es Mut — und zwar jenen von Entscheider:innen.

Denn der Erfolgsbeitrag von Führung in einer wissensbasierten und damit zunehmend von demokratischen Strukturen geprägten Arbeitswelt liegt im Zutrauen, Loslassen, Freiräume schaffen.

Die Kunst wird demnach darin liegen, Bewegungen aus der Mitte auch ohne Auftrag zu integrieren und zu multiplizieren. Denn sie wirken nicht nur als Motoren für eine zukunftsweisende unternehmerische Entwicklung, sondern auch als Seismografen für die notwendige Transformation. Schließlich sitzen sie an der Basis und haben vielfach eine bessere Sicht auf operative Prioritäten und Handlungsoptionen.

Die Alternative „Festhalten" jedoch, die starre Angst vor dem ungewissen Morgen und damit die Angst vor dem Loslassen bewährter Kontrollstrukturen, ist der denkbar schlechteste Ratgeber für die Arbeitswelt von morgen. Oder wie Luther es formulierte: „Furcht tut nichts Gutes. Darum muss man frei und mutig in allen Dingen sein ...".

Die Autor:innen

Sabine & Alexander Kluge

Sabine und Alexander beschäftigen sich intensiv mit Graswurzelinitiativen in Unternehmen. Es geht um Wandel, der nicht seitens des Managements geplant ist, sondern von engagierten Mitarbeiter:innen vorangebracht wird. Mit ihrem Netzwerk von Praktiker:innen unterstützen sie als kluge+konsorten Unternehmen bei der kulturellen und digitalen Transformation bei allen Herausforderungen von Strategie-, Personal-, Führungs- und Organisationsentwicklung.

Dabei ergänzen sie sich in ihrer Arbeit geradezu perfekt: Sabine ist Ökonomin mit den Schwerpunkten Strategie und Unternehmensführung sowie Systemischer Businesscoach. Seit 2019 gehört sie zu den 40 führenden HR-Köpfen und seit 2020 zu den 20 wichtigsten HR-Influencern im deutschsprachigen Raum.

Alexander beschäftigt sich seit mehr als 20 Jahren mit den drei großen „K": Kommunikation, interne und externe Kollaboration sowie digitale Koordinierung von Geschäftsprozessen.

kluge-konsorten.de

HESSE

Axel Neo Palzer

Tribe Leadership — psychologische Sicherheit vom Tribe zur Organisation

Viele Berufstätige wünschen sich eine sichere „Tribe Culture", in der Mitarbeitende und Führungskräfte in Klarheit und mit Leichtigkeit gelebte Werte hochhalten. Um mit diesem wahren Team Spirit aus purer Freude zu arbeiten und zu kreieren.

Die Wirklichkeit sieht häufig anders aus. Wir bewegen uns in einer fragilen Arbeitsatmosphäre, in der spürbar ist, dass sich der Wind jederzeit drehen kann. Der Team-Slogan „Wir ziehen alle an einem Strang" zeigt sich im nächsten Meeting in einer gefühlten Kälte oder versteinerten Gesichtern. Ein Vorschlag wird mit einer hochgezogenen Augenbraue, einem herablassenden Schmunzeln oder mitten im Satz unterbrochen.

Wir haben gelernt, damit umzugehen. Wir laufen weiterhin mit einem Lächeln durch das Büro und geben unser vermeintlich Bestes hinter einer Maske von Professionalität. Aber wir sagen nicht mehr, was wir wirklich denken oder fühlen. Wir stellen keine Fragen mehr. Jedes Wort ist wohlüberlegt. Jede Geste hat eine gut überlegte Absicht. Wir spielen eine Rolle von „9 to 5" und den perfekten Angestellten. Wir tun alles, um niemanden hinter unseren Schutzpanzer blicken zu lassen.

Im Homeoffice gab es zunächst eine gewisse Entspannung. In einem virtuellen Meeting war es leichter, diese Fassade aufrechtzuerhalten. Sich von zu Hause einzuwählen, um nach dem Meeting im eigenen geschützten Raum zu sein. In den ersten Monaten gab es viel Verständnis für den Aufbau der neuen Strukturen. Alle mussten ihren Weg finden, um mit der Entgrenzung von Arbeit- und Privatleben zurechtzukommen. Es wurde menschlicher, man sah das Kind oder die Katze durch das Bild laufen. Es wurde Rücksicht auf die privaten Besonderheiten genommen. Hybride Führung wurde zu einem spannenden Entdeckungsfeld. Führungskräfte und Angestellte suchten nach eigenen Wegen, Prozesse zu organisieren und zu optimieren.

Inzwischen ist eine Ernüchterung eingekehrt. Viele klagen über die Isolation und die Vereinsamung. Die Flurgespräche fehlen, der persönliche Kontakt kommt zu kurz. Als Führungskraft ist es schwierig, am Bildschirm einzuschätzen, was die Mitarbeiter:innen bewegt, wie ausgelastet sie sind. Alle arbeiten brav, aber keiner ist mehr kreativ.

Eine zweijährige Studie bei Google kristallisierte das bei Weitem häufigste Merkmal von leistungsstarken Teams heraus: die persönliche Sicherheit im Team. Jede Innovation, die von Beschäftigten vorgeschlagen wird, ist bei erster Betrachtung nur eine halbfertige Idee. Doch schon für diese gehen Mitarbeitende Risiken ein oder schlagen Lösungen vor, für die es vielleicht keine ausreichenden Daten gibt. Dieser Umstand kann nur in einem Umfeld geschehen, in dem sich die Mitarbeiter:innen sicher und geborgen fühlen.

> „Psychologische Sicherheit ist der Glaube und das Gefühl, nicht bestraft oder gedemütigt zu werden, wenn wir Fragen stellen, Fehler begehen oder uns mit Kritik, Bedenken und Kommentaren zu Wort melden."
> Dr. Amy Edmondson

Die virtuelle Umgebung hat das Sicherheitsproblem letztendlich noch verschärft. Die Reduktion sozialer Interaktionen behindert die Möglichkeiten, Vertrauen aufzubauen und sich wirklich zu verbinden. Das macht es schwieriger, in virtuellen Meetings das Wort zu ergreifen. In einer kürzlich durchgeführten Umfrage von Catalyst zeigte sich, dass sich eine:r von fünf Mitarbeiter:innen im virtuellen Meeting übersehen oder ignoriert fühlt.

Was können wir tun? Wie schaffen wir eine analoge und digitale Arbeitsatmosphäre, in denen die Mitarbeiter:innen darauf vertrauen, dass sie Fehler zugeben, um Feedback bitten oder auch scheitern dürfen?

Wie schaffen wir ein Umfeld, in dem das Gefühl entsteht, dass nicht gestellte Fragen oder nicht geäußerte Ideen und Bedenken dem Team potenzielle Innovationen vorenthalten?

Wie können wir ein Bewusstsein dafür schaffen, dass jeder Tag, an dem wir „nur" den Dienst nach Vorschrift machen, uns ein bisschen unglücklicher macht? Welche Kultur können wir etablieren, in der das maximal Mögliche gedacht und ausgesprochen werden darf?

Um diese Fragen zu beantworten, erscheint es mir wichtig, eine erweiterte Perspektive einzunehmen. Seit mehr als 17 Jahren befinde ich mich in der ständigen persönlichen Begleitung durch zwei Native Americans. Durch sie habe ich tiefe Einblicke in eine Kultur gewonnen, die nicht den Weg der Separation beschritten hat. Sie weigerten sich, in eine kontrollierende Beziehung zur Natur zu treten und den Weg der Entwicklung von Hochtechnologien zu gehen. Sie sahen es als ihre Aufgabe an, als lebende Beispiele das aufrechtzuerhalten, was es heißt, Mensch zu sein. Sie leben in einer Kultur, die ihre Stärke in der Verbundenheit der Vielfalt findet. Ich halte es für sehr wertvoll, ihre Perspektive auf das Leben kennenzulernen.

In einem Stamm wird jedes Neugeborene vom ersten Atemzug an mit zwei Augen gesehen. Das eine Auge sieht das Baby, das ganz viel Liebe, Zuwendung und Unterstützung braucht, um in das Leben zu kommen. Das andere Auge sieht in diesem Baby das, was die Natives das „Heiligtum" nennen. Einen Wesenskern in uns, der schon ganz ist und nicht erst erwachsen werden muss. Mit dem ersten Atemzug wird er sichtbar und übernimmt die Führung darin, wie dieser Mensch seine Einzigartigkeit verkörpern möchte.

> „Das Heiligtum, der Wesenskern, bleibt frei von den Erfahrungen und Prägungen der eigenen Biografie. Er ist nicht verletzt und muss auch nicht geheilt werden. Er ist „heil" und wird uns bis zu unserem letzten Atemzug zur Verfügung stehen."
> Axel Neo Palzer

Statt einer Erziehung, die bei null anfängt, wird bei den Native Americans die Begleitung immer an das angepasst, was als Führung durch das Heiligtum sichtbar wird. Am Anfang ist es vielleicht nur der Ort des Spielens. Wenn ein Kind zu einem älteren Menschen krabbelt, lässt man es gewähren. Vielleicht bekommt das Kind etwas in seiner Nähe. Die Eltern wissen genau, dass es von ganz alleine zurückkommen wird, wenn es genug hat. In der späteren Ausbildung ist immer auch ein Elder, ein Ältester, im Hintergrund und beobachtet die Jugendlichen. Welche Fragen stellen sie? Was interessiert sie am meisten, wohin wandert ihre Passion? Aus der Sicht der Natives ist es extrem wichtig, dass jedes Stammesmitglied seine Einzigartigkeit verkörpert, denn sie wissen, dass der Stamm genau diese Verschiedenheit braucht.

Wenn wir zu mehr Vertrauen und weniger Kontrolle in der Führung kommen wollen, halte ich es für unerlässlich, dass wir uns für diese zweite Perspektive öffnen. Hier finden wir die Vielfalt, die für Kreativität und Innovation entscheidend ist. In einer „Tribe Culture" fühlen sich alle eingeladen, ihre Gedanken, Ideen und Bedenken zu äußern, um Probleme zu definieren und an deren Lösung zu arbeiten.

Aus meiner Erfahrung ist es sehr entscheidend, welche Atmosphäre ein Unternehmen, ein Team etabliert und mit Leben erfüllt. Diese entscheidet maßgeblich darüber, wie wir zusammenkommen. Ob analog oder virtuell — treffen wir uns am Lagerfeuer oder auf dem Schlachtfeld? Etwas in uns wird immer auf die wahrgenommene Atmosphäre reagieren. Wenn alle Mitarbeiter:innen sich als Mitglieder des Stammes sehen, werden sie sich aus eigenem Antrieb einbringen wollen. Jedes Mitglied möchte gesehen werden und seine einzigartigen Qualitäten zum Ausdruck bringen.

> **Das Beste an einer „Tribe Culture" ist, dass wir nicht auf einen großen, von oben initiierten Wertewandel in der Organisation warten müssen. Wir können sofort in unserem eigenen Team mit uns selbst beginnen.**

Drei Schritte zur eigenen Positionierung

Schritt 1: Beginne immer bei Dir selbst
Verabschiede Dich von den neuesten Trends, Konzepten oder Buzzwords. Es ist zwar spannend, sie zu erforschen, aber oft werden sie nur zu einer Ablenkung. Das Sehen von Zusammenhängen wird mit einer Ausschüttung des Glückshormons Dopamin belohnt, ersetzt aber nicht die notwendige Selbstreflexion. Schau bei Dir selbst und warte nicht mehr darauf, dass sich eine Situation ändert. Fühlst Du Dich unsicher, dann schiebe das Thema nicht mehr auf. Suche Dir ein Gegenüber und starte in Deinem Team. Wünschst Du Dir eine vertrauensvolle Atmosphäre, dann sei Du der/die Erste, der/die diese Veränderung herbeiruft. Redest Du mit Deinen Kolleginnen und Kollegen oder über sie? Wie nehmen Dich

Deine Kolleginnen und Kollegen wahr? Können sie Dir vertrauen? Wie gehst Du mit Dir selbst im Hinblick auf Fehler um?

Sei Vorbild und lerne Deinen eigenen „Schutzpanzer" kennen! Er wirkt immer in zwei Richtungen, einerseits schützt er Dich vor Angriffen, andererseits hält er Dich fern von einem tieferen Kontakt mit Dir selbst und anderen. Ergründe für Dich Fragen wie: Worin habe ich einen inneren Halt, wann verschwinde ich in einer Rolle? Wann tauche ich ab in einer Vorstellung von jemandem, der/die ich gern sein möchte, aber noch nicht bin?

> **Für die Native Americans beginnt alles mit „sich zeigen", sich sichtbar machen. Das Ausdrücken der eigenen Wahrheit ist ein entscheidender Wert.**

Widme Dich den Bereichen in Deinem Leben, in denen Du in die Separation gehst. Die Wahrnehmung von „so bin ich hier" und „so bin ich dort" ist immer ein Zeichen dafür, dass Du eine Rolle einnimmst. Werde aufmerksam für solche Situationen: Wann beginnst Du, nicht das zu sagen, was Du gerade denkst oder fühlst? Wann wartest Du damit, eine Befürchtung zu benennen?

Erweitere Deinen Blickwinkel, damit Du selbst sehen kannst, wo eine Vertrauenskultur erste Risse bekommt.

Schritt 2: Suche Dir ein Gegenüber
Sei Dir bewusst, dass Deine Psyche die Komfortzone liebt und auf einen Kurzstreckenlauf programmiert ist. Selbst wenn Du Deinen eigenen „Schweinehund" mit Disziplin unter Kontrolle bekommst, erwartet Dich eine neue Herausforderung auf der Langstrecke des Ausbaus der Wahrnehmung und der Aufmerksamkeit. Wir lassen uns sehr schnell ablenken oder verstricken uns in andere Aktivitäten. Hier brauchst Du ein Gegenüber, um Dir Deiner Gewohnheiten, Deiner kognitiven Verzerrungen und Glaubenssätze bewusst zu werden. Auch ein ständiges Beschäftigtsein kann eine Fluchttür sein und eine tiefere Reflexion verhindern. Hier brauchst Du einen tieferen Sinn, eine eigene Vision oder ein klares „Warum" für ein starkes Commitment. Ist dies nicht vorhanden, wird die Neugier versiegen. Du wirst aufhören, „Fragen zu stellen", oder beginnen, sie zurückzustellen.

Ein Geschäftsführer nannte mich einmal seinen „positiven Quälgeist": „Wenn ich einen Termin mit Ihnen habe, setze ich mich hin und bereite mich vor. Ich möchte nicht unvorbereitet in den Termin kommen. Aber ganz ehrlich, wenn wir diesen Termin nicht hätten, würde ich es auch nicht tun."

Wir brauchen solch ein Gegenüber, einen „Quälgeist", einen Buddy oder einen Tribe, der uns ständig inspiriert und zur Selbstreflexion einlädt. Sonst versickern die inneren Prozesse oder wir verlieren uns in der Fülle der belanglosen Aktivitäten.

Schritt 3: Teile die Verantwortung mit Deinem Tribe
Die Verantwortung für die Schaffung einer Atmosphäre der psychologischen Sicherheit liegt nicht nur bei der Führungskraft. Sie liegt bei allen im Team. Alle Mitarbeiter:innen sind aufgerufen, an ihrer eigenen Kommunikation zu arbeiten und hemmende Faktoren abzubauen.

Für eine kontinuierliche Aufmerksamkeit für dieses Thema ist es wertvoll, mit einem „Rat der Ältesten" zu beginnen. Ähnlich wie bei den Native Americans fungiert der „Rat der Ältesten" als stiller Beobachter, um schnell zu klären, was gegen die Werte, die gelebt werden wollen, verstößt oder zu ihnen im Widerspruch steht. Bei der Besetzung dieses Kreises spielen die Anzahl der Teilnehmer:innen, das Alter oder die Dauer der Betriebszugehörigkeit keine Rolle. Es handelt sich um Mitarbeiter:innen, die sofort bereit sind, in einer neuen Offenheit miteinander in den Austausch zu gehen. Bei anfänglichen Unsicherheiten empfehle ich, mit einer individuellen Unterstützung durch einen Coach zu beginnen.

In dieser Phase geht es darum, die Grade der Aufmerksamkeit weiter auszubauen. Das Besondere an einem „Rat der Ältesten" liegt zum einen in der Offenlegung und Besprechung von notwendigen Klärungen. Zum anderen liegt es vor allem in einer persönlichen Entdeckung von tieferen Ebenen des Vertrauens untereinander. Statt einer neuen Richtig/Falsch-Welt erfährt jede:r Einzelne eine kontinuierliche Inspiration im Erleben der Wirksamkeit einer sicheren Umgebung. Aus diesem Kreis wird ein neuer Spirit in den Tribe getragen. Anstelle von Urteil und Verurteilung entsteht eine Besonnenheit im Umgang mit unterschiedlichen Perspektiven. Entscheidungen erhalten ein neues Maß an Entschlossenheit und Commitment. Um dies effektiv zu tun, empfehle ich, mit einer Supervision zu starten. Je mehr dieser Spirit im Team/Tribe sichtbar wird, desto seltener werden diese Treffen nötig. Je nach Bedarf können die Zeitabstände verlängert oder es kann auf Supervision verzichtet werden.

> Das Besondere an einem „Rat der Ältesten" liegt zum einen in der Offenlegung und Besprechung von notwendigen Klärungen. Zum anderen liegt es vor allem in einer persönlichen Entdeckung von tieferen Ebenen des Vertrauens untereinander.

Die 3 Ebenen von Tribe Leadership

ICH — Tribe Leadership beginnt immer bei sich selbst
Ohne feste innere Verankerung in mir selbst und ein klares Wissen über das „Warum ich das will" bleibt der Erfolg aus. Meine eigenen Mitarbeiter:innen werden sehr schnell spüren, wie wichtig mir das Ganze ist. Zeige ich nur meine unfehlbare Seite? Oder erlaube ich auch einen Blick hinter meinen inneren „Schutzpanzer"? Gebe ich zu, wenn etwas schiefgelaufen ist? Spreche ich meine eigenen Fehler aktiv an und sehe sie als Chance, etwas Neues zu lernen und Innovationen voranzutreiben? Nur auf dieser Basis meiner intrinsischen Motivation in Verbindung mit meiner Vorbildfunktion entwickelt sich eine gesunde Fehlerkultur. Dabei rückt der Fehler als solcher in den Hintergrund, die gemeinsame Lernkurve steigt an.

Wie empathisch bist Du für Deine eigenen Bedürfnisse? Zeigst Du Gefühle und gibst Du zu, wenn Du unter Stress stehst? Wie reagiert Dein System unter Stress? Es gibt Menschen, die die Bedürfnisse anderer sehr gut wahrnehmen können, aber nicht ihre eigenen. Einige stellen sich selbst an die letzte Stelle, ohne etwas zu sagen. Andere werden sehr kämpferisch für ihre Bedürfnisse. Sie lieben die Herausforderung und schrecken vor keinem Morast zurück. Unter Druck werden sie immer fokussierter. Was sie im Tunnelblick die Bandbreite für andere Dinge verlieren lässt.

> **Es braucht die Bereitschaft, den eigenen inneren Halt weiter auszubauen. Er ist die Wurzel für die psychologische Sicherheit im Miteinander.**

Der innere Halt sorgt dafür, dass wir nicht alles, was uns bewegt, ungefiltert herauslassen. Wir lernen, unsere Gefühle zu verstehen, mit ihnen umzugehen und ihnen nicht hilflos ausgeliefert zu sein. Wer wahrhaftig ist, spielt keine Rolle, ist nicht aufgesetzt und künstlich, sondern im Eigenen erkennbar. Dies ist kein Zustand, sondern ein Weg der Beziehung zum eigenen Selbst. Ein Weg, der eine eigenständige Umwelt abbildet und repräsentiert.

> „Die zwei wichtigsten Tage in deinem Leben sind der Tag, an dem Du geboren wirst, und der Tag, an dem Du herausfindest, warum."
> Mark Twain

Tribe Leadership ist kein weiteres Konzept, es ist die Antwort auf die Einsicht, dass wir eine neue Balance zwischen dem Innen und Außen brauchen. Es unterstützt unsere fortlaufende Sinnsuche im Leben. Aus unserer Prägung kommend, vernachlässigen wir unser Inneres und orientieren uns am Außen. Erfolgreich zu sein bedeutete bislang, konturierte Rollen einzunehmen und klar zwischen richtigem und falschem Verhalten zu unterscheiden.

Die meisten von uns haben die Sinnsuche im und neben dem Job eingestellt. Dies war kein Fehler, sondern eine Integration in eine „gewünschte Normalität". Gleichzeitig kommt es jedoch zu einer Separation von unserem inneren Selbst. Wenn wir eine „Tribe Culture" mit einer Atmosphäre der psychologischen Sicherheit aufbauen wollen, kann dies nur mit Schritten hin zu einer neuen inneren Verbundenheit mit uns selbst geschehen.

WIR — respektvolle Begegnung auf Augenhöhe

Sich im Eigenen sichtbar zu machen, kann schnell zu einer Bedrohung werden. Ich mache mich angreifbar, wenn ich meine Gedanken, Vorstellungen oder Ängste benenne. Psychologische Sicherheit ist kein einmaliger Akt, sie braucht kontinuierliche Aufmerksamkeit und unterstützende Rahmenbedingungen. Etwas in uns reagiert sehr schnell auf die wahrgenommene Atmosphäre im Tribe. Wenn sich die gefühlten Bedingungen ändern, reagieren wir schnell, indem wir uns zurückhalten oder hinter einer Maske verstecken. Wenn wir uns unsicher sind, wird sehr wahrscheinlich ein innerer Schutzschild aufgebaut.

Etablierte und angelernte Verhaltensweisen von Dominanz, Macht und Selbstdarstellung zeigen sich. Die versteckten Agenden einzelner Mitarbeitenden übernehmen die Steuerung. Beiträge werden länger und unsere Gedanken verstricken sich schneller mit Ereignissen aus der Vergangenheit.

Um diese Schleife zu beenden, bedarf es einer nicht wertenden Wahrnehmung und Offenlegung. Es ist sehr verständlich, dass eine Bedrohung zu Schutz- und Dominanzreaktionen führt. Wenn es ein klares Commitment untereinander gibt, daran arbeiten zu wollen, kann es schnell aufgelöst werden. Dazu braucht es neben einer Moderation eine:n Stimmungswächter:in im Meeting. Seine/ihre Aufgabe ist es, den Gesprächsverlauf ggf. mit einer Glocke zu unterbrechen, um mit einer kurzen Pause, klärenden Worten oder Einzelgesprächen zu intervenieren. Das mag auf den ersten Blick albern klingen, ist aber sehr effektiv und wird bei Marken wie Google erfolgreich umgesetzt.

Jedes Meeting, insbesondere im virtuellen Raum, sollte mit einem „Check-in" beginnen. Alle Teilnehmer:innen bekommen die Gelegenheit, ihren „Straßenstaub" abzuspülen. Wenn man sich vorher nicht gesehen hat, bekommt jede Person die Chance, kurz zu erzählen, wie es ihr geht, was ihr auf dem Herzen liegt und vielleicht auch, worüber sie sich gerade geärgert hat. Dieser kleine Austausch stärkt die individuelle Präsenz und Verbindung untereinander in einer Besprechung.

Es gibt viele kleine Interventionen, die eine stärkende Wirkung haben können. Jedes Meeting sollte eine klare Agenda haben. Viele Dinge können im kleineren Kreis geklärt werden. Mit Klarheit über die Must-Wins eines Meetings fällt es leichter, den Überblick über das Zeitmanagement zu behalten. Gestalten Sie die Agenda in der Form, dass die Teilnehmenden ausreichend Zeit (15 Minuten) zur folgenden vollen Stunde haben. Füllen Sie die eigene Sitzungsagenda nur für 45 Minuten. In einer „Tribe Culture" werden kulturelle Störungen erkannt und mit empathischen, kreativen Lösungen zugunsten der Gruppe / des Tribe gelöst.

> **Damit lösen sich tradierte Verhaltensweisen insofern, als sie nicht mehr Kritikpunkt, sondern Dreh- und Angelpunkt für Veränderungen sind.**

Tribe Leadership spiegelt sich in einem kontinuierlichen Bemühen um die Etablierung einer „Tribe Culture" wider. Es beginnt ein Weg der aktiven Einbeziehung und Übertragung von Verantwortung gemeinsam mit den bestehenden Teamkonstellationen. Dies ist keine Aufgabe, die eine Führungskraft alleine bewältigen muss. Es braucht ein Gegenüber, am Anfang vielleicht einen Coach, dann einen ersten „Kreis der Ältesten" im Team. Es ist unvermeidlich, dass wir in einem psychologisch sicheren Raum entdecken, dass es auch Spaß macht, über verletzliche Themen zu reflektieren. Es braucht Neugierde genauso wie das Lernen voneinander und die gemeinsame Unterstützung, um sich mit Leichtigkeit zu bewegen. Es wird Rückschläge und Hindernisse geben, aber wenn das „Warum" gewachsen ist, können auch diese Erfahrungen ermächtigend sein.

ALLE — der Tribe als positiver Attraktor für die Organisation
Eigentlich sollte ein Wertewandel ganz einfach sein. Wir bilden die Werte gemeinsam oder haben sie bereits und stellen uns dann regelmäßig die folgenden Fragen: Wo werden die Werte gelebt und wo gibt es Problembereiche? Ab welchem Grad der Verletzung dieser Werte sollten Konsequenzen folgen? Wo setzen wir den Fokus für den nächsten Schritt, um diese Werte zu leben? Aber irgendwie scheint diese ständige Infragestellung nicht zu funktionieren.

Seit mehr als 27 Jahren erlebe ich ein gleichbleibendes Phänomen im Werte- und Kulturwandel. Es wird viel Geld für die Analyse, die Formulierung und das Ausrollen neuer Leitlinien ausgegeben. In vorbildlicher Weise werden die Werte multimedial aufbereitet und ins Unternehmen getragen. Es gibt Kick-off-Veranstaltungen und ggf. ein paar Workshops, um die Führungskräfte und die Belegschaft insgesamt mitzunehmen. Danach folgen eventuell noch ein paar Coaching-Sitzungen, bevor der Prozess in den Alltag übertragen wird. Was ich seit Beginn meines Berufslebens vermisse, ist eine kontinuierliche selbstkritische Hinterfragung sowie ein kompletter Roll-out der Werte, bevor eine neue Bewegung von der Geschäftsleitung für das Unternehmen initiiert wird.

Der Grund dafür ist meiner Meinung nach eine Kultur, die auf den Säulen der Separation und Kontrolle aufgebaut ist. Anstelle psychologischer Sicherheit und wahren Teamgeists wird weiterhin der Wettbewerb mit einem Gewinner und einem Verlierer gefördert. Wenn wir das ändern wollen, tun wir gut daran, unser Handeln weniger an der sozialen Akzeptanz auszurichten.

Es braucht Tribes, die den Mut haben, als Vorbilder voranzugehen. Es braucht Führungskräfte, die sich bewusst sind, dass ein Werte- und Kulturwandel mit einem Kontrollverlust einhergeht. Es wird entscheidend sein, dass wir aufhören, darüber zu reden, sondern vielmehr in die direkte Erfahrung kommen. Und nachhaltig daran arbeiten, Hürden als Motivation und Erfolge als Gemeinsamkeiten feiern.

> **Es braucht Führungskräfte, die sich bewusst sind, dass ein Werte- und Kulturwandel mit einem Kontrollverlust einhergeht.**

In der Chaostheorie ist ein „Attraktor" eine gezielte Bündelung der Energie, um in einem komplexen System ein neues Ordnungsmuster zu etablieren. In meinem Verständnis setzt ein Tribe gezielt „Attraktoren" für einen Wertewandel. An seinen Schnittstellen zu anderen Bereichen geht er auch in Drucksituation nicht in die Bewertung oder den Kampf. Er macht sich in seiner Positionierung sichtbar und übernimmt mit einer Klarheit in der Interaktion seine Verantwortung. Das Bestreben liegt darin, in der Zusammenarbeit neue Lösungsräume sichtbar werden zu lassen. Seine Anziehungskraft entsteht durch die Erfahrung von mehr Klarheit und Leichtigkeit in der Zusammenarbeit.

Tribe Leadership strebt nach dem größeren „Wir"
Der Spirit eines Tribe oder die Kultur einer Organisation speist sich aus dem Sehen und dem Umgang mit dem „Heiligtum". Für uns selbst ist es die Verbindung mit unserem Wesenskern, für den Tribe ist es das Gefühl der psychologischen Sicherheit untereinander und für die Organisation sind es die Werte, die wirklich gelebt werden.

Eine klare Vision, die alle Mitarbeiter:innen in einem größeren „Warum" vereint, setzt eine immense Kraft des größeren „Wir" frei. Überstunden sind anstrengend und stressvoll, aber mit Passion und Team Spirit sind es nur Überstunden ohne Stress. Über den „Flow" ist schon viel geschrieben worden. In einer McKinsey-Studie beschrieben 5000 Manager:innen auf bemerkenswert konsistente Weise, was diesen Zustand ausmacht. Die Antworten fielen in drei Kategorien. Die erste Gruppe umfasste die rationalen Elemente, wie Rollenklarheit, ein klares Zielverständnis und den Zugang zu dem Wissen und den Ressourcen, die zur Erfüllung einer Aufgabe erforderlich sind. Die zweite Gruppe umfasste die emotionalen Elemente, wie die Qualität der Interaktionen, der Grad des Vertrauens, der Respekt für konstruktive Konflikte, der Sinn für Humor und das allgemeine Gefühl von psychologischer Sicherheit. Die dritte Gruppe brachte dieses Gefühl von Verbundenheit zu einem größeren „Warum". Es ist die Bedeutung meiner Arbeit und das Gefühl, dass es wichtig ist und dass es einen Unterschied macht.

Wir wissen, worauf es ankommt, jetzt ist es an der Zeit, es mit Leben zu füllen.

Der Autor

Axel Neo Palzer

Axel Neo Palzer ist Coach, Moderator, Trainer und Experte für Führung im Werte- und Kulturwandel. Nach einem breiten Studium in Betriebswirtschaftslehre, Psychologie und Philosophie und 10 Jahren Erfahrung, zuletzt als leitender Angestellter in drei internationalen Großkonzernen, ist er seit 17 Jahren selbstständig, Gründer und CEO der Agentur Trilogue Hamburg.

Parallel hierzu begann er vor 28 Jahren das Studium der vedischen Weisheitslehren bei einem indischen Lehrer. Er arbeitete im Rahmen der Vereinten Nationen für zwei NGOs weltweit für menschliche Werte. Dies führte ihn vor 17 Jahren in Kontakt mit den Stammeskulturen der Native Americans.

Seitdem ist er in ständiger persönlicher Begleitung auf dem schamanischen Weg. Die Entschiedenheit ihrer Entscheidungen, die Ruhe in ihrer Ausstrahlung und das Handeln aus einer Perspektive der Verbundenheit haben ihn tief berührt.

Mit seinen Einblicken in die Kultur der Native Americans hilft er Führungskräften und Organisationen, die Wurzeln des Scheiterns von Veränderungen zu überwinden. Für mehr Vertrauen und weniger Kontrolle in der Führung braucht es eine Öffnung für eine zweite Perspektive auf das Leben, das, was die Natives das „Heiligtum" nennen.

tribe-leadership.com
trilogue.de
axelneopalzer.com

INTUITIONISMUSSEN

Tanja Gerold

Wir brauchen mehr Angst in Organisationen!

Was wäre, wenn Angst ein völlig missverstandenes Gefühl wäre? Wenn sie kein Irrtum der Natur wäre, sondern neutrale Energie und Information? Wenn sie vielleicht sogar eine Kraft wäre, die uns dabei unterstützt, wach und präsent, kreativ und innovativ zu sein, uns dabei hilft, Neuland zu betreten? Was wäre, wenn Angst eine der vielleicht wichtigsten Ressourcen für Unternehmen in der VUCA-Welt wäre?

„Fearless Organization" ist der Titel einer Schulung, die ein Großkonzern seinen Führungskräften weltweit anbietet. Kurz darauf setzt dasselbe Unternehmen wieder verstärkt auf „Command and Control", verkündet im Quartalsrhythmus neue Umbrüche und Personalabbaupläne und als Konsequenz hängen viele Mitarbeitende in der Angststarre. Auf gesellschaftlicher Ebene sieht es ähnlich aus: Die Coronakrise läuft auf Hochtouren, Menschen haben Angst um ihr Leben oder um das ihrer Eltern, Angst um ihre Existenz, ihre Meinungsfreiheit und/oder ihre Grundrechte. Von Angstmache ist die Rede und auch davon, dass die Bürger noch nicht genug Angst haben. Und dann gibt es da noch das Damoklesschwert Finanz- und Wirtschaftskrise, die Blase, die nun mehr denn je zu platzen droht.

Wir schreiben den Frühling 2021 und Angst ist präsenter denn je. Und mehr denn je wird sie verteufelt, gemieden, verdrängt. Gerade in Unternehmen und Organisationen, in denen emotionale Intelligenz inzwischen offiziell zum Skillset einer jeden Führungskraft gehört, wird paradoxerweise die Angst meist noch ausgeklammert. Sie gilt als schlechter Ratgeber und wird mit Schwäche gleichgesetzt. Angst ist irrational, wir brauchen sie heutzutage nicht mehr, schließlich leben wir ja nicht mehr in der Steppe! Aber irgendwie scheint die Angst auch für etwas gut zu sein. Warum sonst würde sie eine solche Faszination auslösen? Warum sonst gibt es so viele Thriller und Horrorfilme, Geister- und Achterbahnen, Extremsportarten wie Bungee Jumping, Free Climbing und Cliff Diving? Warum sonst gibt es unzählige Geschichten von der ungeheuren Kraft, die in ihr schlummert? Von Menschen, die in brenzligen Situationen beflügelt von der Angst zu übermenschlichen Leistungen fähig sind?

Dieser scheinbare Widerspruch war mir lange ein Rätsel. Erst als ich vor rund 15 Jahren mit Gefühlsarbeit begonnen habe, fiel mir eine Schuppe nach der anderen von den Augen und gab einen völlig neuen Blick auf die Angst frei. Auf den folgenden Seiten lade ich dich zu dem Experiment ein, einige Mythen über die Angst kritisch zu beleuchten und dann jeweils eine neue Perspektive, ein neues Narrativ auszuprobieren.

Mythos 1: Angst bedeutet automatisch Gefahr
Wenn Menschen Angst hatten, ging es jahrtausendelang ums Überleben. Tauchte der viel bemühte Säbelzahntiger auf, versetzte die Angst den ganzen Körper in Alarmbereitschaft, um blitzschnell anzugreifen oder die Flucht anzutreten. Nun sind die Säbelzahntiger bekanntermaßen ausgestorben und auch sonst sind wir — zumindest in unserem Kulturkreis — nur noch selten mit lebensbedrohlichen Situationen konfrontiert. Trotzdem laufen in uns dieselben biochemischen Reaktionen ab, wie ehemals bei realer Lebensgefahr — auch wenn es vielleicht nur der Chef ist, der uns gerade anbrüllt. Und selbst wenn der Chef gerade nicht vor uns steht, können wir allein bei der Vorstellung Angst bekommen. Diese Vorstellung ist wahrscheinlich nicht besonders angenehm, aber lebensbedrohlich ist sie sicher nicht. Wenn also die meisten Lebensgefahren gebannt sind, warum haben wir — gerade in Deutschland — mehr Ängste denn je?

Neues Narrativ: Angst bedeutet Neuland!
Angst ist eben nicht nur ein Zeichen für Gefahr, sondern auch ein Signal für Neuland, für das Unbekannte. Die akuten Lebensgefahren haben wir weitgehend ausgemerzt, das Unbekannte können wir nicht eliminieren. Im Gegenteil, die Welt ist VUCA, wir müssen uns damit anfreunden, dass sie unsicher und nicht vorhersagbar ist. Was wäre nun, wenn uns die Angst nicht nur in Gefahrensituationen helfen würde, sondern auch beim Umgang mit dem Unbekannten? Indem sie unsere Sinne schärfte und dabei unterstützte, mit vorsichtigen Schritten Neuland zu betreten? Dafür müssen wir sie allerdings erst einmal zulassen.

Mythos 2: Männer haben keine Angst
Viele Führungskräfte (vor allem Männer) winken in meinen Coachings oft recht schnell ab, wenn es um die Angst geht. „Ich? Nein, ich kenne keine

Angst", ist die häufigste Reaktion. Wenn wir dann tiefer einsteigen, kommt meist die Erkenntnis, dass da doch eine ganze Menge verdrängt worden ist. Eine Hauptursache für diesen Verdrängungsreflex ist unsere Sozialisierung. Viele von uns haben von klein auf gelernt, dass es nicht ok ist, Angst zu fühlen. Wer wollte schon ein Angsthase oder Schisser sein? Auch das wohlgemeinte „Du brauchst doch keine Angst haben" von Mama oder Papa trug nicht gerade zu einem positiven Image der Angst bei.

Neues Narrativ: Taubheitsschwelle blockiert Angstkraft
Deshalb haben sich die meisten von uns — nicht nur die Männer — angewöhnt, ihre „Taubheitsschwelle" hochzuschrauben, sodass wir Gefühlsregungen unterhalb dieser Schwelle nicht mehr spüren. Ich selbst war jahrzehntelang Meisterin darin. Besonders mit zu viel Arbeit habe ich meine Gefühle regelmäßig betäubt. Andere bevorzugen wahlweise Fernsehen, Alkohol, Rauchen, Drogen, Shopping, Social Media, Stammtisch, Schokolade etc. Das nennt sich dann „sich ein dickes Fell zulegen". Das Problem ist: Gefühle verschwinden nicht einfach, nur weil wir sie nicht mehr spüren. Sie schwelen im Unterbewusstsein und verschaffen sich irgendwann, meist in körperlichen und psychischen Symptomen, Ausdruck: So kann sich unterdrückte Angst in einem nervösen Darm zeigen, in Schlaflosigkeit, Rückenbeschwerden, Panikattacken oder Kontrollwahn. Das ist genauso sinnvoll, wie wenn man die rot leuchtende Ölwarnlampe im Auto abklebt. Irgendwann hat man einen Motorschaden. Eine konstant hohe Taubheitsschwelle ist nicht nur schädlich, wir haben dadurch auch keinen Zugriff auf eine unserer wichtigsten Ressourcen: die Kraft unserer Gefühle!

Mythos 3: Angst ist eine Krankheit
Wer den Begriff „Angst" in eine Suchmaschine eingibt, wird erschlagen von der Fülle an Ratgebern, wie man selbige am besten überwinden kann. „Ängste und Panikattacken loswerden", „Ängste effektiv besiegen", „Angstfrei leben", „Angst — danke und tschüss!" — die Liste ist endlos. In den meisten Büchern geht es um die pathologische Angst, also die Angst, die sich nach oft jahrzehntelangem Verdrängen oder traumatischen Erfahrungen in einer krankhaften Form ausdrückt. Diese Ängste sind extreme Formen von Emotionen.

Neues Narrativ: Gefühle und Emotionen sind nicht dasselbe
Und damit komme ich zu einer der wahrscheinlich wichtigsten Unterscheidungen: die zwischen Gefühlen und Emotionen. Während Gefühle sich auf eine Situation im Hier und Jetzt beziehen und maximal 3 Minuten dauern, sind Emotionen unterdrückte und angestaute Gefühle aus der Vergangenheit, meist aus Kindertagen, die noch in unserem System stecken. Sie gleichen dann einem Computerprogramm, das später durch ähnliche Situationen immer

wieder angestoßen wird und automatisch abläuft. Also zum Beispiel das Erstarren vor einem cholerischen Chef, der an den cholerischen Vater erinnert (ich spreche aus Erfahrung …). Auch wenn diese Emotionen in den wenigsten Fällen pathologisch werden, nehmen sie uns die Möglichkeit, in der aktuellen Situationen angemessen zu handeln — wir reagieren buchstäblich emotional.

Deshalb ist die Unterscheidung zwischen Gefühlen und Emotionen essenziell. Das Gefühl können wir im Hier und Jetzt nutzen. Die Emotion nicht. Die Krux ist: Solange wir nicht an unserem alten Emotionsballast gearbeitet haben, sind die meisten unserer „Gefühle" eigentlich Emotionen. Und das erklärt, warum viele Gefühle, besonders die Angst, einen solch schlechten Ruf haben! Die meisten von uns kennen Angst als Gefühl und damit ihre Kraft nicht.

Aber was tun? Die gute Nachricht ist: Emotionen können gelöst werden, sodass die gestaute Energie entladen wird und unsere Gefühle wieder fließen können. Je nach „Schwere" gelingt dies mithilfe von Coachings, Emotionalprozessen, Somatic Experiencing und anderen Formen der „Emotionalhygiene". Dadurch können wir sukzessive unsere alten Programme, unsere emotionalen Triggerpunkte deinstallieren und werden immun gegen bewusste oder unbewusste Manipulationsversuche von außen.

Mythos 4: Wir brauchen angstfreie Organisationen
Inzwischen haben bereits einige Unternehmen erkannt, dass es mit der Angstkultur so wie bisher nicht weitergehen kann. Amy Edmondson fordert in ihrem Buch mit dem gleichnamigen Titel sogar die „Fearless Organization". Was auf den ersten Blick Sinn macht.

Viele Top-Manager, mit denen ich arbeite, stehen oft unter einem enormen Druck und sind gleichzeitig mit ihrem teilweise patriarchalen Führungsstil sehr einsam an der Spitze. Die Angst, weitreichende Fehlentscheidungen zu treffen, ist zweifelsohne vorhanden. Angst passt aber nicht in das Bild eines Chefs und liegt bei den meisten

> Oberflächlich betrachtet richtet Angst in Organisationen sehr viel Schaden an. Aber ist das wirklich so? Oder entsteht der Schaden nicht vielmehr durch den unbewussten und unverantwortlichen Umgang mit der Angst?

unterhalb der Taubheitsschwelle. Entsprechend mimen sie die angstfreien Helden, die vermeintlich alles im Griff und immer recht haben und auf gar keinen Fall irgendwelche Unsicherheiten zugeben. Stattdessen geben sie oft der Wut den Vorzug und schüren mit Drohungen und Kontrolle bei den Mitarbeitenden emotionale Ängste. Derartig angetriggert fallen diese dann in ihre jeweiligen Reaktionsmuster — die einen buhlen um die Anerkennung von „Papa", die anderen gehen in die Starre. In einer solchen Kultur werden Entscheidungen des Chefs nicht hinterfragt, stattdessen eigene Fehler vertuscht und kritische Feedbacks mit Versagen gleichgesetzt.

Die Konsequenzen können fatal sein. So zeigte eine Analyse in den 70er-/80er-Jahren in der Luftfahrt: Sitzt der Kapitän am Steuer, stürzen Flugzeuge weitaus häufiger ab, als wenn der Co-Pilot fliegt. Der Grund: Die Hierarchie im Cockpit war so steil, dass der Co-Pilot im Ernstfall nicht eingriff. Das wäre ja nun eigentlich ein Argument für die Angstfreiheit, oder? Nicht ganz. Es ist die emotionale Angst, die ihn zurückhält: „Ich will nicht bestraft werden, weil ich eine Autorität infrage stelle." Aber das Gefühl Angst hat ihn überhaupt erst aufmerksam gemacht: „Der Pilot macht gerade einen Fehler."

Neues Narrativ: Potenzialentfaltung durch bewussten und verantwortlichen Umgang mit Angst
In der Luftfahrt führte ein neues Rollenverständnis bei den Piloten dazu, dass weniger alte Emotionen den Prozess blockieren und gleichzeitig das Gefühl der Angst mit seiner Wachheit und Präzision eingeladen wird: Im Cockpit gibt es heute einen Pilot Flying und einen Pilot Monitoring.

Auch in Unternehmen ist es Zeit für eine Generalüberholung von Führungsrolle und -werkzeugen. Jenseits der autokratischen und patriarchalen Methoden aus dem letzten Jahrhundert wie „Teile und herrsche" oder „Command and Control". Jenseits der Heldenmentalität, der Anforderung, fachlich der/die Beste zu sein, alles zu wissen und keine Schwäche zu zeigen. Dann könnten sich Führungskräfte authentisch und transparent mit ihren Gefühlen zeigen, auch mit ihrer Angst, wenn sie gerade keine brillante Lösung für ein Problem haben. Das gäbe den Mitarbeitenden die Möglichkeit, ihr volles Potenzial einzubringen, einschließlich der Kraft ihrer Gefühle — und damit brillante Lösungen zu finden.

Wenn du jetzt denkst, „Na ja, das ist ja ganz nett, aber bei uns geht das nicht", dann hilft vielleicht folgendes Beispiel: Die IT-Abteilung eines Großkonzerns ging durch einen tiefgreifenden Veränderungsprozess. Als ich anfing, mit den Führungskräften zu arbeiten, hatten die meisten mit dem Thema Gefühle erst mal Schwierigkeiten. Nach einigen Coachings und Workshops machten sie immer mehr Erfahrungen von deren Nutzen. In der Folge stellten sich die Führungskräfte in einer Abteilungsklausur vor ihre Kolleg:innen und sprachen über ihre Gefühle in Bezug auf den Change-Prozess. Diese Offenheit bewegte die Mitarbeitenden zutiefst und sie nahmen sie als Einladung, sich selbst zu öffnen, Verantwortung für ihre Gefühle zu übernehmen und eigene Ideen einzubringen, anstatt sich im Widerstand festzubeißen. Nicht zuletzt deshalb war dieser Prozess nachhaltig erfolgreich.

Mythos 5: Mehr Kontrolle = weniger Angst

Ich erlebe immer wieder, dass Unternehmen gerade in Krisenzeiten in das alte Muster von Überregulierung rutschen. Auf schlechte Erfahrungen reagieren sie reflexhaft mit noch mehr Regeln, Richtlinien und Verfahrensanweisungen, Monats-, Quartals-, Halbjahres- und Jahresplanung, Arbeitssicherheitsbestimmungen und detaillierten Prozessbeschreibungen für jeden Handgriff, bis hin zur Betriebsanleitung für die Mitarbeiterdusche (kein Scherz!). Das Management versucht, alle Eventualitäten in eine Wenn-dann-Logik zu packen und Handlungsanweisungen zu geben bzw. jedes Detail im Voraus zu planen. In unserer komplexen Welt ein unmögliches Unterfangen.

> **Überregulierung ist der verzweifelte Versuch, Angst zu vermeiden: die Angst des Managements, dass etwas schieflaufen könnte oder das System ausgenutzt wird.**

Das verlangsamt die Organisation nicht nur enorm, es ist auch absolut kontraproduktiv. Denn die Mitarbeitenden hören nicht nur auf, selbstständig zu denken, sie nutzen auch ihre Angstkraft nicht mehr, um wach zu bleiben, genau und sorgfältig zu arbeiten und um neue, vielleicht bessere Lösungen zu finden. Stattdessen werden durch die Sanktionierung von Regelverstößen emotionale Angstknöpfe gedrückt, was zu Lähmung und Vertuschung von Fehlern führt. So kann übermäßige Kontrolle sogar zu mehr (emotionaler) Angst führen.

Neues Narrativ: Angst als Antwort auf Komplexität

Weniger zentrale Steuerung ermöglicht mehr Flexibilität, um auf Unvorhergesehenes reagieren zu können. So wie der Kreisverkehr für wechselndes Verkehrsaufkommen meist besser geeignet ist als die Ampel, so sind agile Prinzipien für ein komplexes Umfeld hilfreicher als starre Prozessabläufe. Sie erfordern aber auch, dass die Handelnden die Angst bewusst und verantwortlich nutzen — wach sind für Veränderungen und mit dem gehen, was kommt, anstatt auf Regeln zu beharren. Sonst kommt es zur Kollision.

Gerade in Organisationen mit flexibleren Strukturen und dezentralisierter Verantwortung bedarf es nicht nur der Gehirne, sondern auch der geschärften Sinne aller, um wach zu sein für die Konsequenzen des eigenen Handelns, für die Kundenbedürfnisse und dafür, ob vom Unternehmenssinn abgewichen wird. Frederic Laloux beschreibt in seinem Buch „Reinventing Organizations", wie ein Produktionsmitarbeiter des Automobilzulieferers FAVI ein Qualitätsproblem an einem Teil bemerkte, an dem er arbeitete. Er hielt nicht nur sofort die Maschine an und prüfte alle unfertigen und fertigen Teile, er begab sich auch umgehend zusammen mit dem Kundenmanager auf die achtstündige Fahrt zur Volkswagenfabrik, um dort sämtliche Teile zu prüfen. Hätte der Mitarbeiter (emotionale) Angst vor Bestrafung gehabt, hätte er den Fehler wahrscheinlich verheimlicht. Da der Umgang bei FAVI ein anderer ist, hat der Mitarbeiter seine Angst wirksam genutzt, um größeren Schaden beim Kunden abzuwenden.

> **Angst ist also eine wichtige Ressource im Umgang mit Komplexität, die uns Menschen übrigens auch von Robotern unterscheidet.**

Menschen können im Gegensatz zu Robotern mit Überraschungen wirksam umgehen — aber nur, wenn wir die Überraschungen (und damit auch die Angst) zulassen. Komplexität kann weder gemanagt noch reduziert werden. Man kann ihr nur mit menschlichem Können begegnen.

Mythos 6: Angst blockiert Kreativität
Diese Erfahrung kennen viele von uns: Wenn wir unter Druck stehen, Angst haben, anzuecken, oder gar um unseren Job fürchten, fällt es uns schwer, der Kreativität freien Lauf zu lassen. Andererseits ist für Organisationen, die die Angst ausklammern und auf Sicherheit getrimmt sind, jede Innovation ein Risiko — wer weiß schon, ob sie Erfolg haben wird und sich die Investition lohnt. Einer meiner ehemaligen Arbeitgeber hatte für einige Zeit das Motto „Safety First" ausgerufen. Was bedeutete, dass nur Projekte finanziert wurden, die 100%ige Aussicht auf Erfolg hatten. Ein Killer für jegliche Innovation. Bei all dem handelt es sich — du ahnst es — um emotionale Ängste und Vermeidungsstrategien, aber nicht um die Angstkraft an sich.

Neues Narrativ: Kreativität braucht die Angst
Not macht erfinderisch. Das wissen wir nicht erst seit der Coronazeit, in der viele Innovationen und neue Möglichkeiten zur Weiterführung der täglichen Arbeit entstanden sind. Angst ist aber nicht nur ein Motor, um uns aus einer Notlage herauszubewegen. Sie ist auch die eigentliche Kraft, die wir brauchen, um kreativ zu sein und Innovationen zu erschaffen! Denn solange wir aus der Sicherheit unseres Wissens heraus etwas entwickeln, kann es per Definition nicht neu sein, sondern bestenfalls eine Modifikation von Bekanntem. Erst wenn wir das Gefühl der Angst nutzen, um uns in das Territorium des Nicht-Wissens zu bewegen, können wir bislang unbekannte Wege und Lösungen finden und etwas wirklich Neues erschaffen. Wenn meine Kunden mit Agilitäts- und Kreativitätstechniken arbeiten, lade ich sie ein, ihre Angstkraft bewusst einzusetzen: Ob in Design Thinking Prozessen, bei Open Space Konferenzen oder in Kreativworkshops —

überall kann die Energie der Angst dabei unterstützen, Neuland zu betreten. Bei anderen Methoden wie Time Boxing kann die Angst genutzt werden, um effizient mit der Zeit umzugehen und gleichzeitig kreativ zu werden.

Mythos 7: Angst verhindert Veränderung

Gerade in Change-Prozessen wird die Angst oft als Verhinderer gesehen. In meiner Arbeit begegnen mir immer wieder Menschen, die angesichts größerer Umbrüche in eine Schockstarre fallen, Veränderungen ausweichen und oft über Jahrzehnte hinweg auf derselben Position bleiben, obwohl sie bereits genauso lange darüber lamentieren, wie schlimm die Arbeit/Kollegen/Chefs sind. Und auch hier handelt es sich um Emotionen, nämlich um die Angst vor der Angst.

Auf der anderen Seite hat das Management häufig kein Verständnis und oftmals nicht einmal eine Wahrnehmung für die Ängste der Mitarbeitenden — wie auch, wenn sie schon ihre eigene Angst nicht spüren können. Von mehreren, teils gefürchteten CEOs habe ich die Aussage gehört: Warum haben die Leute denn Angst? Es passiert ihnen doch nichts! Das hat schon so manchen Change-Prozess zum Kippen gebracht.

Neues Narrativ: Angst als Transformationskatalysator

Angst steht erst mal am Beginn einer jeden Change-Kurve, die Vorahnung, dass etwas Neues, Unbekanntes kommt. Mein Geschäftspartner sagt immer: „Wenn ich in Transformationsprozessen keine Angst im Kundensystem wahrnehme, dann wird mir angst." Denn das wäre ein Hinweis darauf, dass die anstehende Veränderung nicht groß genug ist, mehr Schönheitskorrektur als wirkliche Transformation. Angst ist ein Signal dafür, dass wirklich Neuland betreten wird, der Schritt hinausgeht aus der Komfortzone. Wenn wir also keine Bereitschaft haben, der Angst zu begegnen, weil wir (emotionale) Angst vor der Angst haben, werden wir nicht aus unserer Komfortzone herauskommen. Und dann verharren Menschen in Bekanntem, selbst wenn es verhasst ist und sie von ihrem Potenzial abschneidet (siehe oben).

Ein erster Schritt für das Management ist es, die Angst der Mitarbeitenden zu erkennen und anzuerkennen. Durch eine frühe Einbindung und eine transparente, menschliche Kommunikation können emotionale Ängste schneller abebben, um dann den kollektiven IQ und EQ einschließlich der Angstkraft der Menschen im Unternehmen nutzbar zu machen.

Denn wir brauchen die Angst in Veränderungsprozessen: um wach zu sein, wenn wir unbekanntes Gebiet betreten, um unnötige Fehler zu vermeiden und intelligente Risiken einzugehen, um die Schwelle des Nicht-Wissens zu überschreiten und zu spüren, was an Neuem entstehen will. Otto Scharmer spricht in seiner Theorie U von Presencing, dem Überschreiten der inneren Schwelle, ohne zu wissen, was danach kommt. Erst dann können wir aus der Zukunft heraus führen.

In der Begleitung von Transformationsprozessen nutze ich selbst meine Angst, um zwischen den Zeilen zu lesen, versteckte Agenden herauszuhören, Spannungen zu erspüren und mitzukriegen, wie die Stimmung wirklich ist, um die Workshop-Agenda über Bord zu werfen und mit dem zu gehen, was gerade dran ist, und in neues Territorium zu navigieren.

Welche Geschichte wählst du?
Die Verteufelung der Angst ist weder für Einzelne noch für Unternehmen hilfreich. Deshalb habe ich mich vor einigen Jahren für das neue Narrativ entschieden. Und wie immer beginnt der erste Schritt mit dem Kehren vor der eigenen Haustür. Das kann niemand für uns tun. Aber es kann uns auch niemand davon abhalten! Es ist für mich eine tägliche Praxis geworden, Emotionalhygiene zu betreiben, meine Taubheitsschwelle herunterzufahren, um die niedrigschwellige Angst (und auch die anderen Gefühle) wahrzunehmen, ihre Botschaft zu erkennen und ihre Kraft zu nutzen. Das ist manchmal unbequem, denn ich kann niemand anderen mehr für meine Gefühle verantwortlich machen. Aber es hat auch etwas mit Erwachsen-Sein zu tun. Und je mehr Menschen sich dafür entscheiden, erwachsen zu werden und Verantwortung zu übernehmen, desto mehr kann sich das Zusammensein und -arbeiten verändern.

> „In dieser neuen Geschichte der Angst geht es nicht nur um das Wahrnehmen und Zulassen von Angst, sondern darum, sie bewusst und verantwortlich als Kraft zu nutzen!"

Dafür braucht es auf der anderen Seite auch mehr und mehr Organisationen, die mit ihrer Angst gehen, um Pionierarbeit zu leisten. Organisationen, die Prozesse und Strukturen zur Selbstführung jenseits des Taylorismus schaffen, die ein verantwortliches Handeln unterstützen und eine Kultur fördern, in denen die Mitarbeitenden nicht mehr als Maschinen, sondern als Menschen gesehen und wertgeschätzt werden und mit allen Gefühlen eingeladen sind. Dann besteht die Chance, dass so etwas wie beseelte Organisationen entstehen. Organisationen, die auch ihre Angst nutzen, um über den eigenen Tellerrand hinauszuschauen, um aufzuhören, am eigenen Ast zu sägen, und um alternative Lösungen zu kreieren, die nicht mehr mit der Ausbeutung von Menschen und Rohstoffen und der Zerstörung der Natur einhergehen. Deshalb wünsche ich mir, dass wir mehr Angst in Organisationen fühlen — und sie bewusst und verantwortlich nutzen.

Die Autorin
Tanja Gerold

Tanja Gerold ist Beraterin, Trainerin, Coach und Organisationsentwicklerin und begleitet seit 2010 Menschen und Organisationen in Transformationsprozessen. Mit ihrem Hintergrund als Wirtschaftsingenieurin, 20 Jahren Erfahrung als Führungskraft im internationalen Umfeld sowie als Unternehmensgründerin und Gesellschafterin kennt sie den Bedarf ihrer Kund:innen auch aus der eigenen Praxis.

Ihre Mission ist ein Paradigmenwechsel hin zu sinnerfüllten, zukunftsfähigen Organisationen — durch mehr Bewusstsein und Verantwortung und durch neue Formen der Zusammenarbeit. Mit einer alltagstauglichen Synthese aus integraler Organisationsentwicklung in Verbindung mit Emotional Empowerment und Embodiment schafft sie jenseits aller Theorie eine hohe Wirksamkeit und Nachhaltigkeit für ihre Kund:innen.

koment.org
tanjagerold.com

Uwe Rotermund

Unternehmenskultur ist (auch) Handwerk

Wie wir mit nützlichem Organisationshandwerk aus der Komplexitätsfalle ausbrechen können

Die Transformation hin zu einem agilen bzw. selbstorganisierten Unternehmen steht auf der Agenda vieler Unternehmer. Angetrieben wird diese Veränderung nach meiner Wahrnehmung durch die steigende Komplexität im Geschäftsleben, ja in unserem Leben insgesamt. Immer mehr Vernetzung, atemberaubende Technologie, steigendes Anspruchsdenken, wachsende Globalisierung, notwendiger Sinn für Nachhaltigkeit und nicht zuletzt der schwarze Schwan der Coronapandemie sorgen für signifikant steigende Komplexität. Das Wesen der Komplexität ist die Unbeherrschbarkeit. Komplexität kann nicht im klassischen Sinn durch Planung und Kontrolle „gemanagt" werden, denn die Anzahl der unkalkulierbaren und unbekannten Unsicherheiten ist viel zu groß. Und doch haben viele Manager:innen den Reflex, der neuen Komplexität mit den alten Methoden des Managements zu begegnen. Diese alten Methoden sind gut geeignet, komplizierte (nicht komplexe) Problemstellungen zu bewältigen.

> Ein kompliziertes Problem lässt sich mit viel Planung und Kontrolle durchdringen, ein komplexes jedoch nicht.

Dass für komplexe Herausforderungen auf den Werkzeugkasten für komplizierte Probleme zurückgegriffen wird, ist nicht verwunderlich. Schließlich haben wir es ja in unserer Managementschule jahrzehntelang so vermittelt bekommen und gelernt. Viele Verantwortliche spüren jetzt mit brutaler Wucht, dass diese Methoden nicht mehr wirken, dass die Komplexität immun gegen traditionelle Problemlösungstechniken ist. Viele spüren die Komplexitätsfalle. Wenn sie Probleme mit noch mehr Planung und noch mehr Kontrolle bewältigen wollen, wird der Berg der Probleme immer größer. Je mehr sie sich auf traditionelle Weise engagieren, desto größer werden die ungelösten Probleme.

Wie gelingt nun der Ausbruch aus der Komplexitätsfalle? Das Zaubermittel heißt nach meiner Einschätzung Selbstorganisation. Und hier hat Frederic Laloux in seinem Buch „Reinventing Organizations" schon vor vielen Jahren einige fundamentale Organisationsprinzipien verdeutlicht, die sich vom traditionellen Management, ja sogar vom traditionellen Bild des arbeitenden Menschen deutlich unterscheiden. Laloux glaubt fest daran, dass die meisten mitarbeitenden Menschen intrinsisch motiviert und damit leistungsbereit sind, wenn es gelingt, in einer Organisation Sinn, Ganzheitlichkeit und Autonomie erlebbar zu machen. Für mich war vor über zehn Jahren, als ich mich zum ersten Mal mit den Theorien und Praxisbeispielen von Frederic Laloux und weiteren Verfechtern von Selbstorganisation befasst hatte, ein neues und überzeugendes „Betriebssystem" von Führung und Management deutlich geworden. In den Jahren danach habe ich viele Prinzipien der Selbstorganisation sowohl im Labor meines eigenen 100-köpfigen Unternehmens noventum wie auch in einigen Organisationsprojekten bei Kunden umgesetzt und dabei die Kraft dieser Prinzipien erlebt.

Die Idee, dass mit Selbstorganisation ein neues Organisationsmodell zum erfolgreichen Umgang von Komplexität zur Verfügung steht, aber oft noch nicht genutzt wird, hat mich so sehr beschäftigt, dass ich 2020 dazu ein Buch mit dem Titel „Ausbruch aus der Komplexitätsfalle — ein Leitfaden zum selbstorganisierten Zusammenarbeitsmodell für Manager und Macher" geschrieben habe, das im April 2021 bei Springer Gabler erschienen ist. Warum braucht die Welt noch ein Buch über das Potenzial von selbstorganisierten Unternehmen? Mir ist es wichtig, dass mächtige Manager:innen, die sich für eine partizipative Führung auf Augenhöhe aus einer entsprechenden Haltung heraus entschieden haben, ein sehr praktikables Handwerkszeug der Organisationsentwicklung erhalten. Mir geht es nicht darum, an eine Haltung zu appellieren, sondern denjenigen, die die entsprechende Haltung haben, konkrete Organisationswerkzeuge zur

Verfügung zu stellen. Wenn beides zusammenkommt, nämlich die Haltung und die Organisationswerkzeuge, also das Wollen und das Können, kann die Transformation hin zu einer Unternehmenskultur der Selbstorganisation und damit zu menschen- und erfolgsorientierten Unternehmen gelingen. Darüber hatte ich in dieser Deutlichkeit noch kein Buch gefunden und daher glaube ich, dass die Welt mein neues Buch braucht.

Drei Attraktoren und zwölf Elemente selbstorganisierter Unternehmen
Frederic Laloux benennt in seiner Bibel für moderne Organisationen „Reinventing Organizations" drei Attraktoren für selbstorganisierte Unternehmen: Sinn, Autonomie und Ganzheitlichkeit. Für mich war diese Sicht auf Führung, Management und Organisation vor vielen Jahren eine echte Erleuchtung. Führungskräfte sollen das Loslassen lernen? Sollen sich um Sinn, Autonomie und Ganzheitlichkeit kümmern und dann ganz darauf vertrauen, dass sich die Dinge von selbst wie von Geisterhand zusammenfügen? Selbst als Great Place to Work® Experte, der seit vielen Jahren Vertrauenskultur geübt hat, waren mir einige Aspekte dieses radikalen Ansatzes von Laloux noch unvertraut. Aber sie machten mich neugierig. Parallel hatte ich mich mit sehr vielen anderen Publikationen auseinandergesetzt, so z. B. mit den Werken von Niels Pfläging (Organisation für Komplexität), Stephanie Borgert (Unkompliziert), Daniel H. Pink (Drive!) und Jack Stack (The Great Game of Business). Danach habe ich die drei wichtigsten Attraktoren der Selbstorganisation für mich ein wenig neu definiert — und zwar als Sinn, Autonomie und Leistungsorientierung. Ja, Lust auf Leistung fehlte mir in dem Laloux-Modell. Daher habe ich für mein persönliches Modell den Laloux'schen Attraktor Ganzheitlichkeit durch Leistungsorientierung ersetzt.

> **Attraktoren können von den mächtigen Verantwortlichen bewusst aufgestellt und gestärkt werden.**

Attraktoren können von den mächtigen Verantwortlichen bewusst aufgestellt und gestärkt werden. Vorausgesetzt, die Mächtigen glauben daran, dass die Attraktoren die eigentlichen Treiber für die Entwicklung des Systems Unternehmen sind. Damit die Attraktoren wirken und ihre Kraft entfalten können, müssen jedoch alte Führungs- und Managementsysteme verändert und teilweise abgeschafft werden. Das verändert die Rolle und das Selbst-Bewusstsein der Führungskräfte und rüttelt an deren Glaubenssätzen.

Das System Unternehmen wird nicht durch zentrale Planung, Gestaltung, Anweisung, Kontrolle und Disziplinierung auf den Erfolgsweg gebracht, sondern dadurch, dass gut aufgestellte Attraktoren bewirken, dass Menschen sich intrinsisch motiviert selbst entscheiden, nützliche Dinge für das Unternehmen zu tun. Was dann entsteht, ist allerdings weniger vorhersehbar. Das System entwickelt sich dynamisch und adaptiv und das ist in einer komplexen Welt gut so. Die Haltung der Mächtigen ist dabei ein entscheidender Punkt.

> **Wollen die Mächtigen auf Machtausübung verzichten und stattdessen Wirkung erzeugen bzw. zulassen? Haltung entscheidet.**

Nun zu den drei Attraktoren
Bei dem Attraktor Sinn geht es darum, den Menschen in der Organisation eine qualitative Orientierung zu geben. Wofür lohnt es sich, sich und seine Arbeitskraft einzusetzen? Zu welchem höheren Konstrukt leisten sie einen wichtigen Beitrag? Welche Grundbedürfnisse der Menschen werden befriedigt und gefördert? Wie werden im Sozialsystem Unternehmen die Anreize gesetzt, sodass sich Kooperation lohnt? Die Verantwortlichen können diese Fragen beantworten, indem sie sich darum kümmern, dass das Unternehmen

» eine relevante Daseinsberechtigung (= Mission) hat,
» ein attraktives Zukunftsbild (= Vision) partizipativ entwickelt hat,
» auf einem klar definierten Wertesystem fußt und
» entscheidungsunterstützende Prinzipen statt starrer Regeln hat.

Passende Worte zu diesen vier Elementen in offenen Gesprächen mit vielen Beschäftigten zu erarbeiten, sie dann zu verdichten, prägnant auszuformulieren, hübsch zu bebildern und dann systematisch zu kommunizieren ist wichtig, reicht aber nicht. Sinn entsteht erst dann, wenn es gelingt, diese Definitionen mit den Lebenswelten der Mitarbeitenden zu verknüpfen. Dazu helfen viele Gespräche, ein authentisches „Storytelling" und das Vorleben durch die Führungskräfte.

Leistungsorientierung ist mir als Attraktor wichtig, da ich daran glaube (Achtung Glaubenssatz), dass die meisten Menschen Lust auf Leistung haben und Selbstwirksamkeit verspüren wollen. Das gilt für Unternehmen genauso wie für den Mannschaftssport. Nur in Unternehmen kennen im Gegensatz zum Leistungssport oft sehr viele Menschen weder den Spielstand noch die Spielregeln und auch nicht ihren eigenen Beitrag zum Erfolg. Wie soll da Lust auf Leistung aufkommen? Für mich besteht der Attraktor Leistungsorientierung aus folgenden Elementen:

- Zielorientierung, d. h. die Klarheit über Etappenziele und Verantwortlichkeiten zur Erreichung von Mission und Vision
- Ergebnistransparenz, also die umfassende Kenntnis des aktuellen Spielstands auf allen für die Mitarbeitenden relevanten Spielfeldern
- Selbstwirksamkeitserleben, also der deutlich spürbare Beitrag zur Etappenzielerreichung und die Wertschätzung der Gruppe dazu
- Agiles Controlling, ein adaptives Steuerungssystem, das den Lernprozess bzgl. der messbaren und erreichbaren Etappenziele unterstützt

Bei diesem Attraktor, der ganz besonders von den Führungskräften gestaltbar ist, muss mit viel Fingerspitzengefühl vorgegangen werden. Leistungsorientierung hat in der Industriegesellschaft keinen guten Ruf. Schließlich haben viele Unternehmen sich fokussiert auf das Ausquetschen der Mitarbeitenden und Arbeitnehmervertretungen haben dagegengehalten. In einem selbstorganisierten Unternehmen wird der Leistungsbegriff jedoch ganz anders belegt. Hier geht es um intrinsische Motivation und das Grundbedürfnis der Selbstwirksamkeit. Die neue Definition von Leistungsorientierung korrespondiert stark mit dem nächsten Attraktor Autonomie.

Der dritte Attraktor Autonomie ist auch der schwierigste für Menschen, die etwas erreichen wollen, denn er steht im Konflikt mit dem Grundbedürfnis der Kontrolle. Wie kann ich durch meine eigenen Handlungen sicherstellen, dass Mitarbeitende das tun, was ich von ihnen erwarte?

Autonom handelnde Personen werden nicht im klassischen Sinne kontrolliert und das fühlt sich für viele klassische Führungskräfte als schmerzhafter Kontrollverlust an.

Zu dem Attraktor Autonomie zähle ich folgende vier Elemente:

1. Verantwortung, d. h. die Klarheit darüber, wer welche Aufgaben und Rollen zur Unterstützung der Mission und Vision übernimmt
2. Vertrauen, dass die Mitarbeitenden ihre Verantwortung übernehmen, selbst wenn sie nicht permanent kontrolliert werden
3. Resilienz der Beschäftigten, sodass sie sich dauerhaft selbst nicht über- und unterfordern, sondern befähigt werden, sich im „Flow"-Modus zu bewegen
4. Selbstverbundenheit, d. h. das Wissen der Mitarbeitenden um ihre Stärken und Schwächen, um ihre Energieräuber und Energietanks und darum, wie sie am besten einen Beitrag zu Mission und Vision leisten wollen

Das Zulassen von Autonomie der Mitarbeitenden braucht zum einen eine Haltung bzw. ein Menschenbild, dass sich Vertrauen lohnt. Andererseits ist das Ermöglichen von erfolgreicher Autonomie auch harte Organisationsarbeit, denn das Gestalten von Verantwortungsbereichen und die Befähigung zu Resilienz und Selbstverbundenheit ist konkrete Management-, Führungs- und Beziehungsarbeit.

Acht Zutaten der Organisationsgestaltung
Die drei Attraktoren mit den zwölf Elementen können und müssen von den mächtigen Manager:innen gestaltet und zur Wirkung gebracht werden. Das ist nach meiner Überzeugung ihre Hauptaufgabe. Wenn ihnen das gelingt, braucht es keine klassische Führung mit Anweisungen und Kontrollen mehr. Das System Unternehmen entwickelt sich dann quasi wie ein Organismus, dem man gute Bedingungen schaffen muss und das man beobachten muss, um ggfs. die Bedingungen behutsam anzupassen. Und die Führungskräfte tun im Tagesgeschäft alles dafür, dass sich das System im Einfluss der drei Attraktoren entwickeln kann. Sie mutieren zu Systemarchitekt:innen und „Servant Leaders".

> Damit dies gelingen kann, braucht es ein entsprechendes Mindset und einen guten Werkzeugkasten.

Über Mindsets und darauf basierende Verhaltensweisen hat Martin Permantier in „Haltung entscheidet" viel Hilfreiches und Relevantes ausführlich beschrieben. Ich möchte mich hier und in meinem Buch „Ausbruch aus der Komplexitätsfalle" auf den Werkzeugkasten der Organisationsentwicklung fokussieren. Ich habe den Werkzeugkasten auf der Basis meiner 10-jährigen Erfahrung als „Sandwich Manager" und meiner 25-jährigen Erfahrung als Unternehmer und Berater sowie vieler inspirierender Bücher und Gespräche zusammengestellt. Er enthält acht Zutaten, und zwar:

1. das Management von Vertrauenskultur, denn Vertrauen ist die Grundlage aller weiteren Elemente,
2. das Schneiden von Verantwortungsbereichen, damit sich Menschen sicher auf ihrem Spielfeld bewegen können und dabei immer die Kundschaft und die Wertschöpfung im Auge behalten,
3. das Etablieren intelligenter Entscheidungsprozesse, die sich nicht primär die Pyramide hinaufbewegen, sondern Entscheidungen dort verorten, wo sie hingehören, nämlich zu den Verantwortlichen,
4. die Nutzung von agilen Methoden zur Unternehmensorganisation und zum Projektmanagement, damit mit Fokus, Partizipation und Transparenz Energie entfesselt wird, von denen hierarchische Systeme nur träumen können,

5. die Steuerung des Unternehmens und der Geschäftsbereiche mit Objectives & Key Results, damit sich die Potenziale des agilen Arbeitens auch in den Steuerungssystemen entfalten und harte Fakten und emotionale Visionen zusammenwirken,
6. das Justieren des Kompasses durch ein Leitbild, das das „WHY", das „HOW" und das „WHAT" der Organisation emotional verdeutlicht und damit Orientierung beim Fahren auf Sicht ermöglicht,
7. die Etablierung einer Kultur von weitgehender Transparenz in Kombination mit Systemen zum vielfältigen Informationsaustausch,
8. eine neue Definition von Karriere, Rollen und Titeln, da die Pyramide, in der man sich früher hochgearbeitet hat, in dieser Form ausgedient hat.

Zu jeder dieser acht Zutaten habe ich eine Handvoll von ganz konkreten Organisationsmaßnahmen im Sinne von Prozessen und Strukturen gesammelt. Insgesamt sind dadurch 40 Organisationsmaßnahmen zusammengekommen, die ich auf einem DIN-A1-Plakat überblicksartig dargestellt habe, das mir immer wieder die Orientierung verschafft, an was es zu denken gilt.

Agiles Change Management für die Transformation hin zu mehr Selbstorganisation

Selbst wenn die mächtigen Manager:innen für sich entschieden haben, ein selbstorganisiertes Unternehmen zu entwickeln und Machtausübung gegen Wirkung zu tauschen, lässt sich der Hebel nicht einfach umlegen. Das ganze System und die dort involvierten Menschen müssen erst lernen, die neuen Spielregeln anzuwenden, um das großartige Potenzial zu entfesseln. Die Transformation braucht ein wirkungsvolles Change Management. Dabei finde ich das ADKAR-Modell des Prosci®-Instituts sehr hilfreich. ADKAR steht für Awareness, Desire, Knowledge, Ability und Reinforcement. Im Deutschen könnte man das als Dringlichkeit, Wandlungswunsch, Wissen, Können und Struktur definieren und dabei das eingängige Akronym Dr. WaWiKS nutzen.

Bei fast allen Change Management Methoden steht am Anfang das Gefühl der Dringlichkeit (Awareness) der Veränderung, das erzeugt werden muss. Das ist eine Kernaufgabe der Mächtigen. Warum muss sich das System verändern? In der zweiten Phase des Change Management geht es darum, den Wandlungswunsch (Desire) aller Mitspielenden zu wecken. Hier stellt sich für jede einzelne Person die Frage: „What's in it for me?" Dies ist der entscheidende Punkt des Change Management. Aus der Erkenntnis „Hier muss sich etwas ändern" muss entstehen „Ich will hier etwas ändern und mich selbst dabei auch verändern". Hier ist intrinsische Motivation substanziell. Erst wenn diese beiden ersten Phasen des Change Management erfolgreich abgeschlossen sind, kann mit der Vermittlung von Wissen (Knowledge), dem Einüben der neuen Routinen (Ability) und der strukturellen Absicherung (Reinforcement) fortgefahren werden. Zu allen fünf Phasen des Change Management nach Prosci® existiert eine Vielzahl von Checklisten und Analysewerkzeugen.

> **Mit agilen Methoden kann man dem Change Management hin zu mehr Selbstorganisation den Turbo verpassen, insbesondere in den entscheidenden ersten beiden Phasen des Erzeugens der Dringlichkeit und des intrinsischen Wandlungswunsches.**

Für das Erzeugen der Dringlichkeit nutze ich gerne das Business-Spiel eigenland®. Mit vorformulierten Thesen, die ein Idealbild der Organisation beschreiben, wird die Sehnsucht nach dieser Zukunft genährt. Typische Thesen sind „Hier vertraut jeder jedem" oder „Die Führungskräfte sorgen optimal für Orientierung". Dann wird auf spielerische Weise ermittelt, bei welchen Thesen in der aktuellen Organisation noch große Abweichungen vom Idealzustand existieren und welche Hindernisse im System dafür die Ursache sind. Sind die Hindernisse identifiziert, wird nach Wegen der Beseitigung gesucht — ohne Schuldzuweisungen, sondern allein durch die Auflösung von Zielkonflikten, ungünstigen Anreizsystemen o. Ä. Die Identifikation der Hindernisse im System und der kollektive Wunsch nach deren Beseitigung ist der erste Schritt im Change Management. Ein Gefühl der Dringlichkeit der Veränderung liegt vor und ebenso gibt es erste Ideen, an welchen Stellen die Veränderung konkret erfolgen kann.

Jetzt folgt die wichtige zweite Phase des Change Management, die Erzeugung des Wandlungswunsches. Alle im vorherigen Schritt identifizierten Maßnahmen zur Beseitigung der Hindernisse werden in einen Backlog auf einem Kanban Board notiert, gruppiert und vom Product Owner (dem „ranghöchsten" Mächtigen) priorisiert. Und dann wird „gepullt". Die Menschen, die aus Überzeugung Aufgaben zur Hindernisbeseitigung verantwortlich übernehmen wollen, entscheiden sich intrinsisch motiviert dazu und stimmen die Details auf Augenhöhe mit dem Product Owner ab. Danach wird gesprintet mit Stand-ups, Reviews, Retros und Plannings. So entsteht eine Dynamik, bei der die Menschen Verantwortung übernehmen, die es wirklich wollen und denen im Gegenzug großes Vertrauen geschenkt wird. Mit agilen Methoden wird also das agile Mindset eingeübt und gefestigt.

Erfahrungsgemäß dauert solch eine Transformation sechs bis zwölf Monate, je nach Anfangsenergie, Umsetzungskonsequenz und Komplexität der

Organisation. Für das Gelingen ist neben der Haltung der Mächtigen auch die unbedingte Konsequenz im agilen Projektmanagement entscheidend.

Die Schlussfolgerung

Haltung ist entscheidend und Werkzeuge zur Organisationsentwicklung sind wichtig. Wenn beides zusammenkommt, kann Großartiges entstehen. Unternehmen, die sich auf den Weg gemacht haben, erkennen deutlich, dass sie damit sowohl den Erfolg im eigenen Unternehmen fördern wie auch das gesamte Business-Öko-System positiv beeinflussen. Engagierte und intrinsisch motivierte Mitarbeitende sind glücklicher bei ihrer Aufgabenerledigung und übertragen das automatisch auf Kundschaft, Lieferant:innen und Partner:innen und schaffen damit eine positive Resonanz. Ein authentisches Klima von Vertrauen, Kooperation, Verantwortungsübernahme und Leistungsbereitschaft wirkt nicht nur in der eigenen Organisation, nicht nur im Business-Öko-System, sondern auch gesamtgesellschaftlich. Gesellschaften, die von Vertrauen geprägt sind, sind nachweislich glücklicher und friedlicher als andere.

> Gesellschaften, die von Vertrauen geprägt sind, sind nachweislich glücklicher und friedlicher als andere.

In den 17 Nachhaltigkeitszielen der Vereinten Nationen ist das Ziel 8 eine menschenwürdige Arbeit und Wirtschaftswachstum. Die Gestaltung von selbstorganisierten Unternehmen mit dem Fokus auf Vertrauen und Kooperation ist dabei ein wichtiger Baustein. In diesem Sinne engagiere ich mich sehr dafür, dass eine entsprechende Unternehmenskultur verbreitet wird. Diese Unternehmenskultur ist gut für die Menschen, gut für den Unternehmenserfolg und gut für die Gesellschaft. Dafür setze ich mich persönlich u.a. im Diplomatic Council als Director Culture of Trust und überall in meinem Business Netzwerk ein. Ich bin Martin Permantier dankbar, dass ich an dieser Stelle auch eine Plattform bekommen habe, meine frohe Botschaft zu verbreiten.

Ich freue mich, wenn ich viele Gleichgesinnte finde.

Der Autor

Uwe Rotermund

Der Familienmensch mit 7 Kindern und gelernte IT-Experte hat viele Jahre im Management streng hierarchischer, pyramidenartiger Unternehmen gearbeitet. Ihm wurde dabei die Energieverschwendung dieser Systeme immer mehr bewusst, sodass er folgerichtig sein eigenes Unternehmen noventum mit ganz anderen Spielregeln gründete. Sein 100-köpfiges Unternehmen ist geprägt von Vertrauen, Verantwortungsübernahme und Leistungsorientierung und wurde mehrfach zu einem der besten Arbeitgeber Deutschlands gekürt. Als Organisationsberater gibt er seine Expertise an viele Unternehmen in Form von Keynotes, Büchern, Webinaren, Blogartikeln, Workshops und Veränderungsprojekten weiter.

Im April 2021 erschien sein neues Buch „Ausbruch aus der Komplexitätsfalle – ein Leitfaden zum selbstorganisierten Zusammenarbeitsmodell für Manager und Macher".

uwe-rotermund.de
noventum.de

Veronika Hucke

Harmonie wird überbewertet

Die Kehrseite der „positiven Atmosphäre im Team"

Für den Erfolg eines Teams reicht es nicht aus, dass alle nett zueinander sind und mögliche Auseinandersetzungen geschickt umschiffen. Stattdessen müssen Gruppen Konflikte austragen und aushalten. Denn nur durch den Wettbewerb verschiedener Ideen und Erfahrungen entstehen Innovationen und außergewöhnliche Ergebnisse. In einem vielfältigen Umfeld müssen sich dabei die Spielregeln an die neue Realität anpassen.

Vor einiger Zeit habe ich einen Workshop für Führungskräfte in einem großen Unternehmen gehalten. Es ging um die Herausforderungen eines vielfältigen Teams. Wie man Menschen führt, die anders sind als man selbst: die zum Beispiel deutlich älter oder jünger sind, ein anderes Geschlecht, einen anderen sozialen oder kulturellen Hintergrund und andere Erfahrungen haben — und damit oft auch andere Perspektiven oder Werte.

Der Austausch war offen und intensiv, gespickt mit persönlichen Erfahrungen, Erlebnissen und einem guten Stück Frustration. Sie alle waren sich über den Einfluss unbewusster Denkmuster und Vorurteile auf Personalentscheidungen im Klaren. Allerdings hatten sich die meisten bisher kaum damit auseinandergesetzt, was es anschließend — nach der Einstellung —

bedeutet, wenn unterschiedliche Menschen zusammenarbeiten. Welche Konsequenzen Vielfalt im Team für den eigenen Führungsstil haben muss. „Ich kann ja schließlich nicht für alle, die das wollen, die Regeln anpassen!", brach es stattdessen aus einer Teilnehmerin heraus. In Summe waren sich die Beteiligten in ihrer Erwartung einig: dass sich Teammitglieder anpassen müssen; sich gemeinsamen Regeln unterwerfen, wie es in der Vergangenheit geklappt hatte. Wo das geschah, erlebten sie die Zusammenarbeit als harmonisch. Dann waren die Vorgesetzten mit der Situation zufrieden — und sollten es doch eigentlich nicht sein. Denn statt das Potenzial ihres Teams voll auszuschöpfen, verhindern sie — im Namen der Harmonie —, dass alle Mitglieder zu voller Stärke auflaufen, und schaffen unbeabsichtigt ein Umfeld, in dem es unfair zugeht.

Dabei war der Business Case für Diversity — für Vielfalt — allen bekannt. Dass es sich positiv auf den Erfolg auswirkt, wenn verschiedene Menschen zusammenarbeiten. Dass sie innovativer sind und auf bessere Lösungen kommen. Allerdings fielen sie auf einen Fehler herein, den Menschen gerne machen, wenn sie die Vorteile von Vielfalt preisen: Sie übersahen, dass die Rahmenbedingungen stimmen müssen. Von Vielfalt profitiert nur, wer sicherstellt, dass unterschiedliche Perspektiven tatsächlich geteilt werden. Wenn sich Menschen — unabhängig davon, wer sie sind — eingeladen fühlen, ihre Ideen und Ansichten auf den Tisch zu bringen. Wo das nicht geschieht, kommt es zu Konformität und Gruppendenken — oder es wird einfach nur ungemütlich.

> Von Vielfalt profitiert nur, wer sicherstellt, dass unterschiedliche Perspektiven tatsächlich geteilt werden.

Wir ecken nicht gerne an
Ausgeprägte Harmonie ist nicht die beste Voraussetzung, damit alle ihre Gedanken teilen. Ganz im Gegenteil. Eine besonders harmonische Atmosphäre führt regelmäßig dazu, dass sich Menschen mit konträren Ansichten zurückhalten, um die positive Stimmung nicht zu trüben. Schließlich sind Menschen Herdentiere und für ihr Überleben auf die Gruppe angewiesen. Entsprechend gehen wir mit denen, die uns nahestehen, ungern auf Konfrontation. Das führt dazu, dass abweichende Meinungen nicht adressiert werden.

Sogar wenn die Beteiligten mit Aussagen und Entscheidungen nicht einverstanden sind, lassen sie diese häufig unkommentiert. Sie schweigen aus Furcht, Beziehungen zu gefährden und die Harmonie und den Zusammenhalt zu stören. Aber nicht nur das: Untersuchungen zeigen, dass die allermeisten Menschen sogar offensichtlich falsche Antworten geben, wenn sie annehmen, mit einer einmütigen Mehrheitsmeinung konfrontiert zu sein. Alles, um nicht anzuecken oder aufzufallen und sich reibungslos in die Gruppe einzufügen.

Aber ohne Auseinandersetzungen verlieren Gruppen ihre Effektivität. Innovation und herausragende Leistungen brauchen Reibereien. Durch sie werden Informationen besser genutzt und Probleme besser verstanden. Das führt zu schlaueren und oft auch unorthodoxen Lösungsvorschlägen. Wer keine substanziellen Konflikte austrägt, übersieht bei Diskussionen und Entscheidungen wichtige Aspekte oder ist sich ihrer einfach nicht bewusst. Dann versäumen es Teams, Annahmen zu hinterfragen oder unterschiedliche Alternativen zu entwickeln, und aufgrund des einmütigen Schweigens bemerken sie häufig noch nicht einmal, dass wichtige Informationen übersehen werden. Im Gegenteil, weil sich alle schnell einig sind, nehmen die Beteiligten den Eindruck mit, dass es richtig war, den Mund zu halten, und die eigene Idee offensichtlich ohne Wert. Dass niemand das Ergebnis hinterfragt, nimmt die Gruppe dann als Beleg für die Qualität ihrer Arbeit — „kann ja gar nicht anders gemacht werden" — und kommt noch nicht einmal auf die Idee, dass sie falsch liegen könnte.

Produktive Konflikte erfordern Vertrauen
Sich gegen eine Mehrheitsmeinung zu stellen, setzt Sicherheit voraus. Das Vertrauen, dass es einem nicht „an den Kragen geht", wenn man falsch liegt. Dass es weder die eigene Position noch den Status gefährdet. Dass es sich nicht negativ auf Beziehungen, das Image oder die Karriere auswirkt. Nur dann werden es Teammitglieder wagen, „zwischenmenschliche Risiken" einzugehen. Nur dann gehen sie bei Bedarf in die Opposition, mischen sich ein, zeigen die eigene Verletzlichkeit, geben Unsicherheiten und Fehler zu und bitten um Hilfe.

> Diese Sicherheit zu vermitteln, ist nicht immer leicht — schon gar nicht in einem heterogenen Team. Schließlich prägen unbewusste Denkmuster, Vorurteile und (stereotype) Erwartungen unser Verhalten — und wiederum das der Menschen, die uns umgeben.

Diesen Effekt zeigt schon eine Untersuchung aus den 60er-Jahren des letzten Jahrhunderts. Damals machte ein Harvard-Professor namens Robert Rosenthal einer Schule ein quasi unwiderstehliches Angebot: Mit einem neu entwickelten Test wollte er das akademische Potenzial von Kindern in den ersten und zweiten Klassen bewerten. Die Schulleitung lud ihn umgehend ein, die Klassen durchzutesten. Dabei zeigten etwa 20 % besonders viel Talent. Die Lehrkräfte wurden im Anschluss darüber informiert, wer in ihren Klassen ein „ungewöhnliches Potenzial für intellektuelles Wachstum" besäße, selbst wenn die Kinder in der Vergangenheit eventuell nicht besonders positiv aufgefallen waren.

Nach acht Monaten kehrte Rosenthal zu einer Nachfolgeuntersuchung zurück. Das Ergebnis schien die Qualität des Tests und seine Vorhersagekraft eindrücklich zu beweisen. Nicht nur der IQ der „vielversprechenden Talente" hatte sich viel deutlicher gesteigert als der der anderen Kinder. Laut Lehrpersonal waren sie außerdem neugieriger, glücklicher, kamen insgesamt besser zurecht und hatten deutlich mehr Potenzial für die Zukunft. Das einzige Problem: Der Test war kompletter Humbug. Die angeblich besonders vielversprechenden Kinder waren willkürlich ausgedeutet worden. Was ihre Entwicklung ermöglicht hatte, war nicht ihr größeres Potenzial. Stattdessen hatte sich das Verhalten der Lehrkräfte verändert. Sie hielten mehr Blickkontakt, lächelten und nickten häufiger, zudem nahmen sie sie öfter dran, gaben ihnen mehr Zeit zum Antworten und setzten ihnen höhere Ziele.

Die Auswirkungen, die das eigene Verhalten auf die Leistungen anderer Menschen hat, zeigt auch eine aktuelle Untersuchung, die in einem französischen Supermarkt durchgeführt wurde: Dort hatten Beschäftigte in unterschiedlichen Schichten verschiedene Vorgesetzte. Wenn sie sich von einer Führungskraft diskriminiert fühlten, machten sie in den entsprechenden Schichten mehr Pausen und scannten Artikel an der Kasse langsamer. Ihr Engagement hatte weniger mit den eigenen Fähigkeiten oder ihrer Leistungsbereitschaft zu tun. Stattdessen war es eine direkte Reaktion darauf, wie fair sie sich behandelt fühlten.

> Das Gefühl, ausgeschlossen zu sein und unfair behandelt zu werden, untergräbt Vertrauen und hindert Menschen daran, ihr Bestes zu geben.

Ein sicheres Umfeld schaffen

Das Gefühl, ausgeschlossen zu sein und unfair behandelt zu werden, untergräbt Vertrauen und hindert Menschen daran, ihr Bestes zu geben — nicht nur im Supermarkt. Weil der Kopf mit anderem beschäftigt ist und das Kreativität und Leistung einschränkt. Weil Menschen Ideen nicht teilen, aus Furcht, jemand nimmt ihnen die Butter vom Brot, oder weil sie Angst haben, nicht ernst genommen oder sogar ausgelacht zu werden. Manchmal kommen sie auch einfach nicht zu Wort.

Wie es anders geht, zeigte eine Untersuchung zur Intelligenz von Gruppen. Ein Forschungsteam wollte die Frage beantworten, ob es möglich sei, dass ein Team einen IQ hat, der höher liegt als die Summe der IQs seiner Mitglieder. Um das zu klären, ließen sie bis dato miteinander nicht bekannte Menschen in kleinen Gruppen unterschiedliche Aufgaben lösen, bei denen Kooperation erforderlich war, um sie erfolgreich abzuschließen.

Dabei zeigte sich ein überraschendes Phänomen. Unabhängig von der Aufgabe hatten Teams, die einmal erfolgreich waren, zumeist erneut Erfolg. Wer es einmal verbockt hatte, tat das tendenziell immer wieder. Denn was den Erfolg ermöglichte oder Misserfolg verursachte, waren nicht Kenntnisse oder die Qualifikation einzelner Teammitglieder. Es war der Umgang miteinander. Die richtigen Normen steigerten die Intelligenz einer Gruppe, unabhängig von den einzelnen Mitgliedern.

Während die verschiedenen Gruppen völlig unterschiedlich miteinander umgingen, gab es zwei Gemeinsamkeiten: In erfolglosen Teams gab es Einzelne oder einige wenige, die das Wort führten. Gleichzeitig waren die Beteiligten für die Gefühle anderer Teammitglieder weitestgehend blind. In erfolgreichen Teams sprachen dagegen alle etwa gleich viel — wenn eventuell auch in unterschiedlichen Phasen der Diskussion oder bei verschiedenen Aufgaben. Zudem gingen die Menschen in Teams, die Aufgaben gut lösten, aufeinander zu, achteten aufeinander, auch auf nonverbale Signale. Sie merkten, wenn sich jemand ausgegrenzt fühlte oder verunsichert war, und gingen dann darauf ein. Dadurch schufen die Mitglieder ein Umfeld mit psychologischer Sicherheit, in dem sich alle nach besten Kräften beteiligten. Das führt zu schlaueren und oft auch unorthodoxen Lösungsvorschlägen. Solche Teams treffen nicht nur bessere Entscheidungen, sie tun das auch schneller.

Die Marshmallow Design Challenge ist ein großartiges Beispiel für eine solche Zusammenarbeit. Dabei geht es darum, dass vier Personen einen möglichst hohen Turm aus Spaghetti, Marshmallows und Klebeband bauen. Das MIT hat dabei sehr unterschiedliche Teams beobachtet. Menschen verschiedenster Disziplinen, Hierarchieebenen und Lebensphasen, alles dabei. Während sie alle das Problem sehr unterschiedlich erfolgreich bewältigten, schlug eine Gruppe sie um Längen: Kindergartenkinder. Denn während die anderen die Überlegenheit Einzelner blindlings anerkannten oder planten und diskutierten, sich — auffällig kooperativ — bemühten, ihre Position im Team zu klären bzw. zu verbessern, gingen die Kinder sofort zur Sache. Status war ihnen egal, Rückmeldungen waren direkt. Sie standen eng beieinander, sahen Fehler und gingen sofort darauf ein. Sie nahmen Risiken auf sich, experimentierten und bauten den höchsten Turm von allen. Sie waren nicht erfolgreich, weil sie kompetenter waren oder besser planen konnten. Sondern weil sie enger zusammenarbeiteten.

Drei Tipps für ein faireres und sichereres Umfeld:

1. Machen Sie sich die Regeln in Ihrem Team bewusst.
Wie ist Ihr Team zusammengesetzt? Welche Gemeinsamkeiten bestehen zum Beispiel in Bezug auf Demografie oder Interessen — insbesondere bei Mitgliedern, die eine starke Position haben? Wie beeinflusst das den Umgang, Regeln, aber auch gemeinsame Aktivitäten? Was wird geschätzt und was eher belächelt? Wie wirkt sich das im Team aus? Wer wird evtl. benachteiligt? Welche Veränderungen würden helfen, diese Menschen besser einzubeziehen, und was werden Sie tun, um sie umzusetzen?

2. Überprüfen Sie die Wirkung des eigenen Verhaltens.
Zeichnen Sie eine Matrix mit den Achsen „Vertrauen" und „Kompetenz" und positionieren Sie die Mitglieder Ihres Teams. Wen halten Sie für besonders kompetent? Auf wen setzen Sie, wenn es hart auf hart kommt? Wen beziehen Sie früher oder öfter in strategische oder vertrauliche Projekte ein? Wer kümmert sich eher um ungeliebte Aufgaben?

Anschließend geht es darum, die Platzierungen zu verstehen und zu hinterfragen. Was sind die Aspekte, die Ihre Wahrnehmung beeinflussen? Welche Belege führen Sie dafür an, dass jemand besonders oder weniger kompetent ist? Auf welcher Basis treffen Sie Ihr Urteil? Haben diejenigen, denen Sie weniger vertrauen, Sie schon einmal enttäuscht oder fühlen Sie sich ihnen nur weniger verbunden? Welche Auswirkungen haben bestehende Gemeinsamkeiten und persönliche Sympathie auf Ihr Urteil?

Und schließlich: Wie wirkt sich die Platzierung aus? Wie beeinflusst sie Ihr Verhalten? Wer erlebt mehr, wer weniger Wertschätzung? Wer hat bessere oder schlechtere Chancen, zu glänzen?

Ein solcher strukturierter Ansatz hilft, unbewusste Ungerechtigkeiten aufzudecken und einen konkreten Aktionsplan zu schmieden, um sie zu adressieren.

3. Bauen Sie Vertrauen auf.
Für ein sicheres Umfeld und Fairness im Team ist es wichtig, Beziehungen zu Menschen zu stärken, mit denen wir uns weniger verbunden fühlen. Dabei hilft eine Beziehungslandkarte. Dazu nehmen Sie ein Blatt Papier und

schreiben Ihren Namen in die Mitte. Anschließend ergänzen Sie die Namen der Mitglieder Ihres Teams. Je nach Stärke der Verbindung positionieren Sie die Namen in Ihrer Nähe oder weiter entfernt.

Wenn Sie einzelne Beziehungen stärken möchte, bauen Sie am besten auf Strategien, mit denen Sie schon in der Vergangenheit erfolgreich waren. Konzentrieren Sie sich dazu zunächst auf Ihre engen Kontakte. Was hat Ihr Interesse an diesen Menschen geweckt? Was haben Sie getan, um sie kennenzulernen? Was hat dazu geführt, die Beziehung zu vertiefen? Was haben Sie getan? Was die anderen? Welches Verhalten und welche Gelegenheiten haben dazu geführt, Vertrauen aufzubauen und eine persönlichere Verbindung zu entwickeln?

Im nächsten Schritt erforschen Sie Muster. Entdecken Sie, welche Gemeinsamkeiten beim Verhalten oder bei den Situationen bestehen. Identifizieren Sie Ihre persönlichen Erfolgsstrategien, um enge und tragfähige Beziehungen aufzubauen. Das ermöglicht es Ihnen, die gleichen Mechanismen auf andere Beziehungen zu übertragen.

Die Autorin

Veronika Hucke

Veronika Hucke ist Expertin für faire Führung. Sie berät Konzerne zu Diversity & Inclusion (D&I) und hilft ihnen, Vielfalt und Chancengleichheit im Unternehmen zu realisieren. Zusätzlich arbeitet sie mit Führungskräften und Teams, um ein wertschätzendes Umfeld zu schaffen, in dem alle Spaß an der Arbeit und faire Voraussetzungen haben. Dabei baut sie auf eine langjährige Erfahrung: Rund 25 Jahre hat sie bei Hightech-Konzernen in Führungspositionen in den Bereichen Diversity & Inclusion, Change-Management, Kommunikation und Markenführung gearbeitet und zuletzt die weltweite D&I-Strategie von Philips verantwortet.

Veronika hat in den USA, Großbritannien und den Niederlanden gelebt und gearbeitet und wohnt heute in Frankfurt am Main.

Ihr aktuelles Buch „Fair führen" wurde mit dem getAbstract International Book Award 2020 ausgezeichnet.

di-strategy.com

Kontext-Entwicklung

Handle so, dass du die Möglichkeiten für ein ausgeglichenes Leben in einer möglichen Zukunft erhöhst."

Der hypnotische Blick auf die Trumps und alle Probleme dieser Welt könnten uns zur Verzweiflung bringen. Gleichzeitig formt sich das Neue bereits an vielen Stellen. Es gibt viele Gründe, optimistisch zu sein. Die langfristige Ineffizienz alter Handlungslogiken wird vielerorts deutlich und zeigt spätestens im Klimawandel ihre bedrohlichen Auswirkungen. Wachstumsorientierte Denkgewohnheiten, die teilweise immer noch als unumstößlich gelten, sind weder alternativlos noch zukunftstauglich und werden zunehmend als solche erkannt. Klemens Jakob fordert uns in **Essay 23** auf, dass wir **„Wieder zu (unseren) Sinnen kommen"**.

Ein Beispiel von vielen ist der Umgang mit Wasser in der Landwirtschaft. Überall auf der Welt werden Grundwasserressourcen abgepumpt. Das führt zu kurzfristigen Ertragssteigerungen, die als effizient angesehen werden, nur um dann zur Verwüstung zu führen. Das Naturkapital, das Wasser, das sich über einen Zeitraum von 60.000 Jahren angesammelt hat, wird in kürzester Zeit verbraucht. Anstatt das Wasser zu nutzen, um echte Kreisläufe und Ökosysteme zu schaffen, die uns nachhaltig zur Verfügung stehen, zum Beispiel durch die Aufforstung von Wäldern, die ihre eigenen Grundwassersysteme bilden, wird das Wasser für Viehfutter verbraucht, nur um karge, tote Böden zu hinterlassen. Benedikt Bösel spricht in **Folge 61 von ICH-WIR-ALLE** mit Maike über Möglichkeiten der regenerativen Landwirtschaft.

Das rationalistische, effizienzorientierte Denken ist wichtig, nur sollten der Zeithorizont und die langfristigen Auswirkungen in komplexen Systemen berücksichtigt werden. Vieles haben wir lange verleugnet oder wollen die Lösung der von uns verursachten Probleme stillschweigend nachfolgenden Generationen überlassen.

> „Unsere Haltung bestimmt unseren Blick auf die Welt, mit unseren Werten schaffen wir emotionale Gemeinsamkeiten mit anderen und in informellen Strukturen setzen wir Bewegungen in Gang, die neue Kontexte möglich machen."

Wir „betreffen" die nachfolgenden Generationen
Dass wir von der Zukunft abgekoppelt sind und nicht das Gefühl haben, sie mitzugestalten, hat mit unserem Gefühl zu tun, wie wir uns mit dem Leben verbunden fühlen und wie wir unser Sein in der Welt empfinden. Wenn die First Nations sagen, man solle bei dem, was man tut, auf sieben Generationen achten, dann meinen sie damit die drei vor uns, unsere eigene und die drei nach uns. Das sind auch die Menschen in unserem Leben, mit denen wir meistens in direkten Kontakt kommen. Die Lebensspanne von sieben Generationen beträgt über 200 Jahre. Der Blick zurück zu den Vorfahren zeigt uns, welchen Bedingtheiten wir unterworfen sind. Wir sind Teil einer Kultur, werden von alten Erzählungen, Vorstellungen und Vorannahmen geprägt und können ihnen nur bedingt entkommen. Sie sind das mentale Korsett, in dem sich unser Geist entwickelt und das wir immer weiter ausdehnen. Alexandra Schwarz-Schilling zeigt in **Essay 22 „Erdbewusstsein — ein Transformationsnarrativ"**, wie Teile dieses mentalen Korsetts Entwicklungen verhindert haben und wie wir es erweitern können.

> „Transformation braucht eine neue Haltung, eine gemeinsame Vision und eine Veränderung im Umgang mit Machtstrukturen."

Frühere Generationen konnten viele Gedanken noch nicht denken, weil es sie noch nicht gab oder sie unterdrückt wurden. Jetzt sind wir in der Situation, dass es nicht an Wissen mangelt, sondern an der Fähigkeit, zu handeln und Gewohnheiten zu ändern. Tausende von Wissenschaftler:innen und jede:r Drittklässler:in können uns zeigen, dass Wachstum, das auf Ausbeutung der Natur beruht, auf Dauer nicht funktioniert. Wenn wir dies akzeptieren und auf künftige Generationen blicken, wird deutlich, dass unsere derzeitige Logik völlig unzureichend ist und diesem Blick nicht standhalten kann. Dies wird in der Welt zunehmend spürbar und verstärkt den Wunsch, zu handeln. Sei es im privaten Bereich durch Veränderungen im Konsumverhalten, in der Gestaltung von Zusammenarbeit mit dem Wunsch nach mehr Sinnhaftigkeit oder der nachhaltigen Organisation von Gesellschaften und internationalen Verflechtungen. Die Generationenperspektive zeigt uns auch, dass wir kein Ende erleben werden, weder als Utopie, noch als Dystopie. Wir sind ein temporärer Gast und ein Glied in der Kette des Lebens, das sich noch unendlich weit ins Unbekannte entfalten wird. Jens Hollmann beschreibt in **Essay 21 „Interbeing. Jenseits von Ego- und Ethnozentrik liegt die Zukunft"** eine dieser möglichen neuen Perspektiven.

Wir sind Teil des vernetzten Lebens
Wenn wir unsere Entscheidungen zumindest teilweise auf 3 oder sogar 10 oder 100 Generationen ausrichten würden, wäre vieles klar und wir würden vieles lassen. Vor allem wäre uns der Wert der Natur als Trägerin des Lebens wieder offensichtlicher. „Life on Mars" mag ein Traum eines Milliardärs sein, aber es ist kein Generationskonzept. Die Selbst-Entwicklung vieler Menschen ist ein großer Treiber, der neue Ideen und Werte in Wirkung bringt. Wir erkennen neue Wahrheiten in uns selbst und bringen sie ins Außen. Gerade die Abkehr von der Vorstellung, dass Status und materieller Erfolg uns auf psychologischer Ebene glücklich macht, hat viele postkonventionelle alternative Lebensmodelle entstehen lassen. Individualisierung scheint notwendig zu sein, um sich von alten gemeinschaftsbestimmten Strukturen zu lösen. Gleichzeitig entsteht zunehmend der Wunsch nach einem neuen ethischen „Wir" und einem Sinnerleben. All das veranlasst uns, Führung neu zu denken, Unternehmen anders zu organisieren, neue Rahmenbedingungen zu schaffen, die mehr Aspekte der Nachhaltigkeit berücksichtigen, und vieles mehr. Constanze Buchheim verweist im **Essay 17 „Die Führungsformel der Zukunft lautet 1+1=3"** auf die Notwendigkeit, den Umgang mit Macht als Betriebssystem unserer Arbeitswelt einmal komplett neu zu denken.

Informelle digitale Kommunikationsstrukturen stärken neue Bewegungen
So wie die Aufklärung nicht von Staat und Kirche vorangetrieben wurde, gehen die Impulse für Veränderungen heute eher von vielen Einzelnen aus und formieren sich über neue Kommunikationsstrukturen. Die etablierten formalen gesellschaftlichen Kommunikationskanäle wie Fernsehen und Zeitungen spielen für viele Menschen zunehmend eine untergeordnete Rolle. Es gibt nicht das eine große neue Narrativ, sondern Tausende, die aus der Erweiterung der Haltung von Individuen entstehen. Die informelle, dynamische Vernetzung im Internet mit Podcast, Videoblog, Blog, Foren, Gruppen, sozialen Netzwerken usw. ist der Nährboden für den Austausch von neuen Ideen und Experimenten. Menschen mit gemeinsamen Werten finden zueinander und es entstehen vielfältige Impulse. Sophia Rödiger und Lukas Fütterer teilen ihre Gedanken zur digitalen Achtsamkeit in **Essay 20 „Mit jedem Klick im Hier & Netz"**.

Auch in Unternehmen kommen die neuen Bewegungen meist nicht aus den formalen Strukturen, sondern aus informellen Kommunikationsstrukturen wie etwa Graswurzelbewegungen. Working Out Loud ist ein Konzept, das einige Unternehmen gezielt einsetzen, um neue Bewegungen und Impulse zu ermöglichen. Wir erkennen, dass wir einer komplexen Welt nicht mehr mit Verordnungen von oben und Ideologien gerecht werden können und dass es besser ist, viele kleine Initiativen zu starten, als auf die große Lösung zu warten. Von diesen Tausenden kleinen Schritte mögen 30 % scheitern, 30 % Irrwege sein, 30 % verbesserungswürdig sein und nur ein kleiner Teil sofort brauchbar. Es ist ein Herantasten an das Neue, das wir noch nicht kennen, von dem aber unsere Herzen wissen, dass es notwendig ist, wenn wir ehrlich eine Welt schaffen wollen, die auch in Zukunft lebenswert ist. Wir haben die Zeit hinter uns gelassen, in denen dies als naive Spinnerei abgetan wurde. Es wird zur essenziellen Notwendigkeit und für viele, die den Zynismus über den scheinbar unausweichlichen Untergang nicht länger teilen wollen, zu einem Herzenswunsch. Andreas Zeuch fragt sich in **Essay 18 „Wie Fische im Wasser"**, warum wir eigentlich kaum eine Demokratisierung der Arbeit zulassen wollen und dort noch eher auf feudale Gehorsamkeitsstrukturen vertrauen. In den folgenden Essays werden weitere Experimente, Bewegungen und Hinwendungen in Richtung einer möglichen Zukunft vorgestellt.

Martin Permantier

AUTONOMIE RESPEKT

Constanze Buchheim

Die Führungsformel der Zukunft lautet 1+1=3

Solange wir es mit unseren Organisationen nicht schaffen, wechselseitigen Narzissmus und Egoismus im Management und bei Mitarbeiter:innen zu überwinden, vergeuden wir Gestaltungskraft in befindlichkeitsgetriebenen Grabenkämpfen und Silo-Konstrukten. Dieser Modus ist im Innovationszeitalter reine Energieverschwendung. Das nächste Level erreichen wir, indem wir Führung und Teamaufbau den Beitrag koppeln, den wir fürs große Ganze leisten — als Individuen, Organisationen und als Gesellschaft. Doch dafür müssen wir den Umgang mit Macht als Betriebssystem unserer Arbeitswelt einmal komplett neu denken.

Bevor es um die Definition von Macht geht, beginnen wir einmal mit der Definition von Wahnsinn — und die lautet einem gängigen Bonmot zufolge: „Wahnsinn bedeutet, immer wieder das Gleiche zu tun und zu erwarten, dass sich das Ergebnis ändert." So betrachtet stehen wir in Sachen Führungskultur gerade an einem bedeutenden Scheideweg: an der Gabelung zwischen blankem Wahnsinn und wahrem Fortschritt. Replizieren wir altbewährte egozentrierte Führungslogiken und erwarten, dass Wachstum und Transformation schon irgendwie passieren werden? Oder übernehmen wir die Verantwortung für das, was wir selbst in das System einspeisen? Werden wir zu Opfern unserer selbstgemachten Umstände oder zu Schöpfern unserer gemeinsamen Zukunft?

Der Egoismus ist mitnichten überwunden
Aktuell sieht es stellenweise so aus, als hätten wir uns für das Replikat einer alten Führungslogik entschieden: Die Geschichte von Führung (und die Auswahl von Führungskräften) ist seit jeher von Ungleichgewichten ge-

prägt und von einem Machtkampf, der immer in irgendeiner Form kulturell stilisiert wird. Dafür, wie Egoismus auf Management-Seite aussieht, gibt es eine lange Liste an Beispielen bis hin zur Karikatur: der Großkapitalist, der sich die Zigarre mit einem brennenden Dollarschein anzündet, während er die Arbeitskraft anderer ausbeutet, um sich selbst zu bereichern, und für den Mitarbeiter:innen im Grunde Fürarbeiter:innen heißen.

Die Macht dieses alten Egokonstruktes gründete sich lange auf der einfachen Marktlogik: über Jahrzehnte hinweg hatten wir einen Arbeitgebermarkt, Arbeitnehmer:innen waren somit tendenziell in der Bittstellerhaltung. Doch dieser Trend hat sich in vergangenen Jahren ins Gegenteil verkehrt: Eine Mischung aus Digitalisierungsdruck, demografischem Wandel und einem Investitionsstau im Bildungsbereich führt dazu, dass das Machtpendel zu den historisch Schwachen hinüberschwenkt: zu den Arbeitnehmer:innen.

Die Narzissten kommen
Diese Umkehr der Verhältnisse hat uns zunächst vor allem eins beschert: neue Klischees von Menschen, die ihre neu gewonnene Macht so ausleben, wie es ihnen von der anderen Seite vorgemacht wurde: zur Optimierung des eigenen Ergebnisses.

Da ist die verwöhnte Bewerberin, die frisch von der Uni mindestens 150.000 Euro verdienen möchte und nicht kommt, wenn der Hund nicht mit ins Büro darf — eine spitze Illustration der Ergebnisse einer viel diskutierten Studie aus der Management-Forschung unter knapp 10.000 Deutschen, die zeigt, dass die Tendenz zum Narzissmus gerade bei jungen Menschen enorm zunimmt. In Führungsetagen ist sie demnach bereits weit verbreitet, modernen Management-Methoden zum Trotz. Menschen unter 30, besonders Männer um die 30, weisen die höchsten Narzissmus-Werte auf. Den Grund sehen die Wissenschaftler unter anderem in einer zunehmend individualistischen Kultur und einem Wertewandel, in dem Selbstdarstellung und Machtstreben erfolgreich machen. Die ständige Bewertung in sozialen Medien und der globale Wettbewerb tun ihr Übriges. Der Wunsch nach persönlichem Glück wird auf diese Weise schnell zur Anspruchshaltung. Diese großen Egos manifestieren sich auf der Ebene der Organisationen und Gesellschaften in Silos und in Filterblasen: Zwischen kritischen Geschäftsbereichen eines Unternehmens ist die Kommunikation lahmgelegt, weil die jeweiligen Ressortleiter:innen sich nicht gegenseitig in die Karten gucken lassen wollen. Und ganze Verbände kommen ihren Zielen

„Freiwillig die eigene Bedeutsamkeit reduzieren, sich in den Dienst der Sache stellen, Glanz und Gloria anderen überlassen — ist nicht vorgesehen."

nicht näher, weil deren Vorsitzende sich weigern, mit der vermeintlichen Konkurrenz zu kooperieren. Freiwillig die eigene Bedeutsamkeit reduzieren, sich in den Dienst der Sache stellen, Glanz und Gloria anderen überlassen — ist nicht vorgesehen.

Nun könnte man beschwichtigend sagen: „Denkt jede:r an sich, ist an jede:n gedacht." Auf dieser Maxime hat Kapitalismus über Jahrhunderte funktioniert. Warum jetzt plötzlich nicht mehr? Genau deswegen: Denkt jeder an sich, denkt eben keiner weiter.

Was machen wir mit der Macht?
Macht kann man immer nur auf die Art behalten, wie man sie bekommen hat. Somit sind die Führungsangebote der neuen und der alten Arbeitswelt bislang im Grunde recht einseitig. Denn sie treffen in ihrem Kern exakt die gleiche Annahme: Macht als Nullsummenspiel. Was eine Seite gewinnt — sei es Geld, Status, Reichweite —, muss die andere zwangsläufig verlieren. Als Organisationen und Teams bleiben wir so im ewigen Verteilungskampf und optimieren uns an der Input-Seite kaputt, während sich im Ergebnis nichts ändert. Wir spielen ein Level 500 Mal durch und kommen nicht aufs nächste.

Doch gerade in dieser Erkenntnis kann die Kraft für einen Befreiungsschlag stecken, wenn wir uns klarmachen, dass wir eine Wahl haben: Die Grenzmauern dieses Systems, das uns am Weiterkommen hindert, werden nur von unserem Ego zusammengehalten. Wir haben sie selbst gebaut. Das bedeutet, wir können sie auch selbst sprengen.

Hinter den Grenzen des Egos liegt eine andere Definition von Macht: die Chance, unser eigenes Leben und das anderer frei zu gestalten und gleichzeitig Verantwortung dafür zu übernehmen. Im Englischen gibt es dafür den schönen Begriff „Ownership", der impliziert: Ja, die Zukunft gehört uns — doch Eigentum verpflichtet.

Es verpflichtet uns zu einem neuen Umgang mit Macht: einem Umgang, der eben nicht nur das eigene Ergebnis in den Mittelpunkt des Interesses rückt, sondern die Wertschöpfung für alle. Es geht darum, eine Balance zwischen dem „Ich" und dem „Wir" herzustellen. Die ein Ergebnis im Auge hat, das größer ist als die Summe der einzelnen Teile. Nach dem Prinzip 1+1=3.

Der mittlere Weg ist hier kein politisch zurechtgeschacherter Kompromiss, sondern ein Bekenntnis zum großen Ganzen — und impliziert den Blick nach außen, den Fokus auf die Stakeholder. Für Unternehmen bedeutet dies ein Machtverständnis, das es allen, die in und an einer Organisation arbeiten, ermöglicht, Einfluss auf die Gesellschaft und das große Ganze zu nehmen. Und umgekehrt versteht jede einzelne Person im Unternehmen Macht als Möglichkeit, die Umstände in der Gesellschaft und der Welt so zu gestalten, dass im besten Sinne jede:r an jede:n denkt. In solch einer Welt wird Macht anvertraut, nicht geschenkt und nicht mit Gewalt erkämpft.

Wer Macht abgibt, kann Gewinner sein
Mit diesem neuen Umgang mit Macht klärt sich der gesamte Blick auf den Zweck einer Organisation: Sie muss komplett „Outside In" gedacht sein — angefangen bei den Kund:innen sowie anderen gesellschaftlichen Stakeholdern. Alte Grabenkämpfe zwischen „denen da oben" und „uns hier unten" werden dann überflüssig, ideologische Extreme abgeschwächt, Tabu-Ballast abgeworfen. Narzissmus wird im Keim enttarnt, bevor er Unternehmen schadet. Leistungsträger:innen gewinnen an Bedeutung, wenn sie im Sinne des Unternehmensziels agieren. Der wahre Fortschritt liegt in einem organisationalen Selbstverständnis, das Verantwortung für das gemeinschaftliche Miteinander in einer Gesellschaft als den Preis für Macht und Freiheit anerkennt. Wer Macht abgibt, kann mit Blick aufs große Ganze den größeren Impact haben.

> Wer Macht abgibt, kann mit Blick aufs große Ganze den größeren Impact haben.

Der Orientierungspunkt
Wenn das Ego wegfällt, braucht es einen neuen Nordstern als Orientierungspunkt. In der neuen Machtlogik definiert der sich nicht mehr aus dem eigenen Ziel und der Frage: „Was will ICH erreichen?" Stattdessen kommt er von außen mit der Antwort auf die Frage: „Wie stiften WIR einen Wert?" Dieser Beitrag ist das Gegengewicht zum Profit, den Unternehmen erwirtschaften. Umgekehrt ist der Gewinn kein Selbstzweck, sondern ein Schmiermittel, damit sie ihrer gesellschaftlichen Wertschöpfung dauerhaft nachkommen können. An dieser Stelle beginnt zukunftsgerichtete Führung.

Führung ohne Ego
Worte wie „Machtgleichgewicht" und „Teilhabe" lösen noch immer bei vielen Entscheider:innen reflexhafte Assoziationen von „Führungslosigkeit" aus — verstärkt durch einige Missverständnisse und Fehlinterpretationen dessen, was das Versprechen von „New Work" ist. Um es klar zu sagen: In diesem neuen Betriebssystem ist Führung nicht weniger wichtig, ganz im Gegenteil. Je instabiler die Rahmenbedingungen der VUCA-Welt, desto mehr Führung ist gefragt. Doch ändert sich in diesem System eben auch der Beitrag von Führung zum großen Ganzen.

> **Führungskräfte sind nicht die Lösung — sie sind Katalysatoren für Lösungen.**

Führung hat in allererster Linie die Aufgabe, eine plausible Antwort auf die Frage nach dem „Warum?" zu liefern. Warum gibt es diese Organisation? Warum tun wir, was wir tun? Was genau ist unser Beitrag? Eine Führungsrolle ist somit kein Karriereziel, kein Statussymbol und kein Selbstzweck für ihre Inhaber:innen. Führungskräfte sind nicht die Lösung — sie sind Katalysatoren für Lösungen.

Der Unterschied zum starren Hierarchieverständnis vergangener Generationen liegt darin, dass die veränderte Welt von allen in einer Organisation Kooperation verlangt. Die Betonung liegt auf dem „Ko": Das ständige Ausbalancieren zwischen dem „Ich" und dem „Wir" erfordert Reife — nicht zwangsläufig im Sinne von Alter, sondern im Sinne einer Empathie, die das eigene Ego hinten anstellt. Damit kann die Führung einer Organisation es schaffen, das Beste aus den Welten von „Ich" und „Wir" zu kombinieren.

Vom ICH: den unbändigen Überlebenswillen, die Lust am Gestalten und Austesten von Grenzen, die Freiheitsliebe. Vom WIR: die Loyalität, die Strukturen, die Verbindlichkeit, das Korrektiv. In reifen, hoch entwickelten Führungskulturen und Führungspersönlichkeiten sehen wir genau dieses Zusammenspiel, durch das Kooperation und in letzter Instanz sogar Kokreation entsteht. Der Blick ist aufs große Ganze gerichtet und darauf, wie alle gemeinschaftlich ihrem Ziel näherkommen. So entsteht auf jeder Stufe der Hierarchie eines Unternehmens Augenhöhe, denn der Fokus auf sich selbst und damit auf den ständigen Vergleich wird obsolet.

Wir müssen nach Haltung einstellen

In einem System, das über die ständige Kopplung von Individuum und Gemeinschaft funktioniert, sind somit auch Recruiting und Führung untrennbar miteinander verbunden. Denn wenn der Kern von Führung ist, die Sinnfrage zu beantworten, dann geht es im Recruiting darum, die Mitarbeiter:innen einzustellen und zu halten, die sich in diesem Sinn wiederfinden. Sie werden dann Wert stiften und im Unternehmen zufrieden sein, wenn sie aus sich heraus die Werte teilen und mitbringen, die für die Stakeholder des Unternehmens wichtig sind.

Wie stellen wir diesen Wertekanon im Recruiting sicher?

Indem wir uns klarmachen, dass jeder Mensch neben Fachwissen und persönlichen Arbeitspräferenzen vor allem eine bestimmte Haltung — seine Werte und Überzeugungen — in seine Arbeit einbringt. In vielen Unternehmen steht im Recruiting zumeist noch das Fachwissen im Fokus, also der Teil, der im Grunde von allen die kürzeste Halbwertszeit hat. Ursache von Kündigungen sind dagegen meist gegenläufige Haltungen und persönliche Arbeitspräferenzen.

Wenn die Führung eines Unternehmens hingegen auf Sinn und Impact fokussiert — sprich: klar definiert und kommuniziert, auf welchem Wertegerüst die Organisation gebaut ist und welchen Beitrag sie dadurch liefert —, so appelliert sie an den Teil in uns allen, mit dem wir wirksam sein wollen: unsere Haltung und unseren Wunsch, unsere Lebenszeit sinnvoll eingesetzt zu wissen.

Wenn wir nach Haltung einstellen, vervielfachen wir die Wertschöpfung mit jeder Person, die ihre Kompetenz und Arbeitskraft einbringt; und zwar weil dieser Person das wichtig ist, womit das Unternehmen in der Gesellschaft seinen Wert stiftet.

Die eigentliche Aufgabe für zukunftsfähige Organisationen ist es also, die eigene Wertstiftung zu formulieren und dann daraus abzuleiten, was Mitarbeiter:innen mitbringen müssen, um ein sinnstiftender Teil der Organisation zu werden. Wer und wo sind die Menschen, die intrinsisch für die Werte der Stakeholder eines Unternehmens stehen, diese selbst stiften und vertreten wollen und die zudem im Umgang mit Macht die nötige Reife besitzen?

Mitarbeiternutzen am gesellschaftlichen Beitrag ausrichten

Um zu finden, zu motivieren und zu binden, gilt fürs Recruiting Ähnliches wie bei der Kundenzentrierung: Wenn Unternehmen zu 100 % klarmachen, welchen Sinn sie für potenzielle Mitarbeiter:innen bieten, schaffen sie Vertrauen und werden potenziell als Arbeitgeber attraktiv. Praktisch heißt das, dass Organisationen eine Employee Journey etablieren sollten, die sich konsequent am gesellschaftlichen Beitrag der Zusammenarbeit ausrichtet. Der Mitarbeiternutzen sind also nicht Goodies und Tischkicker. Stattdessen geht es darum, die Wurzel zu triggern, die Menschen motiviert, ihren Beitrag fürs große Ganze zu leisten. Weil diese Menschen wissen, was sie tun und auf welcher Wertebasis sie handeln, setzt die Employee Journey voraus, potenzielle Mitarbeiter:innen von Anfang an auf Augenhöhe anzusprechen und später im Unternehmen so zu behandeln. Einmal an Bord, müssen Manager:innen es schaffen, die Interessen ihrer Mitarbeiter:innen mit denen der Organisation zu verzahnen und konsequent eine Grundlage für den gemeinsamen Gestaltungswillen zu bieten. Das gelingt nur mit Einfühlungsvermögen.

> „Es geht darum, die Wurzel zu triggern, die Menschen motiviert, ihren Beitrag fürs große Ganze zu leisten."

Gemäß dem Prinzip 1+1=3 entsteht über den Match von individueller Haltung und Unternehmenskultur ein Dreiklang aus Wertschöpfung.

- » Für das **Ich**, indem es an etwas mitwirkt, das ihm sinnvoll erscheint.
- » Für das **Wir**, indem aus der Zusammenarbeit von Menschen mit unterschiedlichen Fähigkeiten und Ideen Energie und Ergebnisse entstehen, die wertvoller sind als jede Silo-Lösung für sich genommen.
- » Für uns **alle**, indem dieses Ergebnis wiederum einen Beitrag zu einem größeren Sinn in der Gesellschaft leistet.

Where the magic happens

Wir alle haben also die Wahl: Wir können uns an einer alten Machtlogik festklammern, von der linken in die rechte Tasche und wieder zurück wirtschaften, uns als „die Mitarbeiter:innen" und „die Führungskräfte" in unsere jeweiligen Ecken setzen und uns voll gegenseitigem Misstrauen den kleinen Finger statt der Hand reichen. Wir können so weitermachen wie bisher und wahnhaft ein anderes Ergebnis herbeihoffen — Hauptsache, es bereitet uns keine Umstände. So erhalten wir ein wirtschaftliches Betriebssystem künstlich am Leben, von dem wir doch im tiefsten Innern längst wissen, dass es uns nicht besser macht. Es macht uns als Menschen nicht zufriedener, als Organisationen nicht langlebiger und als Gesellschaft nicht fortschrittlicher. Es ist nur bequemer.

Oder wir können uns entscheiden, einfach nicht zu akzeptieren, dass das hier die Grenze unseres Fortschritts sein soll. Wir können anfangen, uns herauszufordern, in dem Wissen, dass wir es besser können. Wir können über unser eigenes Ego hinaus auf das blicken, was uns als Menschen aus unserem tiefsten Innern heraus wirksam macht. Wir haben es in der Hand, Macht und unseren Umgang mit ihr anders zu gestalten und damit die Grundlage für ein System zu schaffen, das im wahrsten Sinne des Wortes für alle „sinnvoll" und „wertvoll" ist.

Dort, wo Menschen aus freien Stücken zusammenkommen, um an etwas zu arbeiten, das größer ist als sie selbst, entsteht Magie. Dort steht Ambition nicht im Gegensatz zu Menschlichkeit, weil sie sich für die Menschheit einsetzt und nicht bloß für das Ego. Wir lassen unsere alten Maßstäbe für Karriere und Erfolg hinter uns und arbeiten nicht mehr füreinander, nicht mehr nebeneinander, sondern zum ersten Mal wirklich miteinander. Nur so können wir alle die Welt ein wenig besser verlassen, als wir sie vorgefunden haben. Der Preis für ein Leben in dieser Art von Freiheit ist ein hohes Maß an Verantwortung. Dafür können wir am Ende sicher sein: Es war nicht umsonst.

Die Autorin

Constanze Buchheim

Constanze Buchheim ist Unternehmerin der ersten Stunde in Deutschlands Digitalwirtschaft und gilt als Expertin für das Thema „Future Leadership". Seit 15 Jahren baut sie digitale Teams der New & Old Economy auf und um. 2009 gründete sie die Personalberatung i-potentials, die sie seit 2015 gemeinsam mit Martina van Hettinga führt.

Als Aufsichtsrätin, Angel Investor und Sparringspartner wappnet sie Seriengründer:innen und Vorstände für die strategischen Herausforderungen zukunftsfähiger Führung und Organisations- sowie Kulturgestaltung.

Die Boston Consulting Group und das „Manager Magazin" zählten sie bereits 2015 zu den 50 einflussreichsten Frauen der deutschen Wirtschaft. 2020 wurde sie vom „Focus-Magazin" unter die 100 Frauen des Jahres gewählt.

i-potentials.de

UNT
NEHM
DEM
KRA

Dr. Andreas Zeuch

Wie Fische im Wasser

Keine Demokratie ohne Demokratisierung der Arbeit

Das Offensichtliche ist unsichtbar

Am 26. März 2021 wurde mir etwas klarer als je zuvor. An diesem Tag hielt ich meinen Workshop „Arbeit als Demokratielabor" während des Partizipations-Innovations-Camps des Procedere-Verbunds. Am Anfang lud ich die Teilnehmer:innen ein, sich über ihre Erfahrungen zum Stand der Demokratie bei ihren jeweiligen Arbeitgebern auszutauschen. Alle, die bei dieser Veranstaltung dabei waren, sind hochengagierte Bürger:innen, die oftmals schon über jahrelange Erfahrung und fundiertes Wissen zur zivilgesellschaftlichen Demokratieentwicklung verfügen sowie in verschiedenen Projekten dazu ihre Beiträge leisten. Und doch brachte eine Teilnehmerin etwas auf den Punkt, was atmosphärisch im virtuellen Raum schwebte: „Ich habe darüber noch nie nachgedacht."

Was können wir daraus schließen, wenn bezüglich unserer Demokratie selbst derart engagierte und differenzierte Menschen plötzlich feststellen, dass sie seit Jahren, teils Jahrzehnten ihrer Arbeit nachgehen, ohne sich zu fragen, wieso wir eigentlich in einer **halbierten Demokratie** leben: „Als Beschäftigter im Betrieb oder in einer Einrichtung des öffentlichen Rechts ... bin ich nicht im Vollbesitz meiner bürgerlichen Rechte." (Moldaschl 2004: 216) Was als politische Ordnung, als Verfassung unserer Gesellschaft für fast alle von uns so klar, so erhaltenswert, so förderungswürdig ist, hat keinen Raum in der Arbeitswelt. Von dort poltert es oftmals aus der obersten Führungsriege: Unternehmen sind keine demokratische Veranstaltung! Aha, denke ich mir und frage mich mit zunehmend mehr anderen Menschen: wieso eigentlich nicht? Die meisten Argumente dagegen sind nämlich denkbar schwach. Ich werde sie in diesem Beitrag indes nicht mehr widerlegen, das habe ich bereits in meinem letzten Buch „Alle Macht für niemand. Aufbruch der Unternehmensdemokraten" ausführlich getan (vgl. Zeuch, A. 2015: 25–43). Hier geht es mir um etwas anderes.

Zwei Seiten derselben Medaille
Wir leben gesellschaftlich und politisch in einer Demokratie. Mehr oder weniger. Gerade in der Coronazeit wurde sehr deutlich: Diese Demokratie ist noch verbesserungsfähig. Ich bin also Optimist: Wir können das alle noch viel, sehr viel besser. Aber dazu muss einiges passieren. Der Anfang davon ist das Verständnis vom Zusammenhang unserer gesellschaftlichen Demokratie und der Demokratisierung der Arbeit, mit anderen Worten: der Unternehmens- und Wirtschaftsdemokratie.

Das eine erreichen wir nicht ohne das andere. Genauer: Je demokratischer wir die Arbeit gestalten, desto leistungsfähiger und robuster wird unsere gesellschaftliche Demokratie. Es ist ein einfaches, proportionales Verhältnis. Denn solange wir unsere Arbeitsverhältnisse anderen Regeln unterwerfen als unserem zivilgesellschaftlichen Beisammensein, bleibt unsere gesellschaftliche Demokratie bruchstückhaft. Ein Anfang, etwas, das hinter den eigenen Versprechungen und Verheißungen weit zurückbleibt. Deshalb sollten wir uns auf den Weg machen, die Arbeit und unsere Organisationen zu demokratisieren. Sie dürfen zukünftig keine demokratiefreien Zonen mehr bleiben (Unternehmen sind keine demokratischen Veranstaltungen!), in denen teils **faktisch** sogar einige unserer Grundrechte, wie das der Unantastbarkeit unserer Würde oder die freie Meinungsäußerung, ausgehebelt werden. Warum brauchen wir also diesen Schritt der Demokratisierung der Arbeit? Dafür gibt es nach meiner augenblicklichen Erkenntnis drei Gründe:

Erstens leben wir in einem wirtschaftlichen System mit einer geldbasierten Tauschwirtschaft. Wir alle brauchen Geld, um unser Leben zu finanzieren, egal wie groß oder klein unsere Ansprüche sein mögen. Ausbrechen können nur Einzelne zu einem hohen Preis und meist unter erheblicher Augenwischerei, indem sie zum Beispiel von der Großzügigkeit anderer abhängig sind, die sich selbst auf dem üblichen Wege der Erwerbsarbeit finanzieren. Wir müssen unsere Miete zahlen, unser täglich Brot, unsere Kleidung, zwingende Versicherungen wie Krankenkassenbeiträge etc., um nur das Allerwichtigste zu erwähnen. Dieses Geld müssen wir uns, wenn wir nicht ausreichend bis an unser Lebensende geerbt haben, selber verdienen. Wir sind also **gezwungen**, zu arbeiten. Nicht umsonst sagte der

Genosse der Bosse Gerhard Schröder 2001: „Es gibt kein Recht auf Faulheit in unserer Gesellschaft." Wenn wir uns aber nur äußerst bedingt gegen Arbeit entscheiden können, müssen wir uns dem Common Sense der Arbeitsorganisation unterordnen. Wir können zwar recht beliebig unsere Arbeitgeber aussuchen, aber die Wahrscheinlichkeit, dass wir einen demokratischen Arbeitgeber finden, ist gering (dazu später mehr). Obendrein ist dabei eines klar: Es ist zurzeit unmöglich, dass alle Erwerbstätigen einen demokratischen Arbeitsplatz erhalten können, weil deren Anzahl noch viel zu gering ist. Die Masse der Arbeitgeber ist gänzlich undemokratisch nach tayloristischen Prinzipien organisiert. Die Trennung von Denken und Handeln, Planung und Kontrolle und das damit verbundene Command-and-Control ist allgegenwärtig, unabhängig davon, ob es eine Frage der Erkenntnis oder des Willens ist. Deshalb spreche ich vom **organisationalen Archetypus**. Er begleitet uns von der Wiege bis zur Bahre in Form der klassischen Aufbauorganisation. Diese Art, unsere Organisationen aufzubauen, ist längst Teil unseres kollektiven Unbewussten.

Zweitens liegt das Problem in der Trennung der Personen, die den Gewinn vor Steuern in Unternehmen erwirtschaften, und denen, die darüber verfügen und entscheiden. Dies hat der amerikanische Ökonom Richard Wolff pointiert herausgearbeitet (vgl. Wolff 2012). Solange all diejenigen, die entweder direkt an der jeweiligen Wertschöpfung beteiligt sind (Näher:innen, Programmierer:innen, Köch:innen etc.), oder diejenigen, die durch ihre Arbeit die Organisation selbst reproduzieren und damit die Arbeit der wertschöpfenden Kolleg:innen ermöglichen und sicherstellen (Reinigungskräfte, Controller:innen, Agile Coaches, Betriebsärzt:innen …) —, solange all diese Menschen, die das Gros des Unternehmens ausmachen, nicht selbst über den erzeugten Gewinn vor Steuern und seine weitere Nutzung und Verteilung (mit)entscheiden, so lange findet eine mehr oder weniger milde oder harte Form undemokratischer Ausbeutung statt. Denn diejenigen, die den Laden am Laufen halten, entscheiden nicht über dessen Zukunft und Gestaltung, sondern gehen am Ende des Tages lediglich mit dem vereinbarten Gehalt nach Hause. Für sie gibt es keine demokratische Teilhabe. Und diese „sie" sind die meisten von uns.

Drittens stellt sich die Frage, wie unsere zivilgesellschaftliche Teilhabe überhaupt funktionieren soll, wenn wir im Alltag in fast allen Organisationen ein Arbeitsverhältnis eingehen, in dem wir Anweisungen zu folgen haben und im Zweifel abgemahnt werden, wenn wir nicht das tun, was uns aufgetragen wurde? Wie soll dabei eine positive demokratische **Selbstwirksamkeitserwartung** entstehen; wie demokratisch-dialogische Kompetenzen; wie demokratische Lösungen von Konflikten? Oder auch nur ein politisches

Interesse? Und dabei gilt: Alle Organisationen sind wesentlich weniger komplex als unsere Gesellschaft, selbst multinationale Konzerne wie VW mit mehreren Hunderttausend Mitarbeitenden. Demokratie wäre in den Organisationen also viel einfacher. Andersherum: Wie sollen wir plötzlich in dem ungleich komplexeren sozialen System unserer Gesellschaft mit Begeisterung demokratisch kompetent handeln, wenn wir dies beim täglichen Broterwerb nicht üben können, weil es uns untersagt ist? Gleichzeitig wird von uns als Bürger:innen erwartet, dass wir uns an den üblichen repräsentativen Demokratieritualen der Wahlen beteiligen, Parteiarbeit leisten oder uns sonst in irgendeiner Weise zivilgesellschaftlich engagieren. Ebenso wird von uns erwartet, dass wir unser Privatleben selbst stemmen, dass wir alles selbst organisieren und managen bis hin zu riskanten Projekten wie einem Hausbau. **Betreuung ist die pathologische Ausnahme**. Aber bei der Arbeit sollen wir schön artig bis ans Ende aller Tage Erfüllungsgehilf:innen bleiben, die gefälligst das tun sollen, was ihnen andere sagen. Hier ist Norm **betreutes Arbeiten**. Das ist ein eklatanter Widerspruch.

Worüber wir reden
Da die Begriffe der Unternehmens- und Wirtschaftsdemokratie bis heute für die meisten Menschen immer noch etwas Neues, Überraschendes sind, folgen nun meine Definitionen beider Termini, die übrigens, um etwaige pseudohistorische Argumente gleich beiseitezuräumen, keineswegs „schon" in den 1970ern verwendet wurden, sondern mindestens bis 1898 zurückreichen: „Industrial Democracy" lautete der Titel des damaligen Buches von Sydney und Beatrice Webb in der ersten Auflage. 1928 folgte als weiterer Meilenstein „Wirtschaftsdemokratie. Ihr Wesen, Weg und Ziel" des israelischen Kaufmanns und Ökonomen Fritz Naphtali, der in seinem Werk vor allem auf die Demokratisierung und Sozialisierung der Produktionsmittel abzielte und nur am Rande über die Betriebsdemokratie reflektierte. Bei aller präziser Analyse übersah er die entscheidende Gemeinsamkeit von Kapitalismus, Sozialismus und Kommunismus: In allen Systemen obliegt die Nutzung und Verteilung des Gewinns vor Steuern nicht den Personen, die ihn (in)direkt erzeugt haben. Stattdessen tun dies mal die Eigentümer:innen selbst oder die von ihnen eingesetzten Topmanager, mal staatliche Steuerungsorgane. Die (in)direkten Wertschöpfer:innen sind in fast allen Fällen von den Entscheidungen ausgeschlossen. Das ist die frappierend gleiche DNA der ansonsten so unterschiedlich anmutenden Systeme. Nicht umsonst definiert der schon erwähnte Richard Wolff Sozialismus und Kommunismus als staatlichen Kapitalismus. Hier meine Definitionen:

Unternehmensdemokratie ist die Führung und Gestaltung von Organisationen durch alle interessierten Mitglieder, um den jeweiligen Organisationszweck zu verwirklichen. Der wichtigste Aspekt ist dabei die demokratische Entscheidung zur Nutzung und Verteilung des gemeinsam erzeugten Gewinns vor Steuern. Unternehmensdemokratie ist verbindlich verfasste Selbstorganisation, die kein Mittel zum alleinigen Zweck der Gewinnmaximierung ist. Deshalb achten demokratische Organisationen bei der Erzeugung und dem Vertrieb ihrer Produkte und Dienstleistungen auf das Wohl aller Stakeholder sowie auf das Gemeinwohl insgesamt.

Wirtschaftsdemokratie ist die demokratisch legitimierte Gestaltung aller ökonomischen Strukturen und Verfahren, die über individuelle (Non-)Profit-Organisationen und deren Einzelschicksale hinausgehen. Sie dient der Sicherstellung einer demokratischen Integration der Unternehmen in die (Volks-)Wirtschaft und Letzterer in die größeren Systeme der Gesellschaft und Natur. Deshalb trifft die Wirtschaftsdemokratie entsprechende regulatorische Maßnahmen, sodass privatwirtschaftliche Gewinne nicht auf Kosten des Gemeinwohls erzeugt werden.

Der Stand der Dinge
Und wie steht es aktuell um die Unternehmens- und Wirtschaftsdemokratie, um die Demokratisierung unser aller Arbeit? Wir sind am Anfang. Erste Saaten sind ausgebracht und wir entdecken täglich mehr Unternehmen, die sich auf den Weg gemacht haben. Das ist die gute Nachricht. Hypes wie New Work, Agilität und Purpose Driven Organizations zeigen Wirkung, auch wenn vieles leider durch die nächsten Säue abgelöst werden wird, um sie durchs Managementdorf zu treiben. Aber die Debatte ist einmal mehr eröffnet und altvordere Argumente dagegen können wir dank der digitalen Transformation schnell aushebeln. Technisch sind wir längst in der Lage, selbst mehrere Hunderttausend Stimmen zu erheben, zu bündeln und auszuwerten, um zu gemeinsamen, demokratischen Entscheidungen zu kommen. Technisch können wir heute über die Nutzung und Verteilung des Gewinns vor Steuern und aller anderen nachgeordneten Themen schnell entscheiden.

> Es ist vor allem eine Frage des Wollens.

Andererseits sind diese Organisationen noch die verschwindend geringe Ausnahme im Gros aller Arbeitgeber. Das ist die schlechte Nachricht. Laut Statista gab es 2019 alleine 3,29 Millionen Unternehmen in Deutschland. Dazu kommen noch alle möglichen Non-Profit-Organisationen, in denen Menschen nicht nur ehrenamtlich arbeiten, sondern ihre zumeist zwingend nötige Erwerbsarbeit leisten. So gab es alleine 2017 gemäß dem ZIVIZ-Survey (Zivilgesellschaft in Zahlen) über 600.000 Vereine. Zweifelsfrei arbeiten nicht in allen bezahlte Arbeitskräfte, aber sicherlich in einigen (nur zur Erinnerung: Vereine können große Arbeitgeber sein, so wie der ADAC, der 2020 über 2800 Menschen beschäftigte). Verglichen mit dieser Menge an Arbeitgebern sind die alternativen, demokratischen Organisationen noch die Stecknadel im Heuhaufen.

Wir haben also ein Problem der **Sichtbarkeit**. Genau deshalb haben wir bei den **unternehmensdemokraten** vor einiger Zeit angefangen, alle Organisationen zu sammeln und öffentlich zu kartieren, die irgendwann begonnen haben, ihre Arbeit in der einen oder anderen Weise zu demokratisieren. Dabei haben wir keine harten Kriterien angelegt, sondern Plausibilität und Glaubwürdigkeit im Auge. Diese Organisationen müssen keineswegs von sich als Unternehmensdemokratien sprechen, die viel häufiger genutzten Begriffe oder Konzepte wie New Work oder Agilität haben aber auch demokratische Aspekte, da sie unter anderem auf die Ermächtigung der Mitarbeitenden abzielen, wenngleich in den meisten Fällen nicht aus den Gründen, die ich in diesem Beitrag kurz skizziert habe. Aber damit erzeugen sie Effekte der Demokratisierung, indem ebenso mehr Selbstbestimmung möglich wird wie mehr kollektive Willensbildung in Gruppen, beispielsweise beim PeerRecruiting, wenn Teams eigenmächtig ihren Personalbedarf feststellen und selber neue Kolleg:innen suchen, einstellen und teils sogar wieder entlassen. In diesem Sinn haben wir zurzeit rund 170 Organisationen auf unserer priomy.map eingetragen. Auch wenn wir nicht so schnell vorankommen, wie wir uns das wünschen, so werden es im Laufe der Zeit doch immer mehr. Und manchmal können wir dabei einen großen Sprung machen. So sind wir aktuell im Austausch mit einer Doktorandin, die zum Thema transformatives/selbstverwaltetes Arbeiten forscht, wodurch weitere Kooperationen und ein weiteres Befüllen der Karte möglich werden könnte.

Und in Zukunft?
Leider ist es längst nicht damit getan, einzelne Organisationen zu demokratisieren. Denn am Ende des Tages stoßen fast alle Organisationsformen an die Grenzen rechtlicher Regulation, insbesondere Kapitalgesellschaften über die gesellschaftsrechtlichen Kodifizierungen (GmbH-Gesetz, Aktiengesetz etc.). Darum ist es nicht verwunderlich, dass die hauptsächliche Form der Arbeitsorganisation weiterhin die klassische Aufbauorganisation ist. Diese Struktur wird bis zu einem gewissen Maß schlicht rechtlich vorgeschrieben. Somit müssen wir parallel auch hier neue Wege erschließen, neue Möglichkeitsräume öffnen. Dafür engagieren wir uns in einem Verbund mit anderen Organisationen maßgeblich bei der Initiative New Work Policies, die wir mit aufbauen. Dort arbeiten wir an verschiedenen Schwerpunkten, ermöglichen zukünftig Dialoge mit Politiker:innen und versuchen so, diese große Aufgabe der Demokratisierung der Arbeit voranzubringen.

Darüber hinaus stehen wir jetzt vor weiteren gewaltigen Herausforderungen wie Erderwärmung, Artensterben, Vermüllung, Einkommens- und Vermögensungleichheit (dank der undemokratischen Gewinnverteilung) — und das alles bei einer zurzeit global angeschlagenen Demokratie mit einem international stärker werdenden Rechtspopulismus. Diese Herkulesaufgaben können wir nur gemeinsam lösen. Und dafür brauchen wir eine lebendige, gut entwickelte und fortlaufend lernende Demokratie, in der wir uns alle, wenn wir wollen, mehr einbringen können als bislang. Neben vielen anderen sinnvollen und wichtigen Projekten, wie der Entwicklung losbestimmter (nationaler) Bürger:innenräte oder demokratischen Bildungsprojekten, ist die Demokratisierung der Arbeit der Baustein, der bislang von den meisten übersehen wurde.

Denn: Wir alle sind die Fische im Wasser. Wir leben im Medium unserer Gesellschaft, sind in die aktuell gegebenen Rahmenbedingungen hineingeboren und nehmen sie deshalb oftmals gar nicht (mehr) wahr. Diese Konditionen sind viel zu alltäglich, sind das Wasser, in dem wir alle fortwährend unsere Bahnen ziehen, tagein, tagaus. Wir sollten aufwachen. Und beginnen Fragen zu stellen. Warum leben wir in einer halbierten Demokratie?

Der Autor

Dr. Andreas Zeuch

Dr. Andreas Zeuch (geb. 1968) arbeitet seit 2003 als selbstständiger Unternehmensberater, Coach, Trainer und Speaker. Er ist Gründer und Partner bei den unternehmensdemokraten mit Sitz in Berlin. Gemeinsam mit seinen Kolleg:innen begleitet er Menschen und Organisationen auf dem Weg zu mehr und besserer Partizipation. Ihre Kunden sind vorwiegend mittelständische Unternehmen, ab und an auch Konzerne.

2015 veröffentlichte er sein fünftes Buch „Alle Macht für niemand. Aufbruch der Unternehmensdemokraten", das die Grundlage für die unternehmensdemokraten legte. Aktuell arbeitet er an seinem nächsten Buch, in dem er die hier nur kurz umrissenen Zusammenhänge ausführlich weiterentwickelt.

unternehmensdemokraten.de

KULTUR PIONIERE

Jan Stassen

Fliegen lernen

Über beliebige Geräusche und wichtige Signale

Fliegen ist der ultimative Ausdruck von Freiheit. Dabei ist diese (Kultur-)Technik relativ neu. Ich glaube, wir können von den Flugpionieren etwas lernen und durch einfache Simulationen auf „Vorrat handeln" — und werden dabei ganz vielleicht die Held:innen unserer Zeit.

Die Gebrüder Wright waren gefeierte Stars ihrer Zeit und Sinnbilder der Moderne. Ihr Ziel war es, mit wissenschaftlichem Knowhow die Herausforderungen ihrer Zeit zu lösen. Mit dem Beginn des 20. Jahrhunderts brach eine Ära der Mobilität an und mit ihr die Massenproduktion von Flugzeugen.

Doch wie lernt man fliegen, wenn es kaum erfahrene Pilot:innen gibt? Der Ablauf war relativ klar: Zu Beginn des 20. Jahrhunderts wurde die Kunst des Fliegens meist physikalisch und theoretisch erklärt — Aerodynamik, Antriebsgeschwindigkeit, Seiten-, Höhen- und Querruder. Ein:e Ausbilder:in vorne an der Tafel, angehende Pilot:innen im Ausbildungszentrum. Mit theoretischem Wissen im Kopf ging es direkt in die Luft. Das eine — Theorie — hatte mit dem anderen — Praxis — leider relativ wenig gemein. Die teuren Fluggeräte gingen dabei nicht selten in die Brüche. „Learning by Doing" war in diesem Fall eine teure und lebensgefährliche Angelegenheit.

Eine einfache Idee sollte das ändern: durch Erfahrungen lernen. Einfallsreiche Pilot:innen haben sich mit kreativen Mitteln beholfen. Es gibt charmant anmutende Bilder von Pilot:innen in Badewannen, Holzkisten und anderen rudimentären Simulatoren. Die Simulationsmaschinen haben tatsächlich geholfen. Das Lernen in nachgeahmten Cockpits kam dem Realen wohl sehr nah. Diese Erfahrungswerte halfen extrem, die Absturzraten bei (realen) Erstflügen enorm zu vermindern.

100 Jahre später, zum Beginn des 21. Jahrhunderts, stehen wir vor neuen Herausforderungen. Die Ära der Mobilität wurde durch die der Konnektivität ersetzt. Das Informationszeitalter mit all seinen Ausprägungen und Umschreibungen (VUCA World, Metamoderne, Post-Postmoderne, …) bestimmt jetzt unser Denken und Handeln. Aus den stetigen impliziten Anzeichen — wie Klimanotstand, sozial-emotionale Krisen, stockende Bildungsreformen oder gesellschaftspolitische Bewegungen — werden explizite Feststellungen. Uns umgibt der ständige Imperativ, dass sich etwas verändern muss — und zwar grundlegend. Das betrifft auch und vor allem unsere Organisationen. Doch wie können wir uns weiterentwickeln und auf eine Welt vorbereiten, die wir weder kennen noch eindeutig vorhersehen können?

Herausforderung — oder eine Karte ohne Gebiet
Um Organisationen und Teams zu helfen, der neuen (Arbeits-)Welt begegnen zu können, sind bereits viele Methoden, Begriffe und Ansätze entstanden. New Work, Reinventing Organizations, Deliberately Developmental Organization, Agile, Scrum — jeder dieser Ansätze, Methodenkoffer und Narrative bietet Antworten auf bestimmte Facetten der momentanen Herausforderungen. Dabei entsteht mehr und mehr Durcheinander. Wir drohen uns in Theorien zu verheddern und die individuellen Erfahrungsschätze und unterschiedlichen Praktiken der jeweiligen Teams zu ignorieren — wie zunächst beim Fliegenlernen.

> „Was nützt mir in Rom der beste Stadtplan von Paris?"
> Walter Ludin

Die Prozess-Karten und Methodenkoffer werden „einfach" über unterschiedlichste Gebiete und Terrains gelegt. So war Scrum lange als eine Methode für die Entwicklung von „… bestmögliche[r] Software unter Berücksichtigung der Kosten, der Funktionalität, der Zeit und der Qualität" ausgelegt, allerdings findet sie mittlerweile in immer mehr Bereichen Anwendung. Über die Jahre haben viele Prozesse und Methoden einen Allgemeinheitsanspruch entwickelt. Das hat weniger mit Fortschritt zu tun und ist mehr stille Post für Fortgeschrittene. Vor lauter (Konzept-)Bäumen sehen wir den (realen) Wald nicht mehr.

Da sich die Welt in der Tendenz schneller zu verändern scheint und kontextspezifische Annäherungen an Herausforderungen wichtiger werden, entsteht eine Pattsituation. Prozesse und Methoden mit makroskopischen Ansätzen bügeln gleichmäßig über den mikroskopischen Alltagskosmos von Teams. Das kann dazu führen, dass wichtige Signale für ein unbedeutendes Grundrauschen gehalten werden.

Wenn wir also im Folgenden über Teams, deren Handlungsoptionen und Orientierungsmuster nachdenken, tun wir das ohne allgemeingültige Lösungen. Jedes Team im Engeren und jede Organisation im Weiteren sollte sich ihrer eigenen Kultur, eigenen Historie und individuellen Erwartungen an die Zukunft bewusst werden. Jede Organisation wirtschaftet in ihrem eigenen Biotop auf einzigartigem Terrain und mit einmaligen Karten.

Fünf Felder — Transformation und ihre vielen Gesichter
Das Navigieren in dieser von Unsicherheit und Unbestimmtheit geschüttelten Welt gestaltet sich dabei schwierig. Die achtspurige Autobahn der gängigen Wege wird nicht erst seit Corona durch neue Trampelpfade ersetzt. Es gibt viele „erste Male". Über dieser großen Veränderung steht meist „Transformation" als Überschrift und Bedeutungsträger. Transformation steht für vieles. Alles und jede:r wird momentan transformiert — egal ob Individuen, Teams oder ganze Organisationen.

Da Transformation als Erzählung so viele Gesichter hat, möchte ich fünf Überlegungen an diesen großen Begriff legen, um unsere Ansichten mit einem geschärften Sinn diskutieren zu können. Einige wichtige Punkte klangen bereits an und werden nun genauer beleuchtet. Der Fokus liegt im Folgenden vor allem auf Transformation im Kontext von wirtschaftlich denkenden Organisationen.

Überlegung 1: Transformation versteht sich als Gegenbewegung
Veränderungen fordern Menschen heraus. Es wirken Kräfte auf uns. Die Zahl der Fehltage aufgrund von mentalem Stress explodiert, der daraus resultierende wirtschaftliche Schaden hat sich in den letzten 10 Jahren nahezu verdreifacht. Der empfundene Veränderungsdruck steigt. Auch wenn die direkten Auswirkungen der Coronakrise sukzessive abebben, ist das Sicherheitsgefühl grundlegend erschüttert. Branchen und Märkte arrangieren sich neu, einige Organisationen werden verschwinden und neue werden entstehen. Jeder weitere Fortschritt auf technischer Seite (AI, Machine Learning etc.) wird die Entwicklung weiter schüren. Transformation versteht sich in diesem Kontext als Utopie für ein besseres Miteinander und ist ein Versprechen an die Zukunft!

Überlegung 2: Transformation schafft Synchronisation oder verhindert sie!

Wenn wir an Veränderungen denken, tun wir das unweigerlich in Bildern bzw. Metaphern. Etwas ältere Metaphern beschreiben Organisationen oft mit Bildern der Industrie, wo Zahnräder ineinandergreifen und Maschinenräume Output produzieren. In den letzten Jahren haben sich auch Bilder aus dem Informationszeitalter breitgemacht, in denen Kultur ein „Update" braucht, der Speicher voll ist und wir uns im Urlaub „rechargen" müssen. Hinzu kommen Sprachbilder aus neuen Methoden und Frameworks. Alles wird „agil", Management wird „liquid" und wir „presencen" jetzt. Die Vokabulare treffen aufeinander und ändern sich konstant. Menschen können jedoch nicht zweiwöchentlich „umprogrammiert" werden. Transformation ganzheitlich zu betrachten, bedeutet Sprachbilder miteinander zu verhandeln und nicht Vokabeln aufzuzwingen!

Überlegung 3: Transformation heißt, miteinander Neues aushandeln

Um Systeme zu verändern, bedarf es neuer Prozesse. Es wird ein stabiles System verlassen, um Neuem Platz zu geben. Diese Herangehensweise unterschlägt oft, dass Veränderung keine reine To-do-Liste ist, sondern auch eine Emotion. Diese Prozessmusterwechsel tun weh, triggern Vorbehalte und sind ein Stück weit unplanbar.

Es muss verhandelt, überlegt und viel gesprochen werden, denn nur so können tatsächlich neue Muster entstehen. Jeder Übergang von einem stabilen System zum nächsten durchläuft Phasen der Überforderung und des Chaos. Und eine solche Transformation hat viele Gesichter.

Überlegung 4: Transformation ist kein kopierbarer Service, sondern existiert ausschließlich in ihrem einzigartigen Kontext

Organisationen haben einzigartige Organisationskulturen, die über Jahre und Jahrzehnte gewachsen sind. Transformation ist somit kontextspezifisch und kontextsensitiv — nicht kontextfrei. So wie ein Autor nur Geschichten schreiben sollte, die niemand anderer zu erzählen vermag, so sollte auch eine Organisation ihre spezifische Unternehmenskultur in einer Weise nutzen, wie es niemand sonst könnte. Methoden und Ansätze, die in einer Organisation funktionieren, sind für andere komplett unzulänglich. Transformation bedeutet somit, zwischenmenschlichen Sinn zu stiften.

Überlegung 5: Transformation kognitiv und formal zu verstehen reicht nicht, um Veränderung zu erzeugen!

Transformation wird oft als intellektuelles Problem verstanden. Mit Präsentationen, Erklärungen und Vorträgen kommen wir dem Wandel auf die

Spur — es muss nur jede:r einmal verstehen. Dabei bedarf es eines tieferen Bewusstseins und Begreifens. Bewusstsein entsteht aus dem Zusammenspiel zwischen dem Intellekt (Gehirn als Organ), dem Körper (mit all seinen Nervenbahnen) und den sozialen Interaktionen (unsere direkte Umgebung). Das bedeutet auch: Veränderung mit anderen Menschen zu erzeugen, unterliegt keinem einfachen linearen Ursache-Wirkungs-Prinzip, sondern besteht aus komplexen Zusammenhängen. Bei Transformationsprozessen will das „Begreifen mit Selbsterfahrung" — nicht nur das intellektuelle Verstehen — mitgedacht werden.

Problem
„Organisationen sind trotz ihrer scheinbaren Inanspruchnahme durch Fakten, Zahlen, Objektivität, Konkretheit und Verantwortlichkeit in Wahrheit voll von Subjektivität, Abstraktion, Rätseln, Erfindungen und Willkür." — Karl E. Weick

Transformation nachhaltig in einer Team- und Organisationskultur zu kultivieren, scheint ein heiliger Gral zu sein. Dabei sprechen die Zahlen eine klare Sprache. 84% der Führungskräfte glauben, dass die Kultur entscheidend für den Erfolg ihres Unternehmens ist. 60% denken, dass die Kultur wichtiger ist als ihre Strategie oder ihr Betriebsmodell. 92% der Vorstandsmitglieder dieser Unternehmen gaben an, dass ein Fokus auf Kultur ihre finanzielle Leistung verbessert hat.

Und obwohl die Bedeutung klar ist und der Veränderungswille da zu sein scheint, scheitern über 70% aller Veränderungsprozesse! Die Herausforderung liegt, glaube ich, vor allem an dem WIE. Die klassische Herangehensweise als Organisation, um sich Herausforderungen zu nähern, besteht aus relativ einfachen Kausalketten: Wenn man den richtigen Leuten zur richtigen Zeit die richtigen Informationen, die richtigen Kompetenzen und das richtige Training vor die Nase setzt, werden sie die richtigen Entscheidungen treffen, sich „richtig entwickeln" und „gut führen"! Ursache-Wirkung setzt den gedanklichen Rahmen. Die Idee funktional getriebener Lösungsansätze kommt allerdings in Zeiten von steigender Komplexität an ihre Grenzen. Denn Ursache-Wirkung denkt Management als „Managing Problems", nicht als „Gestaltung von Möglichkeiten".

Dabei befinden wir uns in einer entscheidenden Übergangsphase: Die informelle Seite der Organisation entwickelt sich von einer auf Fließbändern und hierarchischer Kontrolle basierenden Industriewirtschaft zu einer globalen, dezentralen, informationsgesteuerten Wirtschaft. Das Aushandeln und Verstehen von sozialen Phänomenen wie Teamkultur wird in dieser

Phase zum strategischen Vorteil — also WIE wir miteinander arbeiten und nicht ausschließlich WAS.

Organisationale Intuition — warum das WIR wichtiger wird!

„Die wahre Entdeckungsreise besteht nicht darin, neue Landschaften zu erkunden, sondern mit anderen Augen zu sehen." — Marcel Proust

In diesem Kontext hat Transformation viel mit dem Verständnis von zwischenmenschlichen Beziehungen und Persönlichkeitsentwicklung zu tun. Dafür sind ein kollektiver Aufwand und ein Entschluss nötig — ein WIR als strategische Einheit!

Dabei ist „Wir" ein großes Wort, das leicht missverstanden wird. Das „Wir" in Teams ist oft eine verklausulierte Ansage von Führungskräften, die dann von anderen ausgeführt werden soll. „Wir" ist ein Deckmantel für Hierarchien und Machtgefüge. Die Herkunft des Handelns ist dann eher gezwungen und befolgend und nicht selbst gewählt.

In demselben Stil werden meist auch Formen des Miteinanderarbeitens von oben herab behandelt. Nicht selten erleben wir, dass Führungskräfte Tugenden und Werte für Mitarbeiter:innen aufschreiben, an alle in hübschen Präsentationen verschicken und sich eine Teamkultur erhoffen. Das erinnert an die alte Geschichte vom Mann, der traurig war, weil er keine Gefühle hatte. So gibt es die modernen Geschichten der Unternehmen und Teams, die ihre Werte aufschreiben, weil sie glauben, keine zu haben. Kulturelle Werte sind kein verschreibungspflichtiges Medikament. Sie sind immer da, nur meist nicht sichtbar.

> „Wir müssen lernen, die Welt zu verstehen, damit wir in ihr handeln können!"
> Dave Snowden

Es geht darum, ein gemeinsam geteiltes Verständnis von der gegenwärtigen Situation zu schaffen und daraus Orientierung für eine undurchsichtige und unvorhersehbare Zukunft abzuleiten. Die kurzsichtigen Antworten, die nur Symptome behandeln, werden dabei oft im Außen gesucht. Die längerfristige, organisationsspezifische Wahrheit, die Probleme löst, liegt meist im Innen — nämlich beim Team!

Herangehensweise — wie wir Werte verhandeln

Das „Wir" kann dabei als ein kokreatives „Sensemaking" verstanden werden, das Möglichkeitsräume eröffnet, in denen sich Teams als ein tatsächliches

„Wir" bewegen können. In diesem Verständnis können Werte Ausgangspunkt sein und mehr bieten, als festgelegte Karten zu sein, die von jedem Mitglied der Organisation befolgt werden. Sie können als eine Verhandlungsmasse beschrieben werden, die keine normativen Aussagen und Hypothesen über Verhaltensweisen trifft, sondern als ein sinnstiftendes Grundverständnis von Handlungen und Bewertungsmaßstäben verstanden wird. Es geht dann nicht darum, einem festgelegten Strategieplan zu folgen, sondern — im Sinne von Familiarität und Intuition — möglichst ähnliche Bewertungsgrundlagen zu verhandeln und daraus Handlungsoptionen ableiten zu können. Mit dem Kreieren von geschützten temporären Räumen und Momenten, in denen ein Team gemeinsam neue Erfahrungen generieren kann, soll auf lange Sicht die Reaktionsfähigkeit gestärkt werden.

> Die Arbeit an der Teamkultur ist — wie die Arbeit in der Architektur — eigentlich mehr die Arbeit an einem selbst. An der eigenen Auffassung. Daran, wie man die Dinge sieht.

Welche Qualitäten müssen Ansätze haben, die genau das schaffen? Wie können wir Menschen, ihre zwischenmenschlichen Beziehungen und ihre kollektiven Werte in den Mittelpunkt rücken, wenn es um die Verhandlung von strategischen Handlungsoptionen geht?

Seit einigen Jahren arbeiten wir — das Museum für Werte — mit und an drei Qualitäten für Transformation. Mithilfe von ästhetischen, körperlichen und persönlichen Simulationen — ganz im Sinne des Fliegenlernens — schaffen wir solche Erfahrungshorizonte. Denn neue Territorien wollen mit dem richtigen Rüstzeug erforscht und exploriert und nicht mit ungenauem Kartenmaterial bewertet werden. Es geht darum, für einen kurzen Moment die eigene (Team- oder Organisations-) Welt gleich zu sehen und ein geteiltes Verständnis von ihr zu bekommen. Sicheres Experimentieren und Simulieren erzeugen dabei die Sicherheit, Kohärenz und Souveränität — abseits von theoretischen Konstruktionen. Ziel ist es, einen gemeinsamen Nenner zu erforschen, der kollaborativ erarbeitet wird und Ausgangspunkt dafür ist, Zukunft als Team gestalten zu können.

1. Simulation als räumliche Erfahrung — Raum & Ästhetik
„Die Kunst ermöglicht es uns, uns selbst zu finden und uns gleichzeitig zu verlieren!" — Thomas Merton

Ästhetik ist in vieler Hinsicht wichtig. Die Essenz ist sicherlich, dass uns das Schöne auf einer anderen Ebene berührt und unseren Geist anregt. Dabei sind Büro und vor allem digitales Arbeiten oft weit davon entfernt, uns ästhetisch zu berühren. Wir stumpfen ab und haben wenig Momente der Begegnung, Stimulation und Erfahrung. So gehen wir oft blutleer aus den Räumen, die uns mehr Energie nehmen, als sie uns geben. Ästhetik hilft uns, Herausforderungen anders zu sehen und uns im Team neu begegnen zu können. Ästhetik ist der Schlüssel. Sie erlaubt uns, Abstraktionen zu nutzen, um die Dinge aus einer anderen Perspektive zu betrachten, das Gewöhnliche besonders darzustellen und es außergewöhnlich zu machen, zu inspirieren und Veränderungen anzuregen und vor allem Fragen zu stellen, die es nicht zulassen, mit den gängigen Phrasen zu antworten. Das Wesentliche wird im Schönen sichtbar. Die Erfahrungsräume im Museum für Werte beschreiben wir deshalb als eine Mischung aus Jeansladen und Kloster. Es herrscht eine Lockerheit bei gleichzeitiger Tiefe und Ernsthaftigkeit.

2. Simulation als körperliche Erfahrungen — Embodiment
„Ich bin mir der Welt mithilfe meines Körpers bewusst." — Olafur Eliasson

Unser Wissen und unsere Erfahrungen entstehen durch ein „In-der-Welt-Sein", das untrennbar von unseren Körpern und sensorischen Interaktionen beeinflusst ist. Alle unsere psychischen Prozesse sind durch unsere Körper beeinflusst: auf den Ebenen der Sensorik und der motorischen Prozesse und durch unsere Emotionen. Psychische Prozesse finden immer in direkter Kopplung mit dem Körper statt. Körperlichkeit beeinflusst demnach die Einstellung und Handlung des Individuums. Wir nehmen nichts objektiv wahr, sondern immer im Rückbezug und unter dem Einfluss unserer Körper. Die geläufige Meinung ist, dass unser Gehirn die zentrale Steuerungseinheit ist. Dabei ist unser Gehirn nicht die einzige kognitive Ressource, um Probleme zu lösen. Nachhaltige Problemlösung erfordert ganzheitliche Erfahrungen — das heißt nicht nur kognitiv verstehen, sondern ganzheitlich begreifen!

3. Simulation als persönliche Erfahrung — Narration
„Narrative reduzieren Komplexität, schaffen kollektive Perspektiven, unterstützen Erwartungssicherheit, bilden eine Grundlage für aktuelle und zukunftsorientierte Handlungspläne und sind eine Basis für die Zusammenarbeit zwischen Akteuren." — Dirk Messner

So wie gute Geschichten am Lagerfeuer weitergegeben wurden, werden jetzt Geschichten in der Teeküche geteilt und verhandelt. Sie stiften Sinn. Sie sind oft mehrdeutig. Sie vermitteln Bedeutung ohne Präzision. Kleine Geschichten und Anekdoten helfen, sich auszudrücken und Beziehungen aufzubauen. Diese Mikro-Narrative sind die Basis des Sensemaking und entscheidend für das menschliche Miteinander. Deshalb sammeln und bereiten wir die Erzählungen des Alltags auf und lassen sie in Teamprozessen lebendig werden. So wie Werner Heisenberg gesagt hat: „Bildung ist das, was übrigbleibt, wenn man alles vergessen hat, was man gelernt hat", würden wir sagen, dass Organisations- und Teamkultur das ist, was bleibt, wenn man alles vergessen hat, was man gelernt hat. Es bleibt nicht faktisches Wissen über Methoden und Frameworks, sondern Geschichten und gemeinsam geteilte Erfahrungen, die Sinn stiften und Orientierung bieten.

Ein Abschluss ohne Ende
„Jeder Narr kann deine Ideen stehlen. Aber nicht einmal ein Genie kann deine Beziehungen klauen!" — Gapingvoid

Unser Ziel ist es, durch eine intelligente und ästhetische Reflexion kulturelle Dynamiken besprechbar werden zu lassen, um eine aktive Teamkultur zu fördern. Denn um in einer komplexen Welt navigieren zu können, braucht das „Wir" einen ausbalancierten und geteilten kulturellen Kompass. Dieser ist nötig, um an einem sich ständig verändernden Horizont bestehen zu können. Hier liegen große Potenziale für kollektive Handlungsfähigkeit und Orientierung abseits vorgefertigter Karten.

Kollektive Werte dienen dabei als Container, als Bedeutungsträger, die mit Erinnerungen, Erfahrungen und implizitem Wissen aufgeladen werden, um Orientierung zu bieten. In diesem Kontext stellt der Austausch untereinander den Versuch dar, sich auf einen gemeinsamen Rahmen zu verständigen. Diese geteilten kollektiven Werte werden zu einem **shared mental model**. So wird es möglich, sich als „Wir" kohärent zu verhalten — auch und vor allem in Zeiten von größerer Unsicherheit.

Der Autor

Jan Stassen

Jan Stassen ist Berater, Gesellschaftskurator und kultureller Übersetzer. Er ist von der Erkenntnis getrieben, dass wir vor sozialen, intellektuellen und spirituellen Herausforderungen stehen und uns verstärkt um ein besseres Miteinander kümmern müssen — vor allem auch in Organisationen. Die Formate und Journeys des **Museums für Werte** erforschen neue Wege, um diesen Herausforderungen begegnen und sie greifbar machen zu können.

Jan denkt, spricht und publiziert zum Thema Werte, Bürger:innenbildung und Organisationsentwicklung, wie auf der TEDx-Konferenz in München, der NFQ Asia Vietnam und beim Fraunhofer-Institut IOF.

Mit dem **Museum für Werte**, das 2017 ins Leben gerufen wurde, um dem gesellschaftlichen Wertediskurs neuen Schwung zu geben, realisiert Jan Ausstellungen, unter anderem im Kunstmuseum Wolfsburg und auf dem Burning Man Festival.

wertemuseum.de

LEBE
GEL 1

Sophia Rödiger & Lukas Fütterer

Mit jedem Klick im Hier & Netz

Was wäre, wenn wir uns trauten, online und offline bewusst im Moment zu leben. Wenn aus der angsterfüllten FOMO — Fear Of Missing Out — eine bewusste Entscheidung für die eigene Aufmerksamkeit im Hier und Netz würde. Vielleicht sogar eine JOBO, also eine Joy Of Being On. Was wäre, wenn wir alle lernten, Digitalisierung und Achtsamkeit zu verbinden — für mehr Wirksamkeit. Für mehr Menschlichkeit. Für mehr Aufmerksamkeit auf das, was wir wirklich, wirklich wollen und was uns auf kollektiver Ebene guttut.

In Zeiten großer Veränderung im „Außen" versuchen wir bekannte Muster immer schneller abzuspielen. Wir kapseln uns von unserem „Innen" der Reflexion und des tiefen Erlebens ab, um vermeintlich zügiger zu „funktionieren" und voranzukommen. Das gilt umso mehr für das ultimative Schlagwort unserer Zeit: digitale Transformation. Jede:r will sie, jede:r macht sie und dennoch sehen wir, dass ein Großteil der Veränderungsinitiativen in Organisationen nach etwa drei Jahren versanden. Dabei hat man neue Tools eingeführt, Communities aufgebaut und bestehende Bereiche umgebaut, man hat die Klaviatur der Buzzwords bei Town Halls gespielt, Unternehmenspräsentationen und Websites mit „Purpose" aufgeladen und Meetings konsequent „agilisiert".

Zurück bleiben Mitarbeiter:innen und Führungspersonen zwischen digitaler Erschöpfung und digitaler Delegation.

Typ 1 — „digital erschöpft" — bringt euphorisch jedes neue Tool in die Zusammenarbeit, kommuniziert über E-Mail, Messenger, Social Media, Smartphone und springt von einer Videokonferenz in die nächste. Überall zur gleichen Zeit und nirgendwo so richtig. 24 7 online, mit allem und allen vernetzt und mit niemandem verbunden. Am wenigsten mit sich selbst, was dazu führt, dass sich Typ 1 oft sogar per Smart Watch Tracking an die Bewegung oder per „Breathing App" ans Atmen erinnern lassen muss.

Typ 2 — „digital wird delegiert" — fühlt sich bestätigt im Glauben, dass das „Digitale" nicht so wichtig ist und sich da ein paar „Digital Natives" drum kümmern können. Detox und Entkopplung werden zur Haltung stilisiert. Digitales delegieren und Verantwortung abschieben sind die meistgewählten Werkzeuge, für die Typ 2 eine lange Liste an Rechtfertigungen hat.

Im Umgang mit der Digitalisierung sind wir immer noch beim kindlichen Spiel mit dem Feuer und verbrennen uns wieder und wieder die Finger. Weder Typ 1 noch Typ 2 können im 21. Jahrhundert echte Wirksamkeit entfalten.

Was wäre, wenn wir lernten, wie wir mit dem digitalen Feuer auf allen Ebenen sicherer und bewusster umgehen. Wenn wir verstehen und erleben würden, wie wirksam wir mit Technologie werden können? Wenn wir die unmöglichen Möglichkeiten im Netz offen wahrnehmen würden, ohne uns darin zu verlieren? So, dass echte wohlige Wärme entsteht, Licht das Dunkel erleuchtet und die Energie zielgerichtet eingesetzt werden kann.

Achtsamkeit beschreiben wir als **„Panorama-Bewusstsein"**, das im Hier und Jetzt wahrnimmt. Wir sind offen für all das, was wir sehen, hören und fühlen können. Das Erleben bekommt eine Klarheit und Tiefenschärfe. Weiter noch, es geht um eine hellwache Aufmerksamkeit ohne vorschnelle Wertung. Denn wie oft erwischen wir uns dabei, etwas impulsiv zu bewerten: eine E-Mail der Chefin, das Verhalten des Partners oder unsere eigene Leistung.

Digitale Achtsamkeit ist das Übertragen dieser Qualitäten in den virtuellen Raum: **wirksam sein im Hier und Netz**. Weil die Vielzahl an Möglichkeiten von Technologie und Vernetzung erkannt werden, ohne sich von Apps und Notifications kontrollieren zu lassen. Und ohne sich von News Feeds oder Algorithmen treiben zu lassen. Wir gewinnen die Selbstkontrolle zurück und kultivieren einen Umgang, der uns wirksamer leben, führen und arbeiten lässt. Es geht hier nicht um ein Höher, Schneller, Weiter — sondern um ein Klarer, Bewusster und Vernetzter. Dabei steht vernetzt nicht nur für die Verbindung zu anderen Menschen, sondern vor allem für die zu uns selbst und unserem Lebensraum — online wie offline.

Um unsere Perspektive auf eine Integration von Achtsamkeit in eine digital vernetzte Arbeits- und Lebenswirklichkeit noch besser zu verstehen, wollen wir dich zu einem Gedankenexperiment einladen.

Es beginnt damit, dass du deine Augen für eine Minute schließt und dir einen beliebigen Tag in deinem Leben der letzten Wochen in Erinnerung rufst, an dem du zwischen Arbeit und Zerstreuung, zwischen Familie und Zeit für dich, zwischen online und offline gesprungen bist. Wie fühlt es sich an, wenn du an deinen digital dynamischen Alltag denkst? Wann fühlst du dich wirksam? Wie häufig bist du im „Jetzt", wie häufig in der Zukunft oder Vergangenheit?

Nimm dir einen Moment Zeit dafür. Vielleicht hilft es dir, die Punkte in der Linie zu betrachten. Vielleicht stehen sie sogar für die Häufigkeit der Wechsel deiner Aufmerksamkeit

....

Tiefenscharfe Utopie
Nun zur Einladung, einen neuen Tag zu entwerfen. Einen Tag, der verbindet und an dem du wirklich digital achtsam bist.

Fenster öffnen — zum Durchatmen, nicht zum Checken der E-Mails
Du beginnst den Tag bewusst für dich mit deiner passenden Morgenroutine — allein mit dir, mit dem Haustier oder mit der Familie. Öffne das Fenster — im Zimmer, nicht am Computer — und atme tief die frische Luft ein und aus. Deine Lunge und das ganze Nervensystem werden es dir danken, nach dem Schlafen mal richtig durchgelüftet zu werden. Du entscheidest, wann du die Welt da draußen in dein Leben hineinlässt: das heißt, wann du dein Smartphone oder Notebook zum ersten Mal in die Hand nimmst und überfliegst, was dir der News Feed oder E-Mail-Posteingang zu sagen haben.

Das achtsame Meeting
Der Arbeitstag hat begonnen und der Kalender ist gut gefüllt mit Terminen. Gut steht hierbei nicht für lückenlos, sondern du hast bewusst etabliert, dass es keine Termine mehr gibt, bei denen das Ende des letzten den Start des nächsten Meetings markiert. Du planst konsequent Räume für Reflexion, Bewegung oder andere Arten des Ausgleichs ein.

Als Team habt ihr gelernt, dass nicht mehr alle zu jedem Termin zur gleichen Zeit zusammenkommen müssen. Asynchrone Zusammenarbeit wurde in neuen Formaten gestaltet, in denen sich Videos, virtuelle Gruppenkanäle und Sprachaufnahmen durchgesetzt haben.

Die wenigen wesentlichen Meetings sind geprägt von Achtsamkeit. Jede:r Teilnehmer:in reicht vorab eine klare schriftliche Zielsetzung ein und beschreibt, in welcher Rolle und mit welchem Beitrag er oder sie dabei sein wird. Alle bereiten sich vor und teilen vorab die Inhalte und Unterlagen, die diskutiert werden sollen. Das Meeting beginnt, es wird eingecheckt. Im Rahmen einer kurzen Runde antwortet jede:r in einem Satz auf eine vorgegebene Reflexionsfrage, die bereits auf das Thema einstimmt und die Gedanken schärft.

Im Meeting selbst sind alle präsent, wach und nicht abgelenkt von E-Mails oder Nachrichten auf dem Smartphone. Alle konzentrieren sich auf die Dynamik und Energie im Raum sowie auf den Inhalt, der heute von der verantwortlichen Kollegin vorgestellt wird. Fragen werden kurz, knapp und präzise gestellt — es gilt die 1-Minute-Sprechregel. 60 Sekunden sind lange genug, um relevante Anmerkungen beizutragen, und zu kurz, um ins Labern zu verfallen. Bevor es in die Feedback- und Entscheidungsrunde geht, bekommt jede:r 5 Minuten Zeit, um Gedanken zu sortieren und sich Notizen zu machen. Ein Facilitator achtet diszipliniert auf die Zeit, hält den Rahmen ein und führt durch den geplanten Ablauf. Es gibt präzise, wertschätzende Rückmeldungen, mit denen jede:r seine Folgeaufgaben verstehen kann. Das gesamte Meeting wird dokumentiert und mit Video aufgezeichnet, damit Personen, die nicht dabei sein konnten, die Möglichkeit haben, sich zu informieren und die Dynamik des Meetings zu erfahren.

Wie zu Beginn des Meetings ein Check-in ins Thema einstimmt, ermöglicht nun am Ende ein gemeinsamer Check-out den Übergang in die nächste Tätigkeit. Jede:r beschreibt in einem Satz: Was war gut, was könnte besser sein und was nehme ich konkret mit als Aufgabe. Auf den Punkt wird das Meeting beendet — schließlich geht es um Respekt vor unserer Zeit. Da Back-to-back-Meetings abgeschafft wurden, kann jede:r ohne Hektik vor dem nächsten Meeting mindestens einmal aufstehen und tief durchatmen.

Stopp! Sei kein Dopamin-Junkie
Unser neuronales Nervensystem ist ein Kunstwerk aus Zellen, Verknüpfungen und Botenstoffen. Die bekanntesten sind die Glückshormone Dopamin und Endorphin sowie das Stresshormon Cortisol.

Beginnen wir beim Glücklichsein. Das sind wir in jedem Moment, in dem wir ein Like oder einen positiven Kommentar bekommen. Unser Dopamin-Spiegel wird angeregt, weil wir Aufmerksamkeit und Anerkennung erhalten. Es macht uns auf Dauer allerdings abhängig und süchtig nach dem nächsten Aufmerksamkeitspeak, was dazu führt, dass unser Körper einen chronischen Überschuss verspürt, der mit ganz radikalen Hormoneinbrüchen bestraft wird. Wir verfallen in sehr heftige Schwankungen, die unser System enorm anstrengen und uns Energie ziehen. Sehr ähnlich sieht das Phänomen auf der Seite des chronischen Stresses aus, bei dem wir eine zu hohe Dauerausschüttung des Hormons Cortisol verzeichnen. Dieser Zustand lässt uns impulsiv und reizbar werden. Wir verlieren den klaren Verstand und treffen oft Entscheidungen oder sagen Worte, von denen wir uns später wünschten, sie nie ausgesprochen zu haben.

Nun zurück zu unserem Experiment. Wie schön wäre es, wenn wir dieses Spiel der Hormone mitgestalteten. Wir lassen uns nicht von den Benachrichtigungen und Signaltönen oder -farben der Tools und Geräte um uns herum steuern, sondern du bestimmst an diesem „guten" Tag, was du wann ansehen sowie konsumieren magst und wann du bewusst agierst sowie reagierst. Vielleicht beginnst du genau heute einmal, dein Smartphone-Verhalten mit Social Media und deinen Apps zu beobachten und zu analysieren. Wie viele Stunden bist du online und offline, wie viel Zeit verbringst du auf welchem Kanal? Schätze die Zahlen und gleiche sie mit der Statistik aus deinem Gerät ab. Vielleicht überrascht dich das eine oder andere und motiviert dich, zurück an den „guten, achtsamen" Tag zu denken. In dieser Vorstellung hast du alle deine Notifications und Signaltöne ausgestellt, du hast feste Zeiten am Tag reserviert, in denen du dich mit deinem Smartphone beschäftigst — bewusst kontrolliert und limitiert. Du wirst dich ruhiger, gelassener und im Kopf aufgeräumter fühlen. Das Gefühl des Glücks kann wieder mehr aus dir heraus entstehen und zu einer Lebendigkeit im Hier und Netz führen, die nicht ausschließlich von Reaktionen anderer abhängig ist.

Dinner for one
Schauen wir seit Kindestagen mit unseren Familien die Silvester-Kultsatire „Dinner for one" und belächeln Butler James, wie er das Abendessen der verstorbenen Gastgesellschaft inszeniert, so schlummert doch in uns ein Unbehagen. Wer isst schon gern allein? Erinnerst du dich an dein letztes Ma(h)l? Spiele also das Gedankenexperiment einmal weiter. Wie wäre es, wenn du dich selbst zum Abendessen einladen oder dir ganz bewusst etwas Gutes kochen würdest? Du wählst gesunde Zutaten und kaufst das Gemüse frisch und lokal. Deine „Food Advisor"-App hat dir Inspiration gegeben, wo du die Dinge herbekommst, die du für dein Gericht brauchst und die gleichzeitig mit deiner Wertestruktur zusammenpassen. In vollem Bewusstsein, woher das Essen kommt, und mit einer verbindenden Dankbarkeit, dass wir in Westeuropa meist Überfluss statt Mangel erleben, geht es ans Kochen und Anrichten. Und dann ans Speisen. Allein, in Stille. Nimm

wahr, wie jeder Bissen riecht, aussieht und schmeckt. Wie ist die Konsistenz, woraus besteht er im Einzelnen. Wie halte ich mein Besteck und in welcher Geschwindigkeit führe ich Bissen für Bissen zu meinem Mund. Meist hat das Ganze einen guten Nebeneffekt: Wir kauen wieder richtig. Gönne ich mir von Ma(h)l zu Ma(h)l so eine genussvolle Auszeit, dann ist es absolut legitim, dass an einigen anderen Tagen das Essen perfekt dosiert als „Fast Food" oder gar von deinem 3D-Drucker produziert wird. Denn achtsam sein heißt nicht, dass es immer eintönig oder langsam sein muss. Es geht um die bewusste Kontrolle und Entscheidung, wann was passend für dich ist.

Technologie als Freundin der Achtsamkeit
Eine ambivalente Freundschaft. In unserem Alltag fordert uns Technologie heraus, konzentriert bei der Sache oder bei uns selbst zu bleiben. Gleichzeitig unterstützt sie uns immer besser in unserem Leben und Arbeiten. Stellen wir uns vor, wir verbinden uns mit den Möglichkeiten der Technik und dennoch kontrollieren wir sie und verwechseln uns nicht mit ihr. So wie es uns die Held:innen wie Ironman vormachen, können Mensch und Maschine zusammen Superkräfte entwickeln. „Calm Technology" heißt eines der Stichworte, um das sich eine Designart und Industrie herum formiert. Gemeint sind damit Apps, Gadgets oder Geräte, die so entwickelt sind, dass wir Menschen sie nicht mehr bemerken. Angepasst an unsere Bedürfnisse und persönlichen Daten, die wir ausstrahlen — das heißt Stimmung, Gesundheitszustand, Aufgabe, Müdigkeit, Körpertemperatur und vieles mehr —, passen sich die Geräte und Applikationen um uns herum an. Sie nehmen uns die zeitraubenden, lästigen Aufgaben des Alltags ab und schenken uns Zeit für Wesentliches — denn bekanntlich ist unsere Zeit das Gold der digitalen Wissensgesellschaft geworden.

Stelle dir also vor, wie du per Sprachassistent deine To-do- und Einkaufsliste pflegen kannst, wie dein Smart Home sofort erkennt, dass die Zimmertemperatur sinkt oder deine Pflanzen etwas mehr Tageslicht benötigen. Wie dein persönlicher digitaler Helfer registriert, dass du eigentlich wieder einmal die beste Freundin sprechen möchtest und sie Sekunden später als Hologramm in deinem Wohnzimmer erscheint. Oder danach noch Geburtstagsgrüße automatisiert erstellt und mit deiner Bestätigung versendet.

Vielleicht merkst danach bei diesen Gedanken, dass „zu viel Vernetzung" bedrohlich auf dich wirkt. Dann erinnerst du dich, dass DU die Technik steuerst und kontrollierst, nicht umgekehrt. Die sensiblen Regulationsmöglichkeiten kannst du am Mischpult deiner digitalen Achtsamkeit jeden Tag neu justieren. Im einen Moment genießt du es, „smart" mit passender akustischer Atmosphäre, Lichtveränderung und Raumduft beim Einschlafen und Aufwachen unterstützt zu werden. In einem anderen Moment lässt du dich von der Sonne wecken, öffnest selbst die Fenster und holst das natürliche Gezwitscher der Vögel rein.

Deine Umgebung wird zu einem lebendigen Ökosystem und die Gerätewelt verbindet sich mit dir. Weil du sie selbst bestimmst und regulierst. Dies wird zu einer wertvollen Symbiose, wenn du selbst bei dir bleibst. Wenn du lernst, dein Bewusstsein, deine Gedanken und Emotionen zu kontrollieren. Wenn du digitale Achtsamkeit kultiviert hast.

In unserer tiefenscharfen Utopie wird Stress nicht mehr mit Leistung verwechselt, sondern steht für eine Dysbalance unserer Aufmerksamkeit. In einer bewussten Wahrnehmung, ohne zu werten und im Hier und Jetzt bringen wir diese bei allen Verlockungen in Klickweite wieder in ein wohltuendes Gleichgewicht. Dann wird dein Leben tiefer im Erleben, klarer in den Entscheidungen und reicher in den Möglichkeiten, die du realisierst. In digitalen wie in analogen Momenten, mit achtsamen Übergängen.

Sie fühlt sich gut an, diese neue digitale Balance. Ganz im Hier und Netz zu sein. Wirksamkeit und Zufriedenheit steigen. Wir verlassen das Entweder-Oder und gestalten die Realität, in der wir leben, mit all ihren digitalen Möglichkeiten, ohne uns zu verlieren.

Die Autoren

Sophia Rödiger & Lukas Fütterer

Sophia und Lukas verbinden als Transformationsbegleiter, Organisationsberater und Gründer von MountainMinds die beiden Metakompetenzen Achtsamkeit und digital vernetztes Arbeiten.

Sophia gestaltet Innovationsprozesse, Transformationsinitiativen und Führungsbeziehungen — zuletzt als Global Lead Transformation bei Daimler Mobility. Als Psychologin und Design Thinking Coach verbindet sie effektive Kreativitätsmethoden mit ganzheitlicher Potenzialentfaltung. Sophia ist Mindfulness Expertin, Working Out Loud Coach, Yoga-Trainerin und systemische Organisationsberaterin. Außerdem ist sie Gründerin und Geschäftsführerin des Mobility-Blockchain-Startup bloXmove.

Lukas ist Berater, Coach, Speaker und Moderator mit Fokus auf das Arbeiten und Führen in Netzwerken. Er begleitet seit vielen Jahren Organisationen ganzheitlich in deren Veränderungsvorhaben und ist einer der Treiber der Working Out Loud-Methode. Er verantwortete unter anderem die Digitalisierungsstrategie für vernetzte Zusammenarbeit bei der Daimler AG. Credo: Gute Organisationen bestehen aus klugen Köpfen. Die besten Organisationen wissen, wie man diese zielgerichtet vernetzt.

Website: MountainMinds.net
Buch: HierUndNetz.com

ALL VER WO BEN HEIT

Jens Hollmann

Unterbeing.
Jenseits von Ego- und
Ethnozentrik liegt die
Zukunft

Jetzt ist die Zeit für den Schritt heraus aus unserer Fokussierung auf den Mikrokosmos. Jetzt ist die Zeit, den Anthropozentrismus zu überwinden. Jetzt ist die Zeit, die Welt — unseren Makrokosmos — als Organismus zu begreifen und als Orientierungsrahmen für unser Handeln zu nutzen.

Kartographie der kritischen Zone
Vergleicht man die Erde mit einem Pfirsich, ist die Erdkruste — relativ gesehen — so dick wie seine Haut. Unser Lebensraum umfasst die Zone zwischen der Erdkruste, auf der wir uns bewegen, und der Troposphäre, einer der fünf Schichten der Atmosphäre, die uns atmen lässt. Wir sind angewiesen auf diese fragile Membran zwischen Erdkruste und Troposphäre, die die Vegetation und das Leben von Tieren und Menschen überhaupt ermöglicht. Wir können weder ins Erdinnere noch in den Himmel ausweichen, deshalb verwenden wir den von Bruno Latour geprägten Begriff der „kritischen Zone".

Diese kritische Zone ermöglicht unser Leben. Die Bedingtheiten, auf denen sich unser Leben gründet, sind damit alle nicht von uns geschaffen worden. Wir leben aber in einem Zeitalter, in dem der Einfluss des Menschen dominiert — im Anthropozän —, und haben unsere Mitwelt, in die wir eingewoben sind, zur Umwelt degradiert.

> „In Wirklichkeit jedoch sind wir eine Primatenart, die genauso von der Natur abhängig ist wie alle anderen Tierarten."
> Philipp Blom

Alles Sein ist wechselseitig verbunden — da sind sich Mystik und Physik einig
Es ist für uns essenziell, dass wir gewahr werden, dass unsere Existenz auf Erden Voraussetzungen braucht, die wir nicht selbst herstellen können. Nur wenn uns diese Wahrheit klar wird und wir begreifen, welch dünne Membran unseres Himmelskörpers unser Leben ermöglicht, haben wir die Chance, die alten Muster und Logiken hinter uns zu lassen und Akteur:innen in einer tiefgreifenden Transformation zu werden.

So revolutionär wie der Schritt vom geozentrischen Weltbild (die Erde befindet sich im Zentrum des Universums) zum heliozentrischen Weltbild (die Sonne ist der Mittelpunkt unseres Planetensystems) ist der evolutionäre Schritt, vor dem wir jetzt stehen: unser Weltbild weiterzuentwickeln und anzuerkennen, dass wir nur in Beziehung zu allem anderen denkbar sind. Unser Leben ist nur durch anderes Leben möglich, wir sind verwoben mit allem anderen. Sobald wir das verstehen und fühlen können, sobald wir interzentrisch denken und handeln, verändert sich alles.

Grundlegend dafür ist, die Bedingtheiten zu erkennen, in denen unser Leben stattfindet, und zugleich unsere Gestaltungskraft zu erkennen. Der Buddhist Thich Nath Hanh hat dafür den Begriff „Interbeing" geprägt. Dieses „Zwischen-Sein" beschreibt den Zustand der Verbundenheit allen Seins. Nichts kann getrennt voneinander betrachtet werden und alles bedingt einander.

> „Die Trennungen und Abspaltungen, die wir immer wieder vornehmen, sind vom Menschen gemacht. Im Letzten sind sie reine Illusionen. Sie wollen die Orientierung — auch für unser Gehirn — erleichtern. Gleichzeitig verdunkeln sie daneben doch grundlegende Wahrheiten."
> Prof. Dr. Claus Eurich

Unsere erweiterte Wahrnehmung ermöglicht uns den notwendigen Mindshift

Als „Krone der Schöpfung" haben wir über die letzten Jahrhunderte hinweg die Welt als Selbstbedienungsladen begriffen und ausgebeutet. Die heute noch dominanten Kultur- und Denkmodelle sowie unsere Wahrnehmung von Zeit und Ressourcen sind immer noch geprägt von Kolonialismus, Industrialisierung und der Vorstellung eines unbegrenzten Wachstums. Die Erschöpfung der Erde und das Erreichen der planetaren Grenzen wird Jahr für Jahr deutlicher, weil der Earth Overshoot Day im Kalender im weiter nach vorne rückt.

Um die Dissonanzen zwischen unseren evidenten Erkenntnissen der globalen, sozialen und ökologischen Krise und unsere Handlungsmustern ertragen zu können, haben wir es schon lange nicht mehr nur mit Verdrängung zu tun, sondern sind im Verleugnungsmodus angelangt.

Von Verdrängung sprechen wir, wenn wir ein konflikthaftes inneres Geschehen ins Unterbewusste verlagern. Bei der Verleugnung nehmen wir einen Aspekt der äußeren Realität zwar wahr, akzeptieren ihn dann aber nicht in seiner Bedeutung an sich oder in seiner Relevanz für uns selbst. Diese zerstörerischen Muster bringen sowohl uns als Individuen als auch unseren Planeten dem Burn-out nahe. Mit dem Schutz der Natur schützen wir also in erster Linie unsere verletzliche Spezies selbst.

> „Wir begreifen heute, dass unsere Lebensform nicht fortsetzbar ist."
> Wolfram Eilenberger

Um zur Transformation fähig zu werden, brauchen wir wesentlich mehr Weisheit als bisher. Im Begriff der Weisheit begegnen sich alte Traditionen und neueste Forschung. Diese Forschung verhilft uns zu Perspektiven, mit denen wir unser Verhältnis zur Welt neu und wahrhaftig realistisch begreifen können. Selbstrelativierung und Anspruchsrelativierung werden darin als besonders interessante Kompetenzen benannt, mit denen wir Menschen uns in der Welt neu denken können.

So erreichen wir eine reifere Haltung, in der wir unser Eingebundensein in der Welt begreifen. Dann sprechen wir nicht länger von einer Umwelt, sondern von unserer Mitwelt. Unsere Begriffe von Bedeutsamkeit und Verantwortung können sich so neu kalibrieren, die Wahrnehmung unserer Verletzbarkeit und Verbundenheit weitet unseren Blick. Nur das kann uns retten. Kooperation statt Konkurrenz wird zur neuen Prämisse. Sobald wir das Wunder wahrnehmen, in dem wir uns befinden, erweitern sich unsere Handlungsmöglichkeiten.

> Sobald wir das Wunder wahrnehmen, in dem wir uns befinden, erweitern sich unsere Handlungsmöglichkeiten.

Mit diesem neuen Verständnis von uns und der Welt können wir eine Transformation in Gang setzen, die unser Leben auch in Zukunft ermöglicht. Wir erweitern damit den Horizont unseres Denkens und Fühlens und erkennen, welche Zusammenhänge bestehen, was wirklich um uns herum geschieht und was wir tun können. Erst jetzt sind wir imstande, enkeltauglich zu handeln und z. B. die Ewigkeitskosten miteinzukalkulieren. Gemeint sind damit die Dynamiken, die einen Horizont umfassen, der über die eigene Lebenszeit hinausgeht. Dies umfasst sowohl Folgekosten und bleibende Belastungen unseres Handelns als auch die daraus entstehenden Wechselwirkungen, die womöglich gar nicht komplett abschätzbar sind. Besonders hilfreich dabei ist der neue Ansatz der Geosoziologie. Er untersucht, „wie Böden, Steine, Berge, Meere, Pflanzen, Tiere und Menschen in wechselnden Nachbarschafts-, Konkurrenz- und Kooperationsbeziehungen die Erde als Raum des Lebens gestalten", schreibt Markus Schroer.

Die Geschichten, die wir uns erzählen, leiten unser Handeln

Damit eine lebensbejahende, nachhaltig wirtschaftende Gesellschaft entstehen kann, sind wir aufgerufen, unser Handeln wirklich zu verändern. Wie kann das gelingen? Unser Handeln folgt unserer Selbsterzählung. Es lohnt sich daher, darüber nachzudenken, welchen Geschichten wir folgen, die im Hintergrund unser Handeln beeinflussen.

Drei grundlegende Narrative lassen sich dabei unterscheiden:

1. „Einfach weiter so und darauf achten, dass wir weiter zu den Gewinnern zählen": Diese Geschichte verliert mehr und mehr an Glaubwürdigkeit. Der verrückteste Gedanke von allen ist der, dass es so wie bisher weitergehen könnte.

2. „Alles wird immer schlimmer": eine Geschichte, die immer glaubwürdiger wird, je mehr wir erfahren und realisieren, und die zugleich Hoffnungslosigkeit oder Fatalismus auslöst.

3. „Alles wird sich wandeln": Die Geschichte, die uns Kraft geben kann, ist unerwarteterweise die Apokalypse. Die Apokalypse ist nämlich nicht der völlige Untergang, sondern sie beinhaltet die Erkenntnis, dass es so nicht weitergeht. Das verwandelt uns zugleich in Transformierte und Transformierende und ermächtigt uns, unsere Geschichte zu verändern.

Mortalität und Natalität sind die Polaritäten menschlicher Existenz, die für uns weitgehend unverfügbar sind. Apokalypse und Mortalität bedeuten ein Ende des bisherigen. Natalität, das Neugeborene, meint einen neuen schöpferischen Anfang. Die radikale Akzeptanz dieser Polaritäten führt dazu, dass wir das, was uns keine Zukunft ermöglicht, wirklich gehen lassen können und das noch nicht klar definierte Neue als Möglichkeitsraum begrüßen und gestalten können.

> „Wer nicht an Wunder glaubt, ist kein Realist."
> David Ben-Gurion

Denn jeder von uns ist selbst ein Wunder und alle wirklichen Herzensangelegenheiten sind zutiefst irrational. Genau das nährt uns mehr als alles Rationale.

Mit rein rationalem Denken, das Mortalität und Natalität ignoriert oder externalisiert, finden wir auf die meisten Herausforderungen, denen wir uns gegenübersehen, keine akzeptablen Antworten mehr. Denn dass es uns in der Welt gibt, dass uns ein Leben geschenkt ist, ist rational wohl kaum erklärbar. Das eigentliche Wunder ist die Irrationalität unseres Lebens im Leben. Es wäre daher höchst irrational, im wirklichen Leben Rationalität zum höchsten Gut zu erklären. Unser Potenzial zur Imagination wird unseren transzendenten Möglichkeiten als Menschen gerecht und ist die wichtigste Kompetenz für unseren Aufbruch in eine Welt, in der unser Planet uns und den uns nachfolgenden Generationen einen guten Lebensraum bieten kann.

Von der Irritation zur Inspiration

Unsere Intuition ist an das Erfahrungswissen der vergangenen Epochen gekoppelt. Wenn sich aber der Kontext so tiefgreifend verändert wie jetzt, sind unsere Erfahrungswerte nicht mehr brauchbar und helfen uns nicht weiter. Unsere gewohnten Muster können uns keine brauchbaren Ideen davon vermitteln, wie es anders gehen könnte. Wir brauchen eine Irritation, die uns inspiriert, gewissermaßen eine Inspiritation.

> Das eigentliche Wunder ist die Irrationalität unseres Lebens im Leben. Es wäre daher höchst irrational, im wirklichen Leben Rationalität zum höchsten Gut zu erklären.

Der Romanist Robert Folger, einer der beiden Direktoren des Kollegs für Apokalyptische und Postapokalyptische Studien in Heidelberg, formuliert es so: „Auch wenn es schrecklich ist, das ist jetzt die Chance, alles besser zu machen. Darin zeigt sich eine große Sehnsucht, dass endlich das Alte kollabiert und etwas Neues wird. Und dass man das, was man im alten Entwurf falsch gemacht hat, im neuen Entwurf besser machen kann."

Dynamic Self Literacy, die Erweiterung unserer Selbstkompetenz — nicht nur im **systematic wandering**, sondern auch im **mind wandering** — und eine andere Verortung in der Welt bringen uns in unser schöpferisches Potenzial. Im **systematic wandering** (Erwerb von Skills) sind die meisten von uns gut geübt und lernen so, immer neue Werkzeuge zu nutzen. Mit dem **mind wandering**, einer im Ruhezustand nach innen gerichteten Aufmerksamkeit, sind wir in der Regel deutlich weniger vertraut. Die Neurowissenschaften sprechen hier von einer Kombination von „stimulus dependent thoughts" und „stimulus independent thoughts", die wesentlich ist, um in der Evolution zu bestehen. Das ist der Zustand, in dem Heureka-Momente entstehen können. Wir (er-)finden Lösungen, die wir uns im Moment noch nicht mal vorstellen können.

Wir erreichen eine neue Autonomie, sobald wir realisieren, dass wir uns von unseren Gedanken nicht alles gefallen lassen müssen. Unser Gehirn ist permanent in Betrieb, deshalb findet unser Denken ressourcenschonend und damit überwiegend automatisiert statt. Diesen Autopiloten können wir auch ausschalten. Wir können die autonome Entscheidung treffen, unseren Gedanken zu folgen oder auch nicht. Impulse von außen sind dabei besonders hilfreich. Statt im eigenen Saft zu schmoren, können wir den Austausch mit anderen suchen. Darüber sprechen, wo wir eine Sehnsucht spüren, dass es anders wird, und erkennen, wo wir Einfluss nehmen können. Unser gemeinschaftliches Verantwortungsgefühl stärken. Gemeinsam denken und damit schöpferisch denken.

> Dann definieren wir „Freiheit" nicht mehr als Freiheit zur Zerstörung von Lebensgrundlagen, sondern als die Freiheit für zukünftige Generationen, auf dieser Erde gut zu leben.

In der Interbeing-Bewusstheit können wir wirklich Verantwortung übernehmen und unsere Intention im Handeln konsequent umsetzen. Dann definieren wir „Freiheit" nicht mehr als Freiheit zur Zerstörung von Lebensgrundlagen, sondern als die Freiheit für zukünftige Generationen, auf dieser Erde gut zu leben.

Unsere natürliche Antwort auf das Geschenk des Lebens ist es, Verantwortung zu übernehmen und unsere Lebensform zu transformieren, um diesen fragilen Lebensraum zu erhalten. Unsere bisherige Vorstellung von uns und der Welt hat mehr und mehr Risse bekommen. Allmählich dringt mehr und mehr Licht durch diese Risse. Was wir durch diese Risse erahnen können, ist eine andere und schönere Welt, die unser Herz bereits kennt.

Es liegt in unserer Hand, diese Imagination mit unserer Energie Wirklichkeit werden zu lassen.

Der Autor

Jens Hollmann

Jens Hollmann beschäftigt sich intensiv mit den Wechselwirkungen von Veränderungen in gesellschaftlichen, organisationalen und führungsbezogenen Kontexten.

Er ist Herausgeber und Autor von „Anders wirtschaften: Integrale Impulse für eine plurale Ökonomie" und Autor erfolgreicher Fachbücher zum Thema Führung und Strategieentwicklung. In seinem Fokus stehen die Themen Personal- und Organisationsentwicklung — insbesondere für Personen, die im Gesundheitswesen oder in der öffentlichen Verwaltung Verantwortung tragen.

Als Mentor für gelingende Transformation und Experte für agile Organisationskulturen begleitet er seit vielen Jahren Vorstände und Geschäftsführungen. Seine Expertise wird auch in der kommunalen Entwicklung geschätzt — sowohl in Partizipationsprozessen als auch in der Führungskräfteentwicklung. Sein Buch „Führungskompetenz in der öffentlichen Verwaltung" gilt als wertvoller Wegweiser für Kommunen, die mehr Bürgerbeteiligung umsetzen wollen.

Jens ist Lehrbeauftragter an verschiedenen Hochschulen und Inhaber der Unternehmensberatungen medplus-kompetenz® und pro-results®. Seine Arbeit mit Chefärzt:innen und Transformationsforscher:innen erlaubt es ihm, vielfältige Perspektiven zu verbinden.

jenshollmann.de
anders-wirtschaften.eu

Alexandra Schwarz-Schilling

Erdbewusstsein — ein Transformationsnarrativ

Da wir unser Selbstverständnis aus den Geschichten beziehen, die wir über uns erzählen, ist es Zeit, sich klarzumachen, in welchen Geschichten wir leben. Wir sind aufgefordert, eine neue Geschichte über uns zu kreieren, eine Erzählung, in der wir die Möglichkeit haben, einerseits unsere Vorliebe für das autonome Individuum weiter zu entfalten und andererseits unsere gesamte Mitwelt zu integrieren und damit gleichzeitig Verbundenheit zu erfahren. Wir brauchen eine Geschichte, die sich an der sinnlich erfahrbaren Realität orientiert. Ich bin für die Geschichte vom lebendigen Planeten Erde, der durch die Menschen langsam ein Bewusstsein von sich selbst entwickelt. Die Menschen vernetzen sich immer mehr, nachdem sie sich sehr stark vermehrt haben, ähnlich wie Gehirn- und Nervenzellen es tun, und irgendwann in diesem Prozess dämmert ein neues Bewusstsein. Alle erfahren etwas Neues, eine neue Bewusstseinsebene, als Teil des Bewusstseins des gesamten Planeten Erde.

Selbstentfaltung als Zwischenschritt auf dem Weg zu einem bewussten Planeten

Individuelle Selbstentfaltung ist in unserer „modernen" Gesellschaft, die alles erreicht zu haben scheint, ein naheliegendes Ziel. Wir erleben uns als autonome Individuen, denen die Welt offensteht, wenn auch zunehmend nur noch digital.

Selbstentfaltung ist ein wichtiges Thema und ein guter Zwischenschritt — aber auch nicht mehr als das. Das Bedürfnis nach Selbstentfaltung ist das Ergebnis einer langen Kulturgeschichte, die für viele Menschen in unseren Breitengraden ein Maximum sowohl an Wohlstand als auch an individueller Freiheit gebracht hat. Das Maximum für beides haben wir überschritten. Im Moment hegen wir noch die Illusion, dass die durch die Pandemie verlorenen Freiheiten bald wiedergewonnen werden. Wir ignorieren die Tatsache, dass die Pandemie ein Vorgeschmack auf Umwälzungen ist, die den gesamten Planeten betreffen und alle unsere Freiheitsgrade verändern werden. Vorhersehbar ist, dass sie kommen werden; unvorhersehbar ist, wie, wo und wann genau. Eine inspirierende Vision der Zukunft fehlt.

Selbst-Entwicklung zwingt uns dazu, zu prüfen, wo es uns hinzieht, anstatt lethargisch zu werden. Ist die Lethargie stärker, richten wir uns in einem bequemen Leben ein, um dann häufig damit unzufrieden zu sein. Indem wir nach Selbstentfaltung streben, setzen wir uns mit unseren Wünschen und Bedürfnissen auseinander, formulieren Ziele und Absichten und setzen sie im besten Fall in die Tat um. Das ist harte Arbeit und ein langer Prozess. Zugleich ist es befreiend und belebend. Anhand der Gefühle, die damit einhergehen, erkennen wir, dass wir auf dem richtigen Weg sind.

Selten wird uns bewusst, dass das Selbstbild, das uns zur Selbstentfaltung führt, auf einer Illusion beruht: Das Gefühl der individuellen Autonomie in unserer modernen Welt verdeckt die Tatsache, dass wir für unser Überleben immer noch zutiefst abhängig sind von Millionen anderer zusammenarbeitender Subjekte, die es ermöglichen, dass wir es im Winter warm haben und im Supermarkt alles einkaufen können. Schau dich in dem Raum um, indem du dich gerade befindest, und stell dir vor, wie viele Menschen aus wie vielen Ländern alles, was du siehst, ermöglicht haben.

Wie kam es überhaupt zu der Erzählung von der Getrenntheit?

Die Geschichte, in die unsere Kultur eingebettet ist, ist die eines allmächtigen Vatergottes, der zuerst die Natur erschuf und dann uns nach seinem Ebenbild. Sein Auftrag lautete, dass wir uns die Erde untertan machen sollten. Wir gehören nicht zu ihr, sondern wir gehören zu jenem jenseitigen Vatergott, jener obersten Autorität. Unsere Seele kehrt nach dem körperlichen Tod in dieses jenseitige Reich zurück, aus dem wir kommen. Die Erde ist eine zeitweilige Zwischenstation. Varianten dieser Geschichte sind die Vorstellung von der Seelenwanderung, von einem Nirwana, von anderen Planeten oder den Sternen oder anderen Dimensionen als unserer eigentlichen Heimat. Auf jeden Fall ein Ort weit weg und unabhängig von der Erde.

Das Schicksal des Menschen ist damit seltsam losgelöst von dem aller anderen Lebewesen. Die Helden dieser Geschichten sind meist Väter und Söhne. Diese sind hauptsächlich gemeint, wenn von Menschen oder der Menschheit die Rede ist. Unser Geist/unsere Seele scheint die körperlose Existenz zu bevorzugen, zumindest hat diese mehr Wert. Der Körper jedoch hängt am Leben und fürchtet den Tod. Für ihn gibt es in dieser Geschichte nur Verfall und Vernichtung. Alle Hoffnung des autonomen Individuums hängt am Überleben und Weiterleben des Geistes/der Seele in anderen Dimensionen.

Diese Geschichte wurde uns seit vielen Generationen erzählt, damit wir sie weitererzählen. In unzähligen Schriften, Texten, Liedern, Gedichten, Märchen, Erzählungen, Theorien und Abhandlungen. Diese Geschichte durchdringt unsere Sprache ebenso wie unsere Rollen- und Selbstbilder. Sie prägt unser Verständnis von der Welt und dem großen Ganzen und lässt kollektive Regeln entstehen, die sich in Sitten, Traditionen und Gesetzen niederschlagen.

Geschichten werden durch Wiederholung zur „Wahrheit" oder: „Glaube nicht alles, was du denkst"
Zunächst ist es wichtig festzuhalten, dass es sich, egal welche Geschichte wir erzählen, um eine Geschichte handelt. Sie ist nicht „die Wahrheit". Je öfter Menschen eine Geschichte hören und sie erzählen, desto mehr „wird" sie zur Wahrheit, weil viele Menschen ihr folgen und ihr entsprechend handeln. Deshalb ist es anspruchsvoll, eine Geschichte als solche zu erkennen, sie zu hinterfragen und möglicherweise zu verwerfen, weil sie nicht zukunftsfähig ist. So ist es auch mit der obigen Erzählung. Viele Menschen merken nicht, dass sie sich an diese Geschichte halten, weil sie z. B. von sich behaupten, nicht an Gott zu glauben. Das ändert aber nichts Grundsätzliches an dieser Geschichte. Diese Geschichte existiert in unzähligen Variationen (allein in den Theologien gibt es viele), sie taucht auch in der Philosophie und in den klassischen oder modernen Spiritualitätslehren auf. Ihnen allen ist der Glaube an eine Allmacht/Instanz inhärent, jeweils mit unterschiedlichen Namen. In jedem Fall gehört dazu, dass diese Instanz aus dem Kosmos oder anderen Dimensionen stammt und dass wir Menschen zu dieser In-

stanz gehören. Die Erde hingegen ist eine ihrer Erscheinungsformen und ihr Schicksal ist nicht unbedingt mit dem unseren verbunden. Deshalb wird auch immer wieder die Besiedlung anderer Planeten als Option ins Spiel gebracht, falls die Erde für den Menschen unbewohnbar werden sollte. Unsere Realität jedoch zeigt, dass außerhalb der mit 15 Kilometern hauchdünnen atmosphärischen Schicht ohne unverhältnismäßig hohen Ressourcenverbrauch kein Leben möglich ist. Der Kosmos ist ein äußerst lebensfeindlicher Ort.

Was Geschichten mit Bewusstsein zu tun haben
Wir wissen nicht genau, wann der Mensch begann, Geschichten über sich und die Welt zu erzählen. Vermutlich hat es mit der Entwicklung des Bewusstseins und dann vor allem mit der Sprache zu tun. Bewusstseinsforscher:innen gehen davon aus, dass es sich im Laufe der Evolution als vorteilhaft erwiesen hat, im Inneren des Organismus eine Vorstellung von der Außenwelt zu entwickeln. Demnach ist das Bewusstsein oder das, was man Geist nennt, die biologische Fähigkeit im Gehirn, eine immer differenzierter werdende Vorstellung von der Außenwelt zu entwickeln. Dazu müssen wir uns der Vorstellungs-, Interpretations- und Rekonstruktionsfähigkeit unseres Gehirns bewusst sein.

> Da das Gehirn den Großteil seiner Rekonstruktionsarbeit vor uns verbirgt, vermittelt es uns die Illusion, dass wir die Realität wahrnehmen und nicht deren Interpretation.

Da das Gehirn den Großteil seiner Rekonstruktionsarbeit vor uns verbirgt, vermittelt es uns die Illusion, dass wir die Realität wahrnehmen und nicht deren Interpretation. So wie ein Tornado aus vielen voneinander abhängigen Wetterereignissen entsteht, geht die Wissenschaft davon aus, dass das Bewusstsein das Ergebnis der komplexen Aktivität von vielen Tausenden von Milliarden Verbindungen zwischen unserer Umwelt, unserem Körper und unserem Gehirn ist.

Zu der Zeit, als sich unsere Fähigkeit, Geschichten in die Welt zu setzen und zu verbreiten, herausbildete, war die Kluft zwischen Wahrnehmung und Realität noch nicht so groß, weil die unmittelbare physische Sinneswahrnehmung eine viel größere Rolle spielte. Wir lebten, entschieden und handelten auf der Grundlage einer ganzkörperlichen Sinneswahrnehmung, die vom Hören auf entfernte Geräusche über das Fühlen der Temperatur und Luftfeuchtigkeit bis hin zum besonderen Geruch der Tageszeit reichte. Alle verfügbaren Informationen wurden über verschiedene Sinneskanäle aufgenommen, verarbeitet und schließlich interpretiert und mit Bedeutung versehen. Die Aufmerksamkeit war fast ununterbrochen auf die unmittelbare Umgebung gerichtet. Der Geist schweifte nur gelegentlich ab. Er war damit beschäftigt, das Leben im Hier und Jetzt besser zu verstehen und zu lernen, es immer raffinierter zu seinen Gunsten zu nutzen.

Bis hierher ist das Bewusstsein unserer Gehirne vergleichbar mit dem unserer tierischen Verwandten. Tiere verständigen sich neben ihrer Laut- und Körpersprache intensiv auf telepathischem Weg. Menschen tragen diese Fähigkeit der telepathischen Verständigung als ihre biologische Grundausstattung ebenso in sich, haben sie aber nicht weiterentwickelt, sondern eher verlernt, denn das Gehirn arbeitet nach dem Prinzip „use it or loose it".

Ab einer bestimmten Ebene der Komplexität entsteht etwas Neues. Die Entwicklung der Sprache war so eine entscheidende Innovation, die die Möglichkeiten von Kooperation veränderte und einen neuen Grad an komplexer Zusammenarbeit und Austausch ermöglichte. Mit der Sprache konnten Geschichten weitergegeben werden. Dadurch eröffneten sich auch neue Möglichkeiten, das WIR-Gefühl, das die Beziehungen untereinander absichert, zu gestalten.

Sinneswahrnehmung als Realitätscheck

Unser Reflexionsvermögen schreibt den Dingen Bedeutungen zu, aus denen wir dann eine sinnvolle zusammenhängende Geschichte machen, und dann halten wir die Geschichte für wahr und merken nicht, dass es eine ganze Reihe von Details gibt, die der Geschichte widersprechen. Sie werden entweder gar nicht wahrgenommen oder umgedeutet. Wir halten um jeden Preis an der Geschichte fest und verteidigen sie. Dieser Prozess wird umso gefährlicher, je weiter sich unser Verstand von der direkten Sinneswahrnehmung entfernt.

> *Die Sinneswahrnehmung könnte man rückwärts als eine Art Realitätscheck betrachten, der beurteilt, ob unsere Geschichten in der Realität Bestand haben. Und hier wird es interessant. Die patriarchale Erzählung, in der wir uns immer noch überwiegend befinden, hat nicht umsonst die Sinneserfahrung abgewertet und verteufelt. Denn dieses Narrativ widerspricht allem, was wir mit unseren Sinnen erleben.*

Die Erzählungen der kulturellen Mutterstufe, die etwa 150.000 Jahre lang das Leben der Menschen bestimmten, orientierten sich noch an der Sinneserfahrung: Das Leben kommt von den Müttern, die Schöpfung ist weiblich, die Vaterschaft spielt keine Rolle, da der Nachwuchs im Verband der Mutter und ihrer Verwandten (Söhne, Töchter, Brüder, Schwestern) aufwächst. Die Sexualität ist frei. Die imaginierte Schöpfungsinstanz orientiert sich an der Natur als lebensspendende Mutter und ihren natürlichen zyklischen Prozessen, deren menschliche Repräsentantinnen die Frauen waren.

Mit dem Aufkommen der Vieh- und Herdenhaltung (erste Anfänge 7000 v. Chr.) ändert sich dieses Narrativ. Vaterschaft wird deutlicher wahrgenommen und tritt als schöpferische Kraft in den Vordergrund. Vermutlich wird der männliche Samen nun mit der Potenz eines Pflanzensamens verwechselt, der im Gegensatz zum Samen eines Wirbeltiers eigentlich ein Embryo ist, weil er bereits beide Erbinformationen enthält. Entsprechend entstehen die ersten männlichen Götter. Einige Tausend Jahre später verschluckt Zeus die Weisheitsgöttin Metis, als diese mit ihrer Tochter Athene schwanger wird, um dann die Göttin Athene als Kopfgeburt seinem Haupt entspringen zu lassen. Hinter Metis verbirgt sich die altägyptische Göttin Maat. Zeus verschlingt sie und eignet sich damit eine Fähigkeit an, die nur Müttern vorbehalten ist: Er gebiert Athene, allerdings aus seinem Kopf, da ihm die lebensspendenden mütterlichen Organe fehlen. Diese Aneignung des weiblichen Geburtsaktes führt schließlich zur Rechtfertigung des mythischen Muttermordes und zur Verdrängung der kulturellen Mutterstufe, die bis heute tabuisiert wird.

Geschichte „wählen"

Es ist also alles andere als unerheblich, welche Geschichte wir über uns glauben, erzählen und weitergeben. Je nachdem, welche Geschichte wir erzählen, sind die Konsequenzen unterschiedlich und weitreichend.

Für eine sehr lange Zeit in der Menschheitsgeschichte hatten wir die Geschichte von der Erde als unserer Mutter. Mit dieser Geschichte hat sich das Leben lange Zeit stabil entwickelt. Etwas jedoch fehlte: Die Bedeutung des männlichen Beitrags wurde übersehen. Er wurde nicht anerkannt. Er wurde nicht benannt (es gab keinen Begriff von „Vater", auch wenn wir uns das heute kaum vorstellen können, Vaterschaft spielte einfach keine Rolle). Was nicht benannt wird, ist nicht in der Welt, zumindest nicht in einer, in der Sprache und Bedeutung so entscheidend sind.

Im Patriarchat haben wir dann die Geschichte eines geistigen Vaters, begleitet von der Verherrlichung des Geistes und der Dämonisierung des Körpers, der Sinne und allen physischen Lebens. Die Etablierung des Vaterprinzips auf der Erde war nur durch die Unterwerfung der Frau und die Kontrolle über ihre Sexualität möglich (Zerschlagung der Sippenstruktur, Einführung von Ehe und Familie).

Die männliche Schöpferkraft äußerte sich in der Weiterentwicklung dieser Erzählung hauptsächlich über den Geist, deshalb mussten Frauen von ihm ferngehalten werden. Sie durften nicht lernen und ihren Geist nicht bilden und entwickeln. Das Patriarchat hatte lange damit zu tun, die weibliche Macht zu brechen und dann zu kontrollieren, um Vaterschaft und die männliche Erblinie durchzusetzen (denn allein auf den Geist wollten sich die neuen Väter dann doch nicht verlassen). Dafür musste die Geschichte zum Teil drastisch sein. Weibliche Macht wurde in schuldhafte, gefallene Macht umgedeutet, und die Rückanbindung „religio" an das ganzheitliche Weibliche (sinnlich erfahrbar in der Sexualität) wurde schließlich zur Wurzel des Übels erklärt, das von Männern beherrscht werden muss. Da unser Geist tatsächlich sehr schöpferisch ist, entwickelte diese Geschichte eine große Dynamik und verstieg sich in immer neue Varianten von leib-, frauen- und erdfeindlichen Hymnen auf den Geist, den Logos, den Vater und den Himmel.

Eine Folge dieses Treibens ist der mittlerweile desolate Zustand der Erde. Unter dem Patriarchat wurde der natürlichen Welt zunächst durch die monotheistischen Theologien und später durch die patriarchal geprägten Wissenschaften jegliche Würde sowie das Recht auf ein selbstbestimmtes Leben abgesprochen. Dasselbe geschah mit verschiedenen Gruppen von Menschen: Sklaven, Frauen, unterworfenen Völkern usw. usf. Wir könnten noch viel Zeit damit verbringen, Gründe zu finden, warum es höchste Zeit ist, diese Geschichte zu überdenken.

Die Alternative
Noch wichtiger ist es, eine Alternative zu entwickeln, und genau dafür ist es jetzt an der Zeit. So können wir anstelle von Mutter Erde oder Gottvater entscheiden, dass der Planet selbst und damit wir diese Schöpfungsinstanz sind. Mit „wir" sind hier alle Bestandteile des Planeten Erde gemeint, von der anorganischen Materie bis hin zum hochkomplexen lebendigen Organismus. Wenn Bewusstsein (Geist) eine Folge des immer komplexer werdenden Austausches der Organismen mit der Umwelt ist, dann könnten wir uns auch als das Nervensystem des Planeten verstehen, das dabei ist, Bewusstsein zu entwickeln und sich selbst zu reflektieren. So wie unser Bewusstsein und Denken nicht vom Körper getrennt ist, sind auch wir und unser Bewusstsein untrennbar mit dem Erdkörper verbunden.

Theoretisch erkennen wir, dass jede Zelle und jedes Organ unseres Körpers eine bestimmte Funktion erfüllt, damit der Körper lebensfähig ist. Auch die Erde ist ein Körper. Wir sind seine Nervenzellen.

> Es macht in seinen Konsequenzen einen riesigen Unterschied, ob wir die Erde als Mutter verstehen, die uns ernährt, oder als einen Ort, auf den wir vom Himmel gefallen sind, zu dem wir aber eigentlich gar nicht gehören und den wir deshalb nach Belieben ausbeuten dürfen.

Zu wieder anderen Ergebnissen würde es führen, wenn wir die Erde als einen Körper und Organismus verstehen würden, der sich entwickelt und entfaltet und der für seine Bewusstseinsentwicklung auf uns angewiesen ist. Bewusstsein entwickelt sich durch die Vernetzung, den Austausch, die Weiterleitung und die Verarbeitung von Informationen mit großer Geschwindigkeit. Das ist genau der Prozess, der auf dem Planeten im Gange ist.

Das Leben auf der Erde hat sich über viele Millionen von Jahren von innen nach außen entwickelt. Der Erdkörper hat eine atemberaubende Vielfalt an Lebewesen hervorgebracht. Vielfalt in Schönheit garantiert das Gleichgewicht und ist das Erfolgsprinzip der Natur! Die Erde ist ein lebendiger Organismus, der sich immer weiterentwickelt und formt im Sinne von immer komplexer werdenden Strukturen und an dessen Stoffwechsel wir wesentlich beteiligt sind. Die schöpferische Instanz ist das gesamte Netz des Lebens, auch wir.

> **Vielfalt in Schönheit garantiert das Gleichgewicht und ist das Erfolgsprinzip der Natur!**

Ich bin das Ganze

Die Herausforderung für das „autonome Ich" des Einzelnen ist eine doppelte: Erstens muss es erwachsen werden und die allmächtige Instanz der Schöpfung nicht mehr irgendwo anders hin projizieren, sondern selbst Verantwortung übernehmen, vor allem dafür, welche Geschichte es wählt. Die zweite Herausforderung besteht darin, die Identität des „Ichs" deutlich zu erweitern.

> Ich bin kein abgetrenntes (scheinbar autonomes) Ich, sondern ich bin eine Zelle in einem großen Organismus, der dabei ist, sich selbst zu erkennen!

Unsere heutige Sinneswahrnehmung zeigt jedem Menschen, dass sich der Planet verändert. Es wird wärmer und trockener. Meine Aufgabe ist es, meine Sinne zu benutzen, mich mit anderen Zellen zu vernetzen, die weitergegebenen Informationen zu verarbeiten und selbst weiterzuleiten und dadurch den Bewusstseinsprozess des Planeten zu unterstützen und zu gestalten. Die Identifikation mit dem Ganzen macht den entscheidenden Unterschied und leitet den notwendigen Bewusstseinswandel ein. Dies ermöglicht der Erde den Sprung in die nächste Komplexitätsstufe in der Erdevolution. Unser „Zellen-Ich" entscheidet, welche Verbindungen es initiiert, stärkt und ausbaut und welche Informationen durch es hindurchgeleitet werden. Durch unsere Vernetzung „lernt" die Erde. Stirbt eine Zelle, gehen ihre Verbindungen verloren und müssen durch andere Zellen erst wieder neu geschaffen werden. Das „Ich" ist und bleibt immer ein Teil dieses Organismus, egal in welchem Zustand es sich befindet. Das wachsende Bewusstsein des Planeten führt dazu, dass sich alle Zellen im Laufe der Zeit ihrer selbst bewusster werden. Erhöhtes Körperbewusstsein des Planeten führt genau wie bei unserem „Zellen-Ich" zu Lebendigkeit und Genuss. Information weiterzuleiten ist für das Zellen-Ich sinnlich erfahrbar; je bewusster, desto genussvoller. Dadurch erlebt die Zelle in jedem Moment Verbundenheit mit dem Ganzen.

> **Die tiefe Angst, die durch das Gefühl
> der Getrenntheit entsteht, löst sich auf.**

Das Ziel für die Erde ist es nicht, höher irgendwo hinzustreben, sondern immer komplexer und ausdifferenzierter werdende Strukturen zu ermöglichen und sich dabei selbst zu erfahren. Diese Möglichkeit bietet sich auch für uns Menschen. Zu viele und zu starre hierarchische Strukturen machen eine solche Entwicklung unmöglich. Als Nervenzellen, als Gehirnzellen an den verschiedensten Stellen des Erdkörpers, können wir uns selbst erfahren und entfalten. Dort können wir als Knotenpunkt ekstatisch vibrieren und leuchten oder mit weniger Verbindungen ruhig Information weiterleiten. Das entscheidet jede einzelne Zelle selbst. ▬

Die Autorin

Alexandra Schwarz-Schilling

Alexandra Schwarz-Schilling, geb. 1964, studierte Anthropologie, Ethnologie und Vor- und Frühgeschichte. Sie ist Diplom-Betriebswirtin und Diplom-Psychologin und studierte in den 80ern Schamanismus in den USA. Sie arbeitete in Moskau, London, Paris, Indien und Japan, bevor sie 1996 ihre Leidenschaft im Coaching fand. 2002 gründete sie die Coaching Spirale GmbH in Berlin. Dort bietet sie neben dem Coaching für Change Maker gemeinsam mit ihrem Team eine fundierte und transformative Coaching-Ausbildung an.

Als Mutter von drei Kindern beschäftigte sie sich mit Mutterschaft und den Auswirkungen des Patriarchats auf die kollektive Wahrnehmung von Liebe, Sexualität, Körper und Natur, unter anderem veröffentlicht 2008 im Buch „Gemeinsam frei sein".

2011 gründete sie gemeinsam mit ihrem Mann das holistische Heilungsbiotop Living Gaia in Brasilien. Seit 2013 arbeitet sie mit dem indigenen Volk der Huni Kuin in Brasilien zusammen.
Dafür gründete sie den Living Gaia e.V. in Berlin.

coaching-spirale.com
living-gaia.org
hunikuin.org

Wieder zu (unseren) Sinnen kommen

Klemens Jakob

Wir leben in einer seltsamen Welt: Der materielle Wohlstand nimmt kontinuierlich zu und trotzdem besteht weltweit eine größere Gefahr, an Selbstmord zu sterben, als durch Krieg oder Gewaltverbrechen umzukommen. Zusätzlich leiden sehr viele Menschen unter dem Phänomen des „Burn-out". Wir gehen so rücksichtslos mit uns um, dass wir uns selbst schädigen.

Wenn wir das erkennen, dann können wir jederzeit die Richtung ändern und zum Medikament für unsere Heilung werden.

Wir haben uns zu einer großen Gefahr für uns selbst entwickelt
Aber wir gehen nicht nur mit uns so rücksichtslos um. Auch für alle anderen Lebewesen auf der Erde haben wir uns zu einer großen Gefahr entwickelt. Sogenannte Nutztiere, die auf unserem Speiseplan stehen, behandeln wir erbarmungslos, einzig und allein nach der Prämisse, wie sie kostengünstig und schnell auf unserem Teller landen können. Alle anderen Tiere sind auch nicht sicher vor unseren Handlungen. Spätestens dann, wenn ihr Lebensraum sich in Bereichen befindet, in denen sich Ressourcen befinden, die für unsere Wirtschaft von Nutzen sind.

Unsere Erde behandeln wir nicht wie einen lebendigen Organismus, der uns alles für ein gutes Leben schenkt. Sie wurde für uns zu einem Materiallager, aus dem wir uns hemmungslos bedienen, um unsere materiellen Wünsche zu erfüllen.

Wie konnte es zu dieser Entwicklung kommen? Unsere Wahrnehmung bildet die Grundlage für unser Handeln. Die Werkzeuge für unsere Wahrnehmung sind unsere Sinne. Durch unsere Sinne nehmen wir uns und die Welt um uns wahr. Unsere Sinne sind unsere Verbindung zum Leben, zu uns selbst, zu anderen Wesen und zu unserer Erde.

Durch unsere Sinne kann sich auch der Sinn von allem offenbaren
Wenn die Basis für unsere Handlungen unsere sinnliche Wahrnehmung ist und die Folgen unserer Handlungen sich zerstörerisch auf uns und die Welt um uns auswirken, dann ist die Frage durchaus berechtigt, ob wir noch recht bei Sinnen sind oder ob wir alle schwach-sinnig geworden sind. Es lohnt sich auf jeden Fall, die Qualität und die Funktion unserer Sinne näher zu betrachten.

Unsere Sinne sind nicht einfach so, wie sie jetzt sind. Wenn wir geboren werden, dann sind bereits alle Sinne in uns veranlagt, aber sie entwickeln sich zusammen mit unserem gesamten Organismus. So wie wir das Laufen lernen, lernen wir nach und nach auch mit unseren Sinnen umzugehen. Wir lernen durch sie, Geräusche zu differenzieren, Gerüche wahrzunehmen, Gegenstände zu ertasten, auf zwei Beinen zu laufen und auch Stimmungen wahrzunehmen. Auf diese Weise lernen wir durch unsere Sinne immer mehr von uns selbst und von der Welt um uns kennen. Durch jedes neue Erlebnis bilden sich unsere Sinne weiter aus und die Weiterentwicklung unserer Sinne ermöglicht uns immer wieder neue Erlebnisse.

> Es ist nicht so, dass es da eine klar definierte Welt gibt,
> die wir alle auf gleiche Weise durch unsere Sinne erleben.

Was wir erleben, entwickelt gleichzeitig unsere Sinne
Unser Körper ist irgendwann ausgewachsen, aber unsere Sinne haben das Potenzial, sich immer weiterzuentwickeln. Dadurch können wir uns und die Welt um uns immer differenzierter wahrnehmen. Die Fähigkeiten unserer Sinne scheinen nahezu unbegrenzt zu sein. Das fällt vor allem dann auf, wenn einzelne Sinne durch einen Unfall beschädigt werden und andere Sinne dann die Funktion dieser Sinne übernehmen. Beispielsweise kann sich bei blinden Menschen der Tastsinn oder das Hören unglaublich sensibilisieren und diese können dadurch Qualitäten wahrnehmen, die wir vorher nicht für möglich gehalten hätten. Das gilt grundsätzlich für alle Sinne. Durch einen sorgsamen Umgang mit ihnen und mit beständigem Üben ermöglichen sie uns neue Erlebnisse und neue Erkenntnisse von uns und der Welt um uns. So können wir immer feiner und differenzierter wahrnehmen und wir können neue Zusammenhänge erkennen.

Wir können Verbindungen wahrnehmen, die vorher nicht offensichtlich waren. Scheinbare Grenzen lösen sich auf und aus einem unverbundenen Nebeneinander wird langsam eine „heile Welt", in der alles mit allem verbunden ist.

Die Entwicklung unserer Sinne geschieht jedoch nicht von allein. So wie Pflanzen ausreichend Wasser und Nährstoffe benötigen, um wachsen zu können, so benötigen unsere Sinne unsere Aufmerksamkeit und sinnliche Erlebnisse, um sich entwickeln zu können. Wenn wir uns nicht um sie kümmern, dann kann die Entwicklung stagnieren und im Extremfall können sich unsere Sinne auch zurückbilden. Hugo Kükelhaus, ein deutscher Künstler, hat die menschlichen Sinne mit den Muskeln verglichen. Wenn sie nicht genutzt werden, wie beispielsweise nach der Ruhigstellung bei einem Knochenbruch, dann verkümmern sie.

> Der Zustand unserer Welt spiegelt den Zustand unserer Sinne wider und umgekehrt.

Wenn das so ist, dann sind wir ganz eindeutig „schwachsinnig" geworden. Dann stellt sich die Frage, warum unsere Sinne so schwach geworden sind.

Die Entwicklung unserer Sinne folgt unseren Zielen
Sinne, die wir trainieren, bilden sich weiter aus und Sinne, die wir nicht nutzen, bilden sich zurück.

Wenn wir die letzten Jahrzehnte ansehen, dann waren unsere gesellschaftlichen Ziele eindeutig festgelegt. Es ging und geht auch heute noch um die Steigerung unseres materiellen Wohlstands. Diese Ziele werden uns von Geburt an vorgelebt und uns schon in ganz jungen Jahren sehr deutlich vorgegeben. In einem Nachbarort steht in großen Buchstaben über dem Eingang der Schule: „Lerne, spare, leiste was, dann kannst Du, hast Du, bist Du was."

Diesen Vorgaben entsprechend richten wir unser Leben aus und entsprechend entwickeln sich auch unsere Sinne. Wie gut dieses System funktioniert, kann man am Neubaugebiet im Nachbarort ablesen. Da stehen riesige Häuser, oft aus modernem Sondermüll gebaut, mit beheizten Garagen für blitzblanke, große Fahrzeuge. In der komplett gefliesten Gästetoilette stehen auf dem Fenstersims Plastikblumen und Naturbilder auf Kunststoffputz verschönern die Wohnzimmeratmosphäre. Zumindest der Teil des Spruches „dann hast Du was" wurde in den meisten Fällen erfolgreich umgesetzt. Der Geschäftssinn und der Gewinnmaximierungssinn sind enorm weit entwickelt. Aber oft werden diese Paläste von Menschen bewohnt, die sich gar nicht mehr selbst spüren. Die Sinne, mit denen wir uns und die Welt um uns wahrnehmen könnten, sind vollkommen verkümmert. Wir erleben jetzt, dass wir etwas haben und dass wir etwas leisten können — aber auf dem Weg zu diesem Wohlstand ist uns das Wohlbefinden abhandengekommen und wir haben es gar nicht bemerkt, denn der Sinn dafür ist auch auf der Strecke geblieben.

Es scheint fast so, als hätte die Entwicklung unseres materiellen Wohlstands auf Kosten unserer Sinne stattgefunden. Hat der sogenannte Fortschritt uns immer weiter von unseren Sinnen entfernt? War die Anhäufung von immer größerem Luxus gleichzeitig eine schleichende Entsinnlichung, die uns immer weiter von unserer wahren Natur entfernt hat?

Maschinen, Automaten und Roboter erledigen immer mehr Arbeiten für uns. Die Entwicklung ging von der Sense über den Rasenmäher bis hin zum Mähroboter. Wir „müssen" immer weniger mit unseren Händen arbeiten. Um uns diesen „Luxus" leisten zu können, arbeiten wir viele Stunden, um das dafür notwendige Geld zur Verfügung zu haben. Wir tauschen praktisch unsere Lebenszeit gegen moderne Geräte, die uns den sogenannten Alltag erleichtern sollen. Genau betrachtet findet dadurch eine radikale Entsinnlichung unseres Lebens statt.

Wir verdienen das Geld für diesen „Luxus" oft durch eine sinn-lose Beschäftigung und genau dieser Luxus nimmt uns die Möglichkeit für eine sinn-volle Beschäftigung.

So reduzieren sich unsere sinnlichen Erlebnisse und Schritt für Schritt verschwinden immer mehr Sinne und damit auch immer mehr Sinn aus unserem Leben. Durch das Streben nach immer mehr materiellem Wohlstand haben wir unser Lebensumfeld und damit unsere Wahrnehmungsmöglichkeiten kontinuierlich verändert. Unser Lebensraum hat sich in den letzten Jahrzehnten immer mehr aus natürlichen Zusammenhängen herausgelöst. Während wir vor 100 Jahren noch in erlebbaren natürlichen Kreisläufen eingebettet lebten und praktisch komplett von Natur und natürlichen Materialien umgeben waren, ist es heute oft so, dass wir aus den lebendigen Kreisläufen herausgerissen sind und dass unser Organismus komplett von künstlichen Materialien umgeben ist. Das beginnt bei den künstlichen Materialien unserer Kleidung, mit denen wir unsere Haut bedecken, und geht dann weiter mit den künstlichen Baumaterialien, mit denen wir uns umgeben. Nur noch sehr selten haben unsere Sinne die Möglichkeit, natürliche Zusammenhänge wahrzunehmen. Vielleicht ist das ein Grund dafür, dass wir uns nach einem Spaziergang im Wald wie neu beseelt fühlen.

Unser Organismus ist nicht nur von künstlichen Materialien umgeben, oft füttern wir ihn auch mit künstlichen Nahrungsmitteln anstelle von natürlichen Lebensmitteln. All unsere Sinne, die natürliche Zusammenhänge wahrnehmen könnten, leiden an chronischer Unterbeschäftigung und bilden sich immer weiter zurück. Wir haben unseren natürlichen Organismus Schritt für Schritt aus den Zusammenhängen eines größeren Organismus herausgelöst. Mit unseren verkümmerten Sinnen ist es uns nicht mehr möglich, die Zusammenhänge in der Natur wahrzunehmen, auch nicht die Natur unseres eigenen Organismus und natürlich auch nicht die Wechselwirkungen zwischen unserem Organismus und anderen Organismen, wie beispielsweise dem unserer Erde.

Unter diesen Umständen ist es für mich nachvollziehbar, dass wir täglich zerstörerisch und auch selbstzerstörerisch handeln, ohne dies zu bemerken.

Wenn wir von Sinnen sind, erleben wir uns getrennt von dem, was wir erleben, und alles erscheint sinn-los
Unsere Welt wird zu einem feindlichen Gegenüber, das nichts mit uns zu tun hat, und unsere Mitmenschen verwandeln sich in Gegner. Aktuell besteht die große Gefahr, dass wir den Restbestand unserer Sinne komplett wegzoomen. Ein flimmernder Bildschirm kann ganzheitliche Begegnungen und Erlebnismöglichkeiten nicht ersetzen.

> Wir können diese Phase nur überleben,
> wenn wir schnellstmöglich zur Be-sinn-ung kommen,
> wenn wir wieder zu unseren Sinnen kommen.

Wenn wir zu unseren Sinnen kommen, dann verwandeln wir uns und dadurch verwandelt sich gleichzeitig die Welt um uns. Die Voraussetzung für diesen notwendigen Sinnes-Wandel ist eine neue Ausrichtung unserer Ziele, denn unsere Sinne folgen unseren Zielen. Statt des Strebens nach Gewinn-Maximierung jetzt das Streben in Richtung Sinn-Maximierung. Statt des Strebens nach größtmöglichem individuellen materiellen Wohlstand auf Kosten vom Rest der Welt jetzt das Streben nach einem gemeinsamen, ganzheitlichen Wohlgefühl, das alle Wesen mit einbezieht.

Unseren Zielen entsprechend wird sich unsere Wahrnehmung neu orientieren und die dafür notwendigen Sinne werden wiederbelebt. Was wir über viele Jahrzehnte durch Nichtbeachtung haben verkümmern lassen, wird natürlich nicht von einem Tag auf den anderen gleich wieder voll funktionsfähig. Aber durch die neue Ausrichtung setzen wir die ersten Impulse für den Beginn einer echten Transformation. Durch das Gesetz der Resonanz wird sich die Welt um uns neu ordnen und unseren neuen Zielen entsprechend finden neue Begegnungen statt.

Unsere Ziele sind die Ursache für das, was uns vom Leben zufällt
Den Spruch über dem Eingang der Schule können wir dann neu formulieren. Da könnten, den neuen Zielen entsprechend, folgende Worte stehen: Fühle nach, was dir Freude macht, was dir und den Menschen um dich und der Erde guttut, und beschäftige dich mit den Dingen, die dich erfüllen und deinem Leben einen Sinn geben.

> Fühle nach, was dir Freude macht, was dir und den Menschen um dich und der Erde guttut, und beschäftige dich mit den Dingen, die dich erfüllen und deinem Leben einen Sinn geben.

Die Sinne für Kreativität, Wohlbefinden, Empathie, Kreisläufe, Zufriedenheit, Vertrauen, Verbundenheit und Freude können sich auf diese Weise kontinuierlich weiterentwickeln. Wie würde dann das nächste Neubaugebiet aussehen? Würde es überhaupt noch ein Neubaugebiet geben? Wie könnte sich die Welt entwickeln, wenn wir wieder bei (unseren) Sinnen sind?

Durch die Wahrnehmung „unserer Natur" könnten wir immer deutlicher spüren, was uns und unserer Natur guttut.

Statt unser Leben für Geld zu verkaufen, könnten wir unser Leben leben. Wir würden es nutzen, um die Dinge zu tun, die uns Freude bereiten und zur Heilung der Welt beitragen. Wir würden unseren natürlichen Organismus wieder mit natürlichen Materialien umgeben, sodass das Leben wieder fließen kann. Vom Entstehen übers Blühen zum Vergehen in nicht endenden Kreisläufen. Die künstlichen Grenzen würden sich langsam auflösen und wir würden uns mit der Welt um uns verbunden fühlen. Wir könnten immer deutlicher wahrnehmen, dass es keine Trennung gibt und dass es unabhängig vom Rest der Welt kein gutes Leben geben kann.

So wie wir ein Teil der Erde sind, ist der Tod ein Teil des Lebens. Statt Anfang und Ende erleben wir Verwandlung und Übergang. Eingebettet in diese Kreisläufe erleben wir auch unsere Wahrnehmung nicht als eine statische Wahrheit, sondern als ein lebendiges Spiegelbild unserer augenblicklichen Verfassung. Unsere Wahrnehmung ist das Leben, das entsteht, wenn wir uns von der Welt berühren lassen.

Durch unsere Sinne können wir die Welt berühren und das Leben spüren
Wenn wir bei Sinnen sind, dann verbinden uns unsere Sinne mit uns und mit dem Leben. So kann sich durch uns der Sinn des Lebens ausdrücken. Es kann uns jede Wahrnehmung, innen wie außen, von dem leisesten Herzklopfen über einen Regenwurm im Garten bis hinauf zu den Sternen, zu einem Tor für den Urgrund allen Seins werden. Die Sonne, den Wind und den Regen auf der nackten Haut spüren und dadurch uns selbst spüren. Barfuß durch die Erde unsere Füße spüren. Durch zärtliche Berührungen unsere Verbundenheit und den Fluss des Lebens wahrnehmen. Das Leben spüren, das durch uns und die Welt um uns lebendig werden kann.

Ein sinn-volles Leben ist ein Leben mit vollen Sinnen.

Der Autor

Klemens Jakob

Klemens Jakob wurde 1959 in Geiselwind im Steigerwald geboren und ist Vater dreier erwachsener Kinder. Nach seiner Ausbildung zum Groß- und Außenhandelskaufmann arbeitete er bei der Deutschen Bundespost.

Inspiriert durch Reisen unter anderem nach Australien, Tuvalu, Marokko und auf die Philippinen, kündigte er seinen Job und begann 1985 an der Freien Kunstschule Bad Boll Kunst zu studieren. Ab 1989 arbeitete er unter anderem in der ökologischen Forst- und Landwirtschaft und studierte Baubiologie am IBN (Institut für Baubiologie und Nachhaltigkeit) in Rosenheim. 2006 gründete Klemens mit seinem damals 17-jährigen Sohn Silvano die Fotovoltaikfirma „Solera-Sunpower GbR".

2014 wuchs der Wunsch nach einer Neuausrichtung und Klemens verließ die Firma, um sich ganz auf die Entwicklung und das Projekt „Ownhome" zu konzentrieren, das er gemeinsam mit anderen Enthusiast:innen entwickelt hat.

Seit 2017 lebt er in seinem „Ownhome", einem 100%ig autarken Haus mit 18 m² Grundfläche. Der Einzug war ein Experiment und hat ihn selbst überrascht. Er erlebt sein Leben im Haus als großen Zugewinn an Autarkie, Freiheit und Verbundenheit mit der Natur. Dabei zeigt sich auch, dass Menschen sofort Verantwortung für Ressourcen übernehmen, sobald sie in übersichtlichen Kreisläufen direkt erleben können, was mit den Ressourcen passiert.

ownworld.org

Karin Schnappauf

Kollaboration macht Mut zur Transformation

Unsere Freiheit — und die der nachfolgenden Generationen — können wir nur durch eine entschlossene Transformation sichern. Insbesondere ökonomisch macht das Sinn, denn auf einem Planeten, auf dem menschliches Leben immer weniger möglich ist, wird es auch mit dem Business schwierig. Womöglich macht uns das Leben dann auch zufriedener und wir erfahren, was „Lebensqualität" wirklich für uns heißen kann.

Im Moment stecken wir im Krisenfall fest, der Weltklimabericht im August 2021 zeigt dies überdeutlich und meldet, dass wir die globale Erwärmung um 1,5 Grad bereits 2030 erreichen. Zu viele Menschen haben das entweder noch nicht realisiert, weil sie es im Alltag noch nicht wahrnehmen, oder sie stecken zwischen Verdrängung und Verleugnung fest und kommen noch nicht ins Handeln. Mal ganz abgesehen von den Menschen, die all ihre Energie und Aufmerksamkeit brauchen, um ihren Alltag zu bewältigen. Die Fakten liegen auf dem Tisch: Zehntausend Wissenschaftler:innen erklären abermals, dass wir grundlegende und nachhaltige Veränderungen brauchen. Der Earth Overshoot Day, der Tag, an dem wir die natürlichen Ressourcen aufgebraucht haben, die unser Planet innerhalb eines Jahres wiederherstellen kann, lag im Jahr 2021 auf dem 29. Juli. In Deutschland erreichten wir diesen Tag bereits am 5. Mai 2021. Wir sind also sogar ganz besonders gefragt: ich, wir, alle!

Denn „… tatsächlich ist die Biosphäre, in der wir leben, das übergeordnete System, von dem wir abhängig sind. Wenn wir sie zu sehr schädigen, kann es auch keine Kultur und keine Wirtschaft mehr geben. Es geht nicht mehr ums Abwägen — wir müssen alles stoppen, was die Biosphäre zerstört, egal, wie schwierig das sein mag", stellt der Historiker und Philosoph Fabian Scheidler in der Frankfurter Rundschau vom 4. August 2021 klar.

Der erste Schritt dazu ist, zu reflektieren, welchen Themen wir im Moment tatsächlich unsere Aufmerksamkeit widmen. Bernhard Pörksen warnt in der Süddeutschen Zeitung vom 4. August 2021: „Die öffentliche Aufmerksamkeit steckt in der falschen Zeitsphäre fest: Pseudo-News und Hypes blockieren Debatten, die dringend nötig wären, um die wirklich großen Probleme zu lösen — zum Beispiel den Klimawandel." Er schreibt weiter: „Das Gefangensein im Moment wird gefährlich, wenn man schnell und entschieden handeln müsste, global und mit Weitblick, in dem Wissen, dass die Effekte, wie im Falle des Klimawandels, vielleicht erst etliche Jahrzehnte später spürbar sind."

Kurzsichtiges Denken ist lebensbedrohlich. Nicht nur für andere, weit weg und uns unbekannt. Auch für uns selbst. Damit macht es schon aus purem Egoismus Sinn, sich auf den Weg zu machen.

Wenn die Evolution dreimal klingelt

Die Starkregenereignisse mit ihren katastrophalen Folgen — nicht nur in Nordrhein-Westfalen und Rheinland-Pfalz im Juli 2021 — sowie die verheerenden Brände in den beliebten Urlaubsländern rund ums Mittelmeer könnten das Potenzial haben, sogar unsere Komfortzone zu tangieren und uns ins Handeln zu bringen. Jede:n Einzelne:n von uns und alle zusammen und auf Dauer. Die Zusammenhänge sind komplex. Es ist also kein Wunder, dass viele sich davon überfordert fühlen. Die Starre, die dadurch entsteht, löst sich erfahrungsgemäß, wenn wir den ersten Schritt gehen — und da haben wir viele Möglichkeiten. Drei Dimensionen stehen zur Auswahl und wir können in allen drei Dimensionen Wirkung entfalten.

1. Wir selbst, unser eigenes Verhalten: ob Konsum (von den Lebensmitteln bis zu den Medien), Mobilität oder Wahlentscheidung. Machen wir das Hinterfragen von vermeintlichen Gegebenheiten zur Selbstverständlichkeit! Es wird unseren Horizont erweitern und wir werden überrascht sein, zu welchen neuen Schlussfolgerungen wir kommen.

2. Fragen wir uns, wie wir in und durch Unternehmen agieren: Welche Auswirkungen auf unser Kerngeschäft hätte eine globale Erwärmung von mehr als 1,5 Grad? Was tun wir, um als Unternehmen das 1,5-Grad-Ziel zu unterstützen? Haben wir schon ein wirksames Umweltmanagement etabliert? Welchen Anteil an unserem ökologischen Fußabdruck hat unsere Hausbank? Und wo kommt eigentlich unser Strom und unser Kaffee her?

3. Nehmen wir in den Blick, wie wir Gesellschaft mitgestalten: Inwieweit lässt sich unser Schweigen als Zustimmung werten — z.B., wenn der nächste Wald mit Trinkwasserschutzgebiet für eine Autobahn gefällt werden soll? Wollen wir das so fortführen? Nach welchen Kriterien entscheiden wir, wen wir (nicht) wählen?

> „Viele kleine Schritte, dezentral in Angriff genommen von unterschiedlichen, oft unabhängig voneinander handelnden Akteuren, schaffen eine Dynamik, die eine grundlegende Neuausrichtung der Gesellschaft mit sich bringt."
> Maja Göpel

Wirklich nachhaltiges Wirtschaften ist schlicht und ergreifend unsere einzige Chance, weiterhin mit erträglichen Lebensbedingungen rechnen zu können. Ökonomie definiert sich vor diesem Hintergrund neu — denn „ökonomisch sinnvoll" lässt sich nicht mehr auf „es entsteht kurzfristig monetärer Gewinn" reduzieren. Stichwort „versteckte Kosten": Dass Klimaschäden wesentlich teurer werden als Klimaschutz, zeigt sich mittlerweile ganz deutlich. Wenn die entstandenen Schäden überhaupt behoben werden können. Die zukunftsfähigen Märkte liegen im Umbau der Systeme insgesamt und in Technologien, die dafür sorgen, dass Schadstoffe und andere „Abfälle" wirklich neutralisiert oder produktiv genutzt werden. Unternehmen, die ihr Geschäftsmodell entsprechend neu ausrichten, werden diese neuen Märkte mitprägen.

Es macht enorm Sinn, den nicht unerheblichen psychischen Aufwand, den wir bisher betrieben haben, um Verdrängung oder Verleugnung aufrechtzuerhalten, konstruktiver einzusetzen. Lassen wir uns dazu inspirieren von Menschen und Unternehmen, die sich bereits auf den Weg gemacht haben, obwohl die Rahmenbedingungen für nachhaltiges Wirtschaften noch nicht optimal sind: Unternehmer:innen, die öffentlich ihrer IHK widersprechen, wenn diese in deren Namen Industriepolitik aus dem letzten Jahrtausend vertritt — ob es um Flächenfraß oder Autobahnausbau geht. Gründer:innen, die ihr Geschäftsmodell von Grund auf klimaneutral bzw. klimapositiv ausrichten und Nachhaltigkeit als Business Case begreifen. Unternehmen, die mit einem Umweltmanagementsystem wie EMAS ihre Umweltauswirkungen erfassen und steuern, um effizient und nachhaltig zu wirtschaften, sich als B Corporations zertifizieren oder sich der Gemeinwohl-Ökonomie anschließen, die das Wohl von Mensch und Umwelt als oberstes Ziel des Wirtschaftens betrachtet. Unternehmen, die sich im Bundesdeutschen Arbeitskreis für Umweltbewusstes Management (B.A.U.M.) e. V. und/oder im Bundesverband Nachhaltige Wirtschaft (BNW) e. V. organisieren. All das können Mitarbeitende übrigens anstoßen. Der berühmte Satz von Aristoteles hat auch hier seine Gültigkeit: „Der Anfang ist die Hälfte des Ganzen."

Auch Investor:innen steuern bereits um: „Große Investoren ziehen Nachhaltigkeitsaspekte zunehmend ins Kalkül. Sie bewerten den Unternehmensnutzen, Klimaschutz systematisch in die Geschäftspolitik zu integrieren — beziehungsweise umgekehrt den Nachteil, dies zu unterlassen", konstatiert Joachim Wenning, CEO der Munich Re, in der FAZ vom 13. Februar 2020.

Neuartige Hochschulen wie die gemeinschaftlich finanzierte Cusanus-Hochschule für Gesellschaftsgestaltung stehen für eine Ökonomie, die ein tiefgehendes Verständnis wirtschaftlicher Realität entwickelt, zu kritischem und imaginativem Denken befähigt und beides mit praktischer Gestaltungskraft verbindet. An ihrer Initiative „Wirtschaft von morgen" können wir uns beteiligen, damit diese Innovationskraft in der Ökonomie breite Wirkung entfaltet. Sei es, dass wir Menschen, die aktiv Transformation gestalten wollen, auf die Studiengänge aufmerksam machen oder die Initiative monetär unterstützen.

Wie sich Klimaneutralität bis 2035 realisieren lässt, hat German Zero als überparteiliche Nichtregierungsorganisation ergründet und in ein vollständiges Gesetzespaket transferiert: mit dem #GutesKlimaGesetz. Diese Initiative können wir unterstützen und verbreiten. Dazu passt folgende Idee: Das eine Prozent der Weltbevölkerung mit dem höchsten CO_2-Ausstoß sollte CO_2-Reduktionsprojekte finanzieren. Dieser Personenkreis hat das meiste Vermögen und damit durch die Klimakatastrophe am meisten zu verlieren, argumentierte der Wissenschaftler Franz Josef Radermacher 2018 in seinem Buch „Der Milliarden-Joker". Ein Flug ins All verursacht übrigens einen CO_2-Ausstoß wie 400 bis 600 Transatlantik-Flüge.

> „Es ist zu spät, um pessimistisch zu sein. Jetzt ist es an der Zeit, zu handeln, denn Handeln macht glücklich."
> Jane Goodall

„Ich habe gelernt, dass man nie zu klein dafür ist, einen Unterschied zu machen", sagt Greta Thunberg und meint dabei weitaus mehr, als nur das persönliche Konsumverhalten nachhaltiger zu gestalten. Die Verantwortung für das große Ganze können wir nicht mehr nur an die formal dafür Verantwortlichen delegieren und uns auf unseren Job und vielleicht noch die Familie fokussieren. Den notwendigen globalen gesellschaftlichen Wandel schaffen wir nur mit vereinten Kräften.

Es macht enorm Sinn, den persönlichen Beitrag über Ernährung, Mobilität und Urlaub hinaus auszuweiten und kollaborativ nachhaltig wirkende Maßnahmen auf den Weg zu bringen. Damit können wir unglaublich viel erreichen — und das muss nicht unbedingt mit schmerzhaften persönlichen Einschnitten verbunden sein. Zumal ein „Weiter so wie bisher" verspricht, deutlich schmerzhafter zu werden. Zugleich verbessern wir die Rahmenbedingungen für die Unternehmen, die bereits nachhaltig wirtschaften.

> „Regierungen, die Klima-Maßnahmen endlich priorisieren, werden am Ende mehr dazu beitragen, dass die Bürger:innen ihr Leben noch wiedererkennen, als Regierungen, die weiterhin zu wenig für den Klimaschutz tun werden."
> Teresa Bücker

Wirklich zielführend sind also politische Entscheidungen und unsere Bereitschaft, sie mitzutragen. Mehr noch: entsprechende Entscheidungen einzufordern und ein relevantes Gegengewicht zu den Lobbyist:innen nicht zukunftsfähiger Industrien zu bilden. Derzeit profitieren die transformationsresistenten Branchen noch davon, dass die Diskussion rund um die Klimakrise stark individualisiert wird.

Wenn wir wirklich Wert darauf legen, dass die Erde weiterhin für uns angenehme — oder zumindest erträgliche — Lebensbedingungen bietet, ist es notwendig, dass wir mit viel mehr Entschlossenheit **UND** kollaborativ handeln. Das heißt: Wir tun gut daran, unser persönliches Verhalten zu ändern **UND** mit dafür zu sorgen, dass sich die politischen Rahmenbedingungen verändern.

Was dazu nicht wirklich passt: die 40-h-Woche als „Normalität". Die meisten von uns sind definitiv und verständlicherweise überfordert, neben einer 40-h-Woche noch etwas für die persönliche Entwicklung zu tun und sich politisch zu engagieren. Bis andere Modelle wie z. B. die 4-Tage-Woche zum neuen Standard werden, wird es noch dauern. Wir können diese Entwicklung allerdings mit anschieben und/oder für uns individuelle vorläufige Lösungen finden. Auch andere Entwicklungen weisen bereits den Weg in Richtung Zukunftsfähigkeit: Remote Work, Coworking auf dem Land und natürlich das Konzept von New Work im Bergmann'schen Sinne als Dreiklang von Erwerbsarbeit, Selbstversorgung und Arbeit, die mensch „wirklich, wirklich tun will". Wenn sich dabei zwei Bereiche überschneiden oder decken — umso besser!

Let's grow up and act!
Was uns jetzt hilft, ist eine Erweiterung unserer Denkstrukturen und damit unserer Haltung. Weil wir so unsere Handlungsmöglichkeiten erweitern und Einfluss auf das große Ganze nehmen können, auch wenn wir uns das noch nicht so recht vorstellen können. Denn wie weit reicht im Moment der persönliche Horizont? Bis heute Abend, bis zum Wochenende, bis zum Quartalsende, bis zum nächsten Urlaub, bis die Kinder aus dem Haus sind, bis an das eigene Lebensende, bis zu den Enkelkindern, über mehrere Generationen hinweg? Oder: Wofür übernehme ich Mitverantwortung? Werde ich aktiv für meine Wohnung, mein Haus, mein Viertel, meine Stadt, meine Region, Deutschland, Europa, die Erde?

Haltung haben wir nicht, wir entwickeln sie — oder auch nicht. Unsere Haltung bestimmt unsere „Realität". Eine Erweiterung der Haltung können wir nicht verordnen — weder uns selbst noch anderen. Wir können ihr aber Raum geben. Gesellschaftliche Entwicklung fängt bei der Entwicklung jeder einzelnen Person an. Denn die Denkweise bestimmt die grundlegende Fähigkeit, eigene Interessen zu vertreten, über den Tellerrand hinaus andere Interessen als berechtigt anzuerkennen und mit Diskrepanzen konstruktiv umzugehen. All das brauchen wir.

Je mehr Menschen in der Lage sind, das große Ganze in den Blick zu nehmen und die wechselseitige Verbindung allen Seins, die tiefe Bindung zwischen Mensch, Natur und Planet (Interbeing) zu erkennen, umso besser. Denn damit wachsen unsere Fähigkeiten, Wandel zu gestalten, Unsicherheiten auszuhalten und mit Ambivalenzen umzugehen. Dann kommen wir über das Stadium hinaus, das Luisa Neubauer und Carola Rackete in ihrem Spiegel-Essay zu den Rodungen im Dannenröder Wald so eindrücklich beschreiben: „Weil einige die Macht haben, zu entscheiden, dass es in Ordnung ist, das Pariser Abkommen zu brechen, nicht aber einen Straßenbauvertrag. Weil es für Entscheider okay ist, die Einhaltung von Biodiversitätsabkommen zu gefährden, nicht aber einen Koalitionsbeschluss." Nicht nur in der Politik, sondern auch in Unternehmen sind wir aufgefordert, konstruktive Wege zu finden, mit Dilemmata und Paradoxien umzugehen. Im Zweifelsfall wird uns dabei der planetare Horizont den zukunftsfähigeren Weg weisen.

Wie lässt sich nun eine intrinsisch motivierte Selbst-Entwicklung unterstützen? Entwicklungsfördernde Lebenserfahrungen zeichnen sich durch folgende Eigenschaften aus: Sie

1. stellen die Struktur der bisherigen Haltung infrage
2. sind persönlich bedeutsam,
3. sind emotional fordernd,
4. sind interpersoneller Natur,
5. sind als Herausforderung positiv interpretierbar.

Damit kommen wir zum „WIR". Wir brauchen andere Menschen, um uns zu entwickeln — als Kind wie als Erwachsene. Systematisch und klar strukturiert kann Working Out Loud (WOL) genau das leisten. (Neulich sah ich einen Tippfehler, der mir fast noch besser gefällt: „Wirking out loud".) John Stepper hat mit WOL ein Konzept entwickelt, das sich auch gut im Unternehmenskontext umsetzen lässt und dafür 5 Prinzipien formuliert:

1. Beziehungen: die Bereitschaft, einen intensiven Austausch zu pflegen und anderen zuzuhören
2. Großzügigkeit: eigenes Wissen mit den anderen zu teilen und sie auf ihrem Weg zum Ziel zu begleiten
3. Sichtbarkeit: die eigene Arbeit für andere verständlich machen
4. Zielgerichtetes Verhalten: das eigene Handeln auf das selbstgesetzte Ziel hin ausrichten
5. Wachstumsorientiertes Denken: möglichkeiten erkennen und neue Wege gehen

Das gemeinsame Wachsen und Wirken geht zum Glück nicht nur face-to-face und vor Ort. Denn eines wissen wir durch die Erfahrung einer Pandemie auch: Digital kann sehr wohl persönlich sein und der Austausch hilft dabei, neue Perspektiven einzunehmen und sich gegenseitig zu stärken. Ein Beispiel dafür sind die „coroNarrative", eine Initiative, die Zukunft neu denkt, in dem sie kollaborativ neue Narrative entwickelt. Das ist genau das, was wir jetzt brauchen, um in Bewegung zu kommen. Virtuelle Räume und ihre Raumgeber:innen ermöglichen einen inspirierenden Austausch mit interessanten Persönlichkeiten, denen wir sonst nicht begegnen würden.

Meine Erkenntnis aus dieser Zeit: Was mich wirklich stärkt und ins Handeln kommen lässt, ist die kreative Kraft von Kokreation. Das funktioniert überraschend gut auch bei Erstkontakten und entwickelt eine nachhaltige Wirkung, wenn sich weitere Gespräche anschließen. Besonders effektiv ist dabei die Kollaboration in einer festen Gruppe von 3 bis 5 Personen, wie sie Working Out Loud über einen Zeitraum von 12 Wochen initiiert. Ein Leitfaden für jede Woche strukturiert die einstündigen Treffen. Er liefert detaillierte Vorschläge und Instruktionen, die regelmäßig aktualisiert werden. Insgesamt umfassen diese Circle Guides rund 30 Übungen zur wertschätzenden Zusammenarbeit sowie Anleitungen dazu, Wissen zu teilen, wertschätzend zu kommunizieren und vernetzt zu arbeiten.

Durch die Brille unseres Konzepts der sechs Haltungen gesehen, eignet sich Working Out Loud ausgezeichnet dafür, die relativierend-individualistische Haltung zu üben. Das ist genau die Haltung, die wir brauchen, um unsere Zukunft gemeinsam in die Hand zu nehmen. Diese Haltung zeichnet ihre gestalterische und auf die Gemeinschaft bezogene Einstellung aus. „Lasst uns neue Wege gehen und schauen, was wir zusammen erreichen können!" In dieser Haltung beginnen wir uns selbst zu hinterfragen und wollen einen sinnvollen Beitrag leisten. Wir können verschiedene Blickwinkel einnehmen, sind in der Lage, Situationen von vielen Seiten aus zu betrachten und ihre Komplexität zu begreifen.

Machen verleiht Macht
Ein erster Schritt kann sein, positive Narrative öffentlich zu teilen oder sinnvolle Initiativen zu unterstützen. Und je mehr sich auf den Weg machen, umso mehr erreichen wir. In diesem Sinne: immer wieder raus aus der Komfortzone, rein ins persönliche Wachstum — nicht (nur) für sich selbst, sondern für das große Ganze. Jede:r da, wo sich ein Gestaltungsraum öffnet — ohne Ausreden.

„You must be the change YOU want to see — NO EXCUSES!"
Madi Sharma

Immer in dem Bewusstsein, dass wir die relevanten Stellschrauben nur bewegen können, wenn wir bestehende Bündnisse verstärken (dabei auch kreative neue Wege gehen) und/oder neue Vernetzungen aufbauen. In Unternehmen wie in der Gesellschaft insgesamt. Die Graswurzelinitiativen, die Sabine und Alexander Kluge in ihrem Essay beschreiben, können uns da sehr nützlich sein — wie überhaupt die Essays in diesem Buch Impulse liefern zu den Themen, die uns dabei unterstützen, unsere Zukunft positiv zu gestalten: von Achtsamkeit und Allverwobenheit über Macht bis zu Postagilität und Storylistening. Wer noch nicht alle gelesen hat: Go for it!

Wir werden als einzelne Personen immer wieder in die Regression gehen. Das ist normal. Wichtig ist nur, aus ihr wieder herauszufinden. Ungeheuer hilfreich dabei ist die Vernetzung mit Gleichgesinnten. Gegenseitiges Bestärken und Mutmachen ist essenziell. Aber nicht nur das: Im Austausch entstehen die besseren Ideen und die Umsetzung gelingt leichter.

> „Hoffnung, oh Hoffnung,
> sie ist ins Gelingen verliebt,
> nicht ins Scheitern."
> Bernadette La Hengst

Meine Lebenserfahrung sagt mir: „Es geht mehr, als Du denkst, und oft anders, als Du denkst." Lassen wir uns also inspirieren von Stimmen wie jener der Journalistin Sara Schurmann. Im Gespräch mit moment.at sagte sie: „Ich bin fest davon überzeugt, dass wir es versuchen müssen, und die besten Chancen sind jetzt. Dafür brauchen wir nichts weniger als eine Art friedliche Revolution, um noch irgendwo in der Nähe von 1,5 Grad zu landen. Im Moment ist es sehr unwahrscheinlich, dass wir das schaffen. Aber wenn ich nicht davon überzeugt wäre, dass wir noch sehr viel retten können, dann würde ich mich auch nicht so engagieren. Dann würde ich noch ein paar Jahre Party machen und das Leben genießen und zuschauen, wie wir uns die Zukunft versauen. Aber ich bin fest überzeugt, dass wir alles noch zum Guten wenden können. Wir können nicht mehr alles retten, aber wir können noch sehr, sehr viel Wertvolles bewahren und unsere Gesellschaft zum Positiven weiterentwickeln."

Und genau dafür lohnt es sich.

Die Autorin

Karin Schnappauf

Die eigene Welt kann sich — auch ganz unerwartet — signifikant verändern. Dazu kommt: Zunächst als eher unerfreulich oder bedrohlich empfundene Veränderungen können mittelfristig in einem ganz anderen Licht erscheinen. Diese Erfahrung hat mich geprägt. In der Begleitung von Menschen in Transformationsprozessen nutze ich sie ganz gezielt.

Aus dem Arbeitsfeld Rehabilitation habe ich den Blick für mögliche Veränderungen und das Vertrauen in die Fähigkeit zur Entwicklung mitgenommen. Meinem Vater verdanke ich den Sinn für Humor und die Gewissheit, dass Männer Care-Arbeit übernehmen können. Der Entrepreneurship-Ansatz von Prof. Faltin hat meine Arbeit als Vorgründungscoach entscheidend geprägt. Sinnhaftigkeit, Sichtbarkeit und nachhaltige Aspekte stehen dabei im Fokus.

Die Themen Führung & Unternehmenskultur stehen im Zentrum meiner Arbeit für SHORT CUTS, wo ich auch Kund:innen mit konsequent nachhaltiger Ausrichtung in der Kommunikation unterstütze.

Wesentliches in die Welt zu bringen, ist meine Mission, dabei agiere ich durchaus auch produktivsystemirritierend. Für durchdachte Experimente bin ich immer zu haben.

twitter.com/strategienergie

Ausblick

„Entwicklung ist dann beständig, wenn sie parallel bei uns selbst, mit anderen und für das Wohl des Ganzen geschieht."

Dieses Buch ist für uns eine ähnlich positive Überraschung wie unser Podcast. Am Anfang konnten wir noch nicht einschätzen, ob uns genügend inspirierende Gesprächspartner:innen zur Verfügung stehen würden, nur um dann festzustellen, wie viele Menschen um uns herum interessante Ansätze verfolgen und etwas Wertvolles beitragen wollen. Mit diesem Buchprojekt begaben wir uns wieder in ein Experiment: Würde seitens unserer Podcast-Gäste Interesse bestehen, mitzumachen? Wieder hat uns das Echo sehr positiv überrascht. Es hat uns auch in unserer Einschätzung bestärkt, dass sich an vielen Stellen bereits ein positiver Wandel abzeichnet. Es mag langsam gehen, vielleicht auch zu langsam, aber wir glauben, dass durch ein bewussteres Gefühl der Verbundenheit mit dem Leben immer mehr Menschen bereit sind, Veränderungen zu schaffen.

Bei unserer Arbeit in Organisationen hat sich in den letzten Jahren die Resonanz auf neue Themen, wie etwa die Arbeit mit Haltung und Werten, enorm erhöht. Oft finden sich die Treiber für solche Entwicklungen nicht an der Spitze der Unternehmen, vielmehr kommt das Interesse aus der Mitte, aus der Personalabteilung oder dem Marketing. Das ist nicht verwunderlich, denn das Topmanagement ist noch nach anderen Kriterien ausgebildet und auf entsprechende Ziele verpflichtet.

Die Kunst liegt in der Ambidextrie, bei der wir das Alte schätzen und gleichzeitig das Neue schaffen. Das geht am besten, wenn man über formale Strukturen hinausgeht, entwicklungsinteressierte Mitarbeitende zusammenbringt und mit ihnen in einem „Safe Space" begleitete Entwicklungsreisen startet. Entwicklung muss freiwillig sein. Dort können dann neue Impulse ausprobiert werden. Es geht darum, anders miteinander zu reden, das emotionale Erleben vermehrt einzubringen, neue Besprechbarkeiten zu schaffen und Vorannahmen zu überwinden. Entwicklung heißt auch, Kommunikation zu verändern und zu erweitern. Die Paradoxien und Dilemmata, die sich aus der Existenz unterschiedlicher Haltungen ergeben, treten in

Organisationen genauso auf, wie wir sie in der Gesellschaft beobachten können. Dieser Umgang mit Widersprüchen braucht einen versöhnlichen, geduldigen Ansatz. Moderne Formen der Führungskräfteentwicklung stärken diese neuen Qualitäten, wie Emotional Leadership, gewaltfreie Kommunikation, Emotions First, die Führungskraft als Coach, Selbstführung und andere. Dies alles sind Reifeprozesse, die eine Organisation in der Regel schrittweise und nicht als Ganzes durchläuft. Es braucht Zeit und positive emotionale Bezugserfahrungen mit anderen, um eine neue Haltung einzunehmen.

Die Wege sind für jede Person, für jedes Team und für jede Organisation einzigartig. Gemeinsamkeiten finden sich in der Richtung dieser Wege. Unser Ziel als Agentur SHORT CUTS und mit unserem Projekt ICH-WIR-ALLE ist es, Beispiele für die Richtung dieser Entfaltung zu geben. Dies hat sich für uns auch als großer Inspirationspool und Möglichkeit zur Vernetzung erwiesen. Deshalb laden wir gerne dazu ein, sich mit uns zu vernetzen — persönlich oder bei LinkedIn, Twitter, Instagram, Facebook und Xing.

Wir hoffen, mit den Essays und unserem Podcast zu inspirieren und einen versöhnlichen Optimismus zu stärken, der uns in unserer eigenen Entwicklung bestärkt und uns fühlen lässt, dass wir miteinander mehr verbunden sind als Teil einer Bewegung, die uns mit dem Leben in all seinen Erscheinungen versöhnlich und persönlich verbindet. Die Zukunft ist offen und kann gestaltet werden.

Martin Permantier

ich-wir-alle.com
short-cuts.de
haltung-entscheidet.de
werte-wirken.de

Das Kreativteam

Karin Schnappauf

Karin Schnappauf ist Redakteurin und Lektorin bei der SHORT CUTS GmbH. Ihre Themen reichen von Positionierung über Entrepreneurship bis zu Führung und Unternehmenskultur. Sie pflegt digitale Kanäle und erweitert gern Horizonte — ihren eigenen genauso wie den von Menschen, mit denen sie in Kontakt ist. In diesem Sinne begleitet sie auch die Bücher von SHORT CUTS von der ersten Idee bis zur PR. Bei diesem Buch hat sie vor allem die Vielfalt der Perspektiven und die Zusammenarbeit mit den Autor:innen begeistert. Denn Menschen und Ideen zu vernetzen und Wesentliches gemeinsam umzusetzen, ist ihr immer wieder eine Freude. Analog wie digital.

Britta Korpas

Britta Korpas prägt als Kreativdirektorin seit vielen Jahren die SHORT CUTS GmbH. Sie entwickelt Marken- und Gestaltungskonzepte für und mit Unternehmen und unterstützt Teams in der Entwicklung ihrer Kultur. Dafür nutzt sie sowohl ihre Erfahrung in der Gestaltung von Corporate-Design-Projekten als auch ihre Ausbildung zur systemischen Organisationsberaterin. Die Positionierung von Unternehmen und Marken auf der Grundlage von tatsächlich gelebten Werten ist für Britta der sinnvollste Weg, glaubwürdige und nachhaltig wirkende Kommunikation zu erzeugen. Für dieses Buch hat sie das Layout sowie die Illustrationen entwickelt.

Martin Permantier

Martin Permantier ist Unternehmer, Autor, Speaker, Seminarleiter und Coach. Er begleitet als Gründer und Geschäftsführer von SHORT CUTS seit über 25 Jahren Unternehmen bei ihrer strategischen Ausrichtung und Positionierung. In den letzten Jahren konzentriert er sich verstärkt auf die Entwicklung von Führungspersönlichkeiten mit Fokus auf Haltung und Werte in Unternehmen. Er gestaltet Aus- und Fortbildungen sowie Workshops zur Erweiterung von Haltungen und inspiriert Menschen mit Keynotes in Unternehmen und auf Konferenzen. Zudem ist er einer der Moderatoren des Podcasts ICH-WIR-ALLE und Herausgeber dieses Buchs.

Im Vahlen Verlag sind bereits zwei seiner Bücher erschienen: „Haltung entscheidet — Führung & Unternehmenskultur zukunftsfähig gestalten" und „Werte wirken — Strategie, Marke und Kultur mit Werten entwickeln" (gemeinsam mit Britta Korpas und Daniel Bischoff).

SHORT CUTS GmbH
SHORT CUTS unterstützt als Agentur für Corporate Identity Unternehmen dabei, Kommunikation, Kultur und Design zu entwickeln und auf den Punkt zu bringen. Das Team mit über 20 Mitgliedern entwickelt Gestaltung und gestaltet Entwicklung.

Weitere Lektüre von SHORT CUTS

2019. 373 S. Hardcover (Leinen)
ISBN 978-3-8006-6063-6
E-Book 2019. 373 S. PDF
ISBN 978-3-8006-6064-3
vahlen.de

Mehr Info auf
haltung-entscheidet.de

HALTUNG ENTSCHEIDET
Führung und Unternehmenskultur zukunftsfähig gestalten
Martin Permantier

Ausgehend von fundierten wissenschaftlichen Erkenntnissen der Entwicklungspsychologie veranschaulicht das Modell der sechs Haltungen, wie wir die Welt deuten und daraus unsere Realität konstruieren. Das Modell macht sichtbar, wie eine Haltung auf der anderen aufbaut und sich dabei die Denkstrukturen und die Fähigkeit, mit Komplexität umzugehen, erweitern. Damit eröffnet sich ein neuer Blick auf die Entwicklungsmöglichkeiten von Führung, Team und Organisation.

Viele Beispiele aus der Praxis machen es leicht, das neue Wissen zu integrieren.

WERTE WIRKEN
Strategie, Marke und Kultur mit Werten entwickeln
Martin Permantier
Daniel Bischoff
Britta Korpas

Das Buch für alle optimistischen Realist:innen, die die Überzeugung leitet, dass mehr emotionale Weisheit in Führung und Organisationen möglich ist.

Werte sind keine Marketing-Deko, die man an einem Nachmittag auswählt. Richtig umgesetzt, verändert die Arbeit an und mit Werten unsere Kommunikation und unser Verhalten und dann — wirken Werte.

Dieses Buch will Lust darauf machen, selbst aktiv zu werden und die Kraft der Werte für die eigene Organisation zu nutzen.

2021. 276 S. Klappenbroschur
ISBN 978-3-8006-6477-1
vahlen.de

Mehr Info auf
werte-wirken.de